大学物理实验

DAXUE WULI SHIYAN

主 编 陈明东

参 编 黄绍江 王 达 吴丹丹
张伶俐 侯冬曼 林钦永

华南理工大学出版社
SOUTH CHINA UNIVERSITY OF TECHNOLOGY PRESS
·广州·

图书在版编目(CIP)数据

大学物理实验/陈明东主编．—广州：华南理工大学出版社，2019.8
ISBN 978－7－5623－6048－3

Ⅰ.①大… Ⅱ.①陈… Ⅲ.①物理学－实验－高等学校－教材 Ⅳ.①O4－33

中国版本图书馆CIP数据核字(2019)第143263号

Daxue Wuli Shiyan
大学物理实验
陈明东 主编

出 版 人：卢家明
出版发行：华南理工大学出版社
(广州五山华南理工大学17号楼，邮编510640)
http://www.scutpress.com.cn E-mail:scutc13@scut.edu.cn
营销部电话：020－87113487 87111048（传真）
责任编辑：欧建岸
印 刷 者：佛山市浩文彩色印刷有限公司
开 本：787mm×960mm 1/16 印张：18.25 字数：419千
版 次：2019年8月第1版 2019年8月第1次印刷
定 价：40.00元

前　言

物理学是一门以实验为基础的科学，物理实验是理工科专业独立开设的主干课程。它注重学生动手能力、综合素质以及创新精神的培养和训练。物理实验不仅能帮助学生加深对物理概念的认识与理解，还能培养学生发现问题、解决问题的能力，而且它是一项具有探索和创新精神的实践活动。所以物理实验课程的开设对于培养高层次、高素质的工科人才具有十分重要的意义。

考虑到大学物理实验课程的独立性和面向低年级的特点，以及物理实验学习的规律，本教材在实验项目编排上打破按力学、热学、电磁学和光学等顺序编排的传统模式，按基础实验、综合实验的模式编排。另外，由于大学物理理论的内容滞后于大学物理实验，而且传统教材中过于复杂的实验原理介绍使学生在预习物理实验时不能快捷掌握教材中实验的重点内容，对实验原理的理解也不深刻，所以本教材首先给出实验简介，让读者了解实验中所需测量的物理量或公式与变量，接着简单介绍怎样去测量这些物理量，然后再让读者带着问题预习后面的仪器介绍、仪器使用方法及实验原理。

本教材包含实验误差评定和数据处理、物理实验的基本测量方法与操作技能、基础实验和综合实验四部分，共 33 个实验项目，内容与计算机、软件、生物、能源、环境、医学等专业较为相关。

本教材根据华南理工大学大学城校区近两年开设或近两年计划更新的实验项目编写，由陈明东主编，黄绍江、王达、吴丹丹、张伶俐、侯冬曼、林钦永等参编。实验教学是一项集体性工作，故本教材是全体任课教师长期教学实践经验的结晶，实验题目和内容包括前辈们如陈明光、倪新蕾、周晓明、贝承训、梁海生等老师的贡献。本教材在编写过程中还参阅了许多兄弟院校的教材以及教学仪器厂家提供的资料，在此向他们表示衷心的感谢！

由于水平有限，书中难免有疏漏谬误之处，恳请读者批评指正。

编　者

2019 年 1 月于华南理工大学

目　录

绪论 …… 1
第一章　实验误差评定和数据处理 …… 4
　第一节　测量和测量误差 …… 4
　第二节　测量结果的有效数字 …… 7
　第三节　测量结果的误差估算 …… 11
　第四节　实验数据处理 …… 18
　习题 …… 24
第二章　物理实验的基本测量方法与操作技能 …… 27
　第一节　基本测量方法 …… 27
　第二节　基本操作技能 …… 32
第三章　基础实验部分 …… 38
　实验 3.1　模拟示波器的调节与使用 …… 38
　实验 3.2　数字示波器的调节与使用 …… 51
　实验 3.3　光的等厚干涉测量 …… 62
　实验 3.4　光的偏振特性研究 …… 68
　实验 3.5　光的衍射 …… 75
　实验 3.6　利用波尔共振仪研究受迫振动 …… 79
　实验 3.7　用惠斯登电桥测电阻 …… 88
　实验 3.8　液体动力黏度的测量 …… 94
　实验 3.9　分光计的调整与使用 …… 98
第四章　综合实验部分 …… 108
　实验 4.1　光栅的特性及光波波长的测定 …… 108
　实验 4.2　超声光栅及其应用 …… 113
　实验 4.3　椭偏法测量薄膜的厚度和折射率 …… 119
　实验 4.4　PN 结正向电压温度特性研究 …… 127
　实验 4.5　光电效应与普朗克常量的测定 …… 135
　实验 4.6　固体导热系数的测量(平板稳态法) …… 142
　实验 4.7　双光栅测量微弱振动的位移 …… 148
　实验 4.8　交流电桥综合设计性实验 …… 155
　实验 4.9　铁磁物质磁化曲线和磁滞回线的测量 …… 163
　实验 4.10　超声波在介质中的传播速度的测量 …… 170

实验 4.11 全息照相技术…… 177
实验 4.12 迈克尔逊干涉仪的调整与使用…… 184
实验 4.13 物质旋光率的测量…… 192
实验 4.14 霍尔效应法测磁场…… 198
实验 4.15 共振法测量材料的杨氏模量…… 207
实验 4.16 电流的隔离传送、监控与检测…… 214
实验 4.17 非平衡电桥电压输出特性研究…… 222
实验 4.18 人的肢体电阻和皮肤电阻的测量…… 229
实验 4.19 人体血压的测量…… 236
实验 4.20 透射法血氧饱和度的测量…… 240
实验 4.21 巨磁电阻效应及其应用…… 243
实验 4.22 新能源的综合利用及探索…… 253
实验 4.23 磁致旋光效应及其应用探索…… 263
实验 4.24 弦线的横波传播与线密度测量…… 271
附录…… 278
参考文献…… 284

绪 论

物理学是一门实验科学，物理规律的研究都要以严谨的实验事实为基础，并且不断受到实验的检验。物理实验不仅对物理学的发展有重要作用，而且对于推动自然科学和工程技术的发展也起着重要的作用。实验课程主要是对学生进行综合能力训练，尤其是精确采集数据和处理数据、分析误差的能力训练；培养良好的习惯；克服或减少对动手解决问题的恐惧心理。这对学生将来进一步学习和工作都是非常有益的。因此，高等学校学生应认真上好物理实验课，努力掌握科学实验技术，以适应科学技术不断进步和经济建设迅速发展的需要，为将来的工作奠定良好的基础。

一、物理实验课程的地位和任务

物理实验是高等学校学生进行科学实验基本训练的一门独立的必修基础课程，是学生进入大学后系统学习实验方法和实验技能的开端，是工科类专业对学生进行科学实验训练的重要基础，在培养科学工作者的良好素质及科学世界观方面起着潜移默化的作用。学生通过本课程学习，可掌握物理实验知识、方法和技能，了解科学实验的主要过程与基本方法，为今后的学习和工作奠定良好的实验基础。

本课程的基本任务：

(1)通过对实验现象的观察、分析和对物理量的测量，学习物理实验知识，加深对物理原理的理解。

(2)培养和提高学生的科学实验能力，其中包括：

①能够通过阅读实验教材或资料做好实验前的准备；

②能够借助教材和仪器说明书正确使用常用仪器；

③能够运用物理理论对实验现象进行分析和判断；

④能够正确记录和处理实验数据，正确绘制实验图线，分析实验结果，撰写合格的实验报告；

⑤能够独立完成设计性实验。

(3)培养和提高学生的科学实验素质，培养学生理论联系实际和实事求是的科学作风、严肃认真的工作态度、主动研究的探索精神，遵守纪律、团结协作和爱护公共财物的优良品德。

二、物理实验课程教学基本要求

(1)在教学中要适当地介绍一些物理实验史和物理实验在工程技术上的应用，对学生进行辩证唯物主义世界观和方法论的教育，使学生了解科学实验的重要性，明确物理实验课程的地位、作用和任务。

(2)在整个实验过程中，要教育学生养成良好的实验习惯，爱护公共财物，遵守安全制度，树立优良学风。

(3)要求学生理解评定测量结果可靠性的基本知识和基本方法(如标准差或不确定度)，具有正确处理实验数据的初步能力。

(4)通过物理实验的基本训练，要求学生做到：

①能够自行完成预习、实验和撰写实验报告等主要实验程序。

②能够正确调整常用实验装置，并掌握基本操作技术。

③理解物理实验中常用的实验方法和测量方法，能够进行常用物理量的一般测量，了解常用仪器的性能，并掌握其使用方法。

在进行以上各项基本训练的过程中，要重视对物理现象的观察和分析。老师要引导学生运用理论指导实践，解决实验中的问题。

④通过一定数量的应用性或综合性实验，了解物理实验技术的应用，提高进行综合实验的能力。

三、物理实验课的主要教学环节

物理实验主要依据物理思想进行仪器和设备的操作，并测量相关物理量，观测研究物理现象(效应)、仪器特性和物理量的变化规律。物理实验是学生在教师指导下独立进行实验操作和测量的一项实践活动。要有效地学习、完成一个实验，并且做好实验，必须遵循以下三个环节。学生务必仔细阅读下面内容并遵照执行。

1. 课前预习

实验前学生必须预习实验教材和仪器说明书等有关资料，明确实验目的，基本弄懂实验原理和实验内容并对测量仪器和测量方法有所了解，在此基础上写出实验预习报告。预习报告内容包括实验日期、实验名称、实验目的、实验仪器、简要的实验原理和实验记录表格。

不预习而在规定的时间内做好实验是不可能的。要想理解、弄懂实验一般要阅读两三遍教材。

2. 实验过程(调整实验装置，进行测量记录)

操作和测量是实验教学的主要环节。学生进入实验室后应认真听取教师对实验要求、重点、难点和注意事项的讲解。开始实验时应先检查实验仪器设备并简单练习操作，待基本熟悉仪器性能和使用方法后方才开始进行实验测量。在实验过程中，要严肃认真，仔细观察物理现象，正确读取和记录测量数据。要学会分析和排除实验故障，若发现问题而无法解决时，应及时向教师或实验管理人员报告，由教师或实验管理人员协助处理。仪器设备的调整、操作、测量和记录是科学实验的基本功。实验记录内容包括：

①与实验条件有关的物理量(如室温、气压、相对湿度等)。

②仪器设备型号、精度等级、允许误差范围及量程等。

③每次测量的物理量数值、有效数字和单位等原始数据。这些原始数据应如实地记录在表格上。若发现记录数据有问题，可以删除或再测量，但绝不允许抄袭或篡改实验数据。实验完毕，应请指导老师审查记录数据并签名，整理好实验仪器后才能离开实验室。

3. 课后实验总结

实验后要及时对实验数据进行处理，并写出完整的实验报告。实验报告是实验工作的总结，要求用统一印刷的实验报告纸书写，字体工整、文理通顺、数据齐全、图表规范、结论明确、纸面整洁。实验报告应包括的内容如下：

①实验名称、实验者姓名、实验日期。

②实验目的。

③实验仪器(注明型号和精度等级)。

④实验原理。简要叙述实验原理、计算公式、实验电路图或光路图。

⑤实验内容和主要步骤。简要写出实验内容、步骤和实验注意事项。

⑥数据记录与处理。将原始记录数据转记于实验报告上(签名的原始数据也应附在报告上，以便教师检查)，按照实验要求计算测量结果，该作图的要作图，计算要遵循有效数字的运算规则，用标准差或不确定度评估测量结果的可靠性。

⑦结果与讨论。这部分要明确给出实验测量结果，并对结果进行评论，如分析实验中观察到的现象、讨论实验中存在的问题、回答思考题等。也可以对实验本身的设计思想、实验仪器的改进等提出建设性意见。

实验报告就像一篇简短的论文，要让人明白做什么、如何做、根据何在，得出结果及讨论。但这毕竟是学生训练，所以数据处理的大致过程不能省略，以便教师判断学生是否清楚整个实验。

第一章　实验误差评定和数据处理

物理学的发展离不开物理实验，而物理实验又离不开物理量的测量。在测量过程中，由于实验方法和实验设施的不完备、环境的影响以及受人们认识能力所限等，任何测量方法、测量仪器、测量环境和测量人员的观察力都不可能绝对精确，使得测量所得数值和真实值之间存在一定的差异。这种差异在数值上即表现为误差。随着科学技术的日益发展和人们认识水平的不断提高，将误差控制得越来越小，但始终不能完全消除它。分析测量中可能产生的各种误差，尽可能消除其影响，并对测量结果中的误差做出估计，这是物理实验中必不可少的一个重要环节。没有测量误差的基本知识，就无法获得正确的测量值，无法正确评价测量结果的可靠性，就不会处理实验数据或者处理数据方法不当，得不到正确的实验结果。本章从实验教学的角度出发，主要介绍测量误差、不确定度的基本知识和常用的实验数据处理方法。

第一节　测量和测量误差

一、测量及其分类

测量是物理实验中最重要的一环。进行物理实验，最重要的就是把要了解的物理量通过实验方法用仪器测量出来。测量就是在一定条件下使用具有计量标准单位的计量仪器对被测量物理量进行比较，从而确定被测量的数值和单位。例如，物体长度的测量，可以用具有标准单位标度的米尺与之进行比较而得到其数值和单位。

按获得测量结果的手段不同，可将测量分为直接测量和间接测量。直接测量是使用仪器或量具直接测得被测量的量值的测量。由直接测量所得的物理量，称为直接测得量。例如，用米尺测量物体的长度、用天平测量物体的质量、用秒表测量物体运动的时间等等，都是直接测量。间接测量是依据直接测得量，再通过一定的函数关系把待测量计算出来的测量。由于这些待测量还没有直接测量的仪器，需要用间接的方法获得，所以这类测量称为间接测量。例如，用单摆测量某地的重力加速度 g，是依据直接测得单摆的摆长 l 和周期 T，再通过单摆公式

$$g = \frac{4\pi^2 l}{T^2} \tag{1.1-1}$$

把重力加速度 g 计算出来，g 为间接测得量。随着科学技术的进步和发展，新仪器的不断出现，将有可能把某些间接测量变为直接测量。

按测量条件的不同，测量还可以分为等精度测量和不等精度测量。若对同一个物理量的多次测量都是在相同条件(即测量方法、使用的仪器、外界环境条件和观察者都不变)下进行的，则称为等精度测量；否则，称为不等精度测量。

二、测量误差及其分类

1. 测量值和真值

任何被测量的物理量在特定条件下都具有客观存在的确定的真实量值，通常称为该物理量的真值，记作 μ。测量的任务就是要把真值找出来。但在实际测量过程中，由于受到测量仪器、测量方法、测量条件、实验者等种种因素的影响，所有的测量值都不可能是待测量的真值。真值一般是不知道的，也是无法测得的，但在某种情况下可以找到近似真值和理论真值，称之为约定真值。

①由国际计量会议约定的值（或公认的值）可以作为近似真值，如基本物理常数、基本单位标准；

②由高一级仪器校验过的计量标准器的量值，也可以作为近似真值。这些高级标准器都是经过逐级校对和各级计量鉴定系统核准的；

③理论真值是指由理论计算取得的量值，如三角形三个内角和为 180°、圆周率 π 等；

④在理想条件（无系统误差和无限多次测量）下，多次测量的算术平均值可以认为是近似真值，或称为最佳值。

2. 误差的定义

设某物理量 X 的测量值为 x，真值为 μ，则测量值 x 和真值 μ 之差值定义为测量误差，记为 Δx，即

$$\Delta x = x - \mu \tag{1.1-2}$$

误差 Δx 有正负之分。Δx 表示测量值与真值之间的偏离大小和方向，以此衡量测量结果的准确程度。Δx 又称为绝对误差。

在实际测量条件下，由于待测量的真值不可知，只能取对待测量作多次测量所得的多个测量值的算术平均值 $\bar{x}$ 作为待测量的近似真值。测量值 x 的测量误差（又称偏差或残差）定义为

$$\Delta x = x - \bar{x} \tag{1.1-3}$$

深入分析便可发现，误差 Δx 的大小还不能完全地评价测量结果的准确程度。虽然误差绝对值相等，若被测量本身的大小不同，其准确程度显然是不同的。例如，有两个工件，其长度分别为 1000 mm 和 10 mm，如果测量误差均为 0.5 mm，显然前者的准确程度远大于后者。为了能更好地反映测量的准确程度和评价测量结果的可靠性，引入相对误差概念。相对误差 E 定义为绝对误差与真值之比。当误差较小时，相对误差也可以近似表示为绝对误差与测量值之比。由于相对误差 E 是反映测量的准确程度，故常用百分数来表示，即

$$E = \frac{\Delta x}{\mu} \times 100\% \approx \frac{\Delta x}{x} \times 100\% \tag{1.1-4}$$

3. 误差的分类及其特点

误差的产生有多方面原因。从误差性质、来源和服从的规律来看，可将误差分为系统

误差、偶然误差和粗大误差三种。

(1)系统误差。系统误差是由于实验系统的原因在测量过程中造成的误差。其特点是，误差的大小和符号总是保持恒定，或按一定规律以可约定的方式变化。系统误差来源大致有：

①仪器误差。主要是由于仪器本身的缺陷、灵敏度和分辨能力的限制而产生的。

②理论公式的近似性和测量方法不完善。如单摆公式 $T=2\pi\sqrt{L/g}$ 便是一级近似式。

③测量人员生理和心理特点造成的误差。这主要是由于观测者个人的固有习惯、反应的快慢等因素引起的。例如，有的人在读数时总是偏大或偏小，按动秒表计时总是滞后或提前等。

④环境条件变化。如气压、温度、湿度、电磁场的变化等。

由上面对系统误差的讨论可知：第一，不能在相同的条件下通过多次重复测量来消除系统误差；第二，系统误差一般都有确定的来源，可以采取适当的措施尽量消减系统误差。在测量结果中凡是能够修正的系统误差，都应该加以修正，使测量结果不明显含有未修正的系统误差。

系统误差直接影响测量结果接近真值的程度，因此用"正确度"来表示系统误差的大小。测量结果的正确度高，则表示测量的系统误差小；反之，系统误差大。

(2)偶然误差。偶然误差又称随机误差。实验时在同一条件下对某物理量进行多次测量，由于环境的起伏变化和各种不稳定因素的干扰，每次测量值总会略有差异(即误差)。测量仪器精度越高就越能反映出这种差异。这种差异的绝对值和符号变化不定，即具有随机性，因此称为偶然误差。

偶然误差的来源是多方面的，主要有：

①环境和实验条件无规则变化。如电源电压的微小波动、温度和湿度的变化、气流扰动、振动等等。

②观测者的生理分辨能力、感官灵敏度的限制。如读电表示值有时偏大有时偏小，按停表有时快有时慢等。

偶然误差的量值和符号以不可约定的方式变化着，对每次测量值来说，其变化是无规则的，但对于大量测量值，其变化服从确定的统计分布规律。大部分基础实验测量的偶然误差服从正态分布规律。其特点是：

①单峰性。绝对值小的误差出现的概率大，而绝对值大的误差出现的概率小。

②对称性。绝对值相等的正、负误差出现的概率大致相等。

③有界性。绝对值非常大的正、负误差出现的概率趋于零。

设在相同条件下对某物理量 X 进行 n 次测量，测量值分别为 x_1，x_2，…，x_n。其算术平均值为

$$\bar{x}=\frac{x_1+x_2+\cdots+x_n}{n}=\frac{1}{n}\sum_{i=1}^{n}x_i \qquad (1.1-5)$$

设测量中无系统误差，则每个测量值的偶然误差为

$$\Delta x_i = x_i - \mu \qquad (1.1-6)$$

n 次测量的平均误差为

$$\overline{\Delta x} = \frac{1}{n}\sum_{i=1}^{n}\Delta x_i = \bar{x} - \mu \qquad (1.1-7)$$

由于 n 个测量值的误差有正有负，相加时有部分将相互抵消。n 越大，相抵消的部分越多，平均值 $\bar{x}$ 的误差 $\overline{\Delta x}$ 就越小。由此可得：

①在相同条件下，增加测量次数可以减少测量结果的偶然误差。

②测量值没有系统误差时，若测量次数 $n \to \infty$，则有

$$\overline{\Delta x} = \lim_{n\to\infty}\frac{1}{n}\sum_{i=1}^{n}\Delta x_i = 0$$

$$\bar{x} = \lim_{n\to\infty}\frac{1}{n}\sum_{i=1}^{n}\Delta x_i + \mu = \mu$$

即多次测量值的算术平均值 $\bar{x}$ 是真值 μ 的最佳估计值。所以可取多次测量的算术平均值作为待测量的测量结果。

偶然误差反映了该实验测量结果的重复性和离散性，因此用“精密度”来反映偶然误差的大小。测量结果的精密度高，是指对某物理量的多次测量值重复性好，偶然误差小；反之，是指多次测量值之间分散程度大，即重复性差，偶然误差大。

把系统误差和偶然误差综合起来考虑，用“准确度”表示，作为对测量结果的可靠性的总的评价。

(3)粗大误差。粗大误差是由于观测者粗心大意，或测量条件发生突变，导致明显超出规定条件下预期的误差。粗大误差的特点是误差值很大，且无规律。实验中凡含有粗大误差的测量数据都要按照一定的规则剔除，不能用含有粗大误差的测量数据计算测量结果。显然，只要观测者细心观测，认真读取、记录和处理数据，这种粗大误差是完全可以而且必须避免的。

第二节　测量结果的有效数字

测量结果值 $N_{测}$ 不论是直接从测量仪器上读取的读数，还是从多次测得值计算的平均值，或是从直接测得值通过函数关系计算的间接测量值，都不可避免地要碰到这些数值应取多少位的问题。根据测量结果值有效数字由测量结果误差确定的原则，首先必须计算测量结果的误差，然后才能正确地确定测量结果值的位数。

一、有效数字的概念和定义

任何一个物理量，其测量的结果总是或多或少地存在误差，因此所有测量值都由可靠数和含有误差的可疑数组成。由上所述，测量结果值 $N_{测}$ 的位数多少应由测量值本身的误差来确定。在物理实验中，通常定义：有效数字由可靠数和有误差的可疑数组成，即从第

1 位(可靠)数位开始算起，直到开始有误差的可疑数为止。以上这些数字(包括误差位)称为有效数字。

上述表明，任何测量数据总是存在着一定的误差，因此在记录测量数据和表示计算结果时，不应随意取位，而要用符合有效数字定义的规则和方法来确定该测量数据的位数和计算结果的位数。

例如，用一把最小刻度为 1 mm 的米尺测量某一长度 l。由图 1.2－1 可见，物长 l 在 12.3 cm 和 12.4 cm 之间，可凭经验将其估计为 12.32 cm 或者 12.33 cm。显然，这两个数据的“12.3”是准确的可靠数字，而 0.02 或 0.03 这最后一位数是估读出来的，存在误差，称为误差数字或可疑数字。可疑数字虽然带有误差，但是把它读出来显然比不读出来更为合理。因此，规定在进行测量读数时必须在仪表最小刻度后再估读一位数。

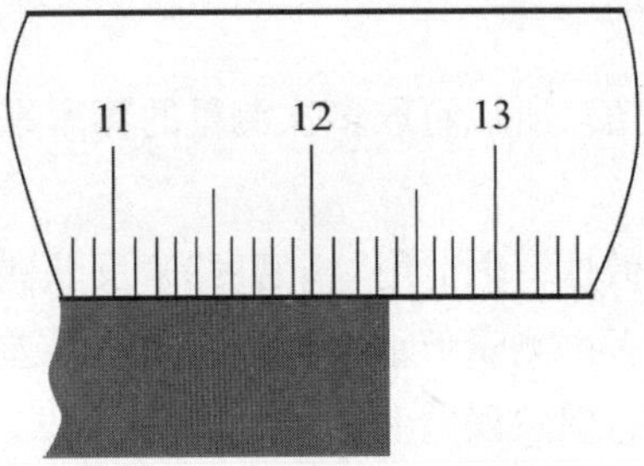

图 1.2－1

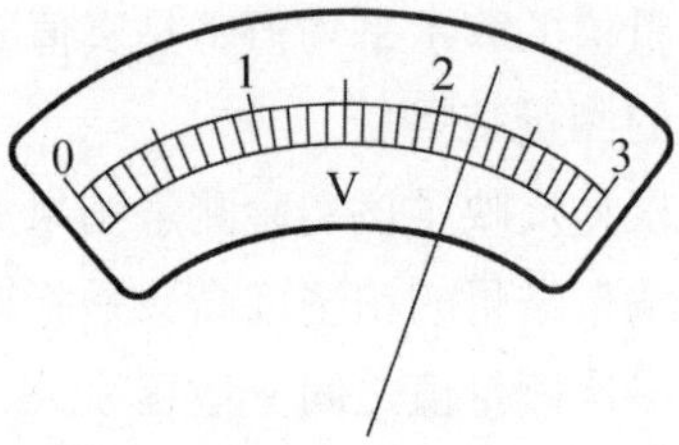

图 1.2－2

例如，使用感量为 10 mg 的矿山天平时，应估读出几毫克的数值，即是说 10 mg 以上的读数是准确的，10 mg 以下的读数是估计的。又如使用最小刻度为 10 mA 的毫安表时，应估读出几毫安，即是说 10 mA 以上的读数是准确的，几毫安是估计的。

以上测量若读数恰与刻度相一致，则估读数为零。例如用最小刻度为 0.1 V 的电压表测量电压时，指针刚好在 2.2 的刻度上(见图 1.2－2)，其读数应为 2.20 V，即 2.2 V 是准确的，而“0”是估计的。同理，如上例中若物长恰在 12.3 刻度上，则读数应记为 12.30 cm，而不是 12.3 cm。

按照上述读数规则读数(在某些情况下，例如使用数字仪表和游标卡尺时，最末一位读数并不是估读出来的，即使这样，这最后一位数字仍然是误差数字)，所得的数值总是由两部分数字组成：准确数字加上最后一位可疑数字。我们把这些准确数字及一位可疑数字合称为有效数字。因而，有效数字的最后一位是误差所在的一位。上述读数 12.32 cm 有四位有效数字，而 12.320 cm 则有五位有效数字。这两个数值，从数学上来看是相等的，但从有效数字的角度来看，它们却代表不同意义：前者“0.02”是可疑的，“12.3”是准确的，可见所用的尺子其最小刻度是 0.1 cm；而后者“0”是可疑的，“12.32”是准确的，可见所用的尺子其最小刻度是 0.01 cm。所以，在记录有效数字时，要特别注意可疑数字，要记录测量仪器的精度、级别、分度值或最小刻度，以便估计仪器误差，确定估读数字，最后将测量结果用有效数字正确表示出来。

二、有效数字基本性质

有效数字的定义已反映了有效数字与测量误差之间的本质联系，以及有效数字的位数(最后一位数)与误差所在位数的关系，同时表明了误差值决定其有效数字的原则。由此可以引申出有效数字的几个性质：

(1)有效数字只能粗略(不能精确)表示测量结果的误差和测量仪器的精度。一般来说，有效数字位数越多，相对误差越小，测量仪器精度越高。例如2.50(±0.05)cm为三位数，相对误差为百分之几(2%)；2.500(±0.005)cm为四位数，相对误差为千分之几(0.2%)。

(2)有效数字基本上反映了测量结果的客观实际。因此，有效数字进行单位(十进制单位)变换时，位数不变，即与小数点的位置无关。例如，物件长度测定为12.32 cm，可以变换为0.1232 m，也可以变换为0.0001232 km，它们都是四位有效数字。

(3)由第二点性质可以推出来：凡数值中间和末尾的"0"(包括整数小数点后的"0")均为有效数字，但数值前的"0"则不属于有效数字。作十进制单位变换时，用科学记数法($\times 10^n$ 单位)的形式表示有效数字是科学的。如地球半径是6371 km，用科学记数法表示为

$$6.371\times 10^3\ \text{km} = 6.371\times 10^6\ \text{m} = 6.371\times 10^9\ \text{mm}$$

(4)物理常数如e(元电荷)、c(光速)、h(普朗克常数)以及常系数、倍数、π、$\sqrt{2}$、1/7等，它们不是由测量产生的，实际上它们的有效数字很多，因此在计算中可以任意取位。

可见，实验数据的记录、数据的运算以及实验结果的表达都应遵从有效数字的规则。实验者应严肃对待有效数字位数，不能随便增加或减少。但是计算过程中为了不因计算而引进误差，有效数字的可疑数字有时可多取一位，但最后结果表示只能取一位(在特殊情况下可以取2位)。

三、有效数字的读取规则

因为有效数字是由仪器引入的绝对误差决定的，所以在测量前，应记录测量仪器的精度、级别、最小分度值(最小刻度值)，估计测量仪器的仪器误差，记录有效数字时要记录到误差所在位。若仪器未标明仪器误差，则取仪器最小分度值的一半作为仪器误差。

例1　用300 mm长的毫米分度钢尺测量长度，其最小分度值为1 mm，仪器误差取最小分度值的一半，即$\Delta_{仪}=0.5$ mm。因此，正确记录数值时除了确切读出钢尺上有刻线的位数外，还应估读一位，即读到0.1 mm位。

例2　用螺旋测微计测量长度，其最小分度值为0.01 mm，仪器误差取最小分度值的一半，即$\Delta_{仪}=0.005$ mm。因此，记录数值时，应读到0.001 mm位。

例3　用伏安法测量电压和电流。用0.5级的电压表和电流表，量程分别为10 V和10 mA。

解 由公式

$$\Delta_{仪} = a\% \times 量程 = 0.5\% \times 量程 \tag{1.2-1}$$

计算得电压表、电流表的仪器误差分别为 $\Delta_V = 0.05$ V，$\Delta_A = 0.05$ mA。

因此，记录电压和电流的有效数字时，应分别记录到0.01 V和0.01 mA位。

有些仪器仪表一般不进行估读或不可能估读。例如数字显示仪表只能读出其显示器上所记录的数字。当该仪表对某稳定的输入信号表现出不稳定的末位显示时，表明该仪表的不确定度可能大于末位显示的 ± 1，此时可记录一段时间间隔内的平均值。

四、有效数字的运算规则

有效数字的运算规则是一种近似计算法则，用以确定测量结果有效数字大致的位数。其总的要求是，计算结果的位数应与测量误差完全一致，若位数不恰当时，则最终由相应误差来确定。有关运算原则如下：

①可靠数与可靠数运算，结果为可靠数。

②可疑数与任何数运算，结果为可疑数，但进位数为可靠数。

下面介绍有效数字的运算规则。

1. 加减法运算

各测量量相加或相减时，其和或差在小数点后应保留的位数与各测量量中小数点后位数最少的一个相同。例如：

$71.3 + 0.735 = 72.0$

$71.3 - 0.735 = 70.6$

2. 乘除法运算

一般情况下，积或商结果的有效位数和参与乘除运算各量中的有效位数最少的一个相同，有时也可能多一位或少一位。例如：

$23.1 \times 2.2 = 51$

$23.1 \times 8.4 = 194$（2乘8有进位）

$237.5 \div 0.10 = 2.4 \times 10^3$

$76.000 \div 38.0 = 2.00$（76.0被38.0整除）

3. 乘方、开方运算

这一类运算结果的有效位数与其底数的位数相同。例如：

$765^2 = 5.85 \times 10^5$

$\sqrt{200} = 14.1$

4. 函数运算

一般来说，函数运算的有效数字位数应由误差分析来决定。在物理实验中，为了简便统一起见，对常用的对数函数和三角函数的有效数字位数作以下规定：

①对数函数运算后的尾数与真数的位数相同。例如：$\lg 2.587 = 0.4128$

②三角函数在 $0° < \theta < 90°$ 时，$\sin\theta$ 和 $\cos\theta$ 都在 0 和 1 之间，三角函数的取位与角度的有效数字位数相同。例如：

$$\sin 30°02' = 0.5005$$

5. 尾数舍入规则

为了使运算过程简单或准确地表达有效数字，需要对不用保留的尾数进行舍入。四舍五入是通常采用的舍入规则，这种见五就入的规则使入的概率大于舍的概率，容易造成较大的舍入误差。为了使等于五的舍入误差产生正、负相消的机会，采用新的较为合理的“四舍六入五凑偶”舍入规则，即小于五舍，大于五入，等于五时则把尾数凑成偶数。例如，将下列数字保留为 4 位有效数字：

3.14346 保留 4 位有效数字为 3.143。

3.14372 保留 4 位有效数字为 3.144。

1.26453 保留 4 位有效数字为 1.264(舍 5 不进位)。

1.26353 保留 4 位有效数字为 1.264(舍 5 进位)。

五、测量结果的有效数字

1. 测量误差(或不确定度)的有效位数

由于误差或不确定度是根据概率理论估算得到的，它只是在数量级上对实验结果给予恰当的评价，因此把它们的结果计算得十分精确是没有意义的。物理实验教学中规定误差只取 1 位有效数字。计算过程中误差可以多取二三位有效数字，直到算出最终的误差值时才修约成 1 位，多余的位数按“只进不舍”的原则取舍。

2. 间接测量结果值的有效数字

间接测量量的有效数字一般与有效数字运算规则得到的结果相同，但是由于误差的传递和积累，有时间接测量量的误差较大，因此测量结果值的有效位的末位，要与误差所在的位对齐，舍去多余的存疑数字。

第三节　测量结果的误差估算

估算测量误差常用算术平均误差和标准差两种方法。我国采用标准差表示测量的准确度。虽然在普通物理实验中对测量结果的准确度要求不高，但考虑到现代生产实践和科学实验要求能正确评定测量结果的准确度，因此完全有必要要求在实验中按照较严格的误差理论来处理实验数据，即用标准差、置信概率和置信限等来评价测量结果的准确度和可靠性。

标准差又称为均方根误差，它是建立在偶然误差统计理论基础上，用以较合理地估算测量数据列的离散程度和测量结果的可靠性。

采用标准差表示测量准确度最大的优点是：在理论上，若只计算合成的标准差，则不

论各个随机误差的概率分布是否相同，只要误差彼此独立，它们共同影响该量的总和的标准差严格等于

$$\sigma = \sqrt{\sigma_1^2 + \sigma_2^2 + \cdots + \sigma_n^2} \tag{1.3-1}$$

所以国内外普遍采用σ值来估算测量误差。

一、直接测量的误差估算

1. 测量列的标准差

测量列就是指一组测量值。设对某一真值为μ的物理量X进行n次等精度测量(无系统误差或系统误差已修正)，得一列测量值x_1，x_2，x_3，…，x_n。测量列的标准差σ定义为各测量值误差平方和的平均值的正平方根，即

$$\sigma = \sqrt{\frac{\sum_{i=1}^{n}(x_i - \mu)^2}{n}} \tag{1.3-2}$$

实际上，在实验测量过程中真值μ是未知值，只能以测量值的算术平均值$\bar{x}$作为待测量X的最佳估计值来求测量列的标准差。当测量次数有限时，平均值$\bar{x}$与真值μ之间有较大差别，有

$$\bar{x} - \mu = \frac{1}{n}\sum_{i=1}^{n}(x_i - \mu) \tag{1.3-3}$$

以$\bar{x}$作为待测量X的最佳估计值代入式(1.3-2)，得

$$\sigma_x = \sqrt{\frac{\sum_{i=1}^{n}(x_i - \bar{x})^2}{n-1}} = \sqrt{\frac{\sum_{i=1}^{n}\Delta x_i^2}{n-1}} \tag{1.3-4}$$

式中，$\Delta x_i = x_i - \bar{x}$，称为偏差或残差，$\sigma_x$称为标准差。

σ_x为测量列的标准差，其物理意义是，表示该测量列中的测量值的离散程度，即测量列中的各个测量值相对于测量值的算术平均值的分布情况。标准差σ_x可以用来对测量列的可靠性进行评估。σ_x值小，表明测量的偶然误差小，测量列中的各个测量值分布比较集中，测量的可靠性就大些；反之，σ_x值大，表明测量的偶然误差大，测量值分散，测量的可靠性就差些。根据偶然误差的统计理论，测量列的标准差为σ_x，说明此测量列中的某一测量值x_i的实际误差Δx落在$(-\sigma_x, +\sigma_x)$区间内的概率为68.3%。换句话说，测量列中某一测量值x_i有68.3%的概率落在$(\mu-\sigma_x, \mu+\sigma_x)$区间内。由此可知，在测量同一物理量并以相同的测量次数n得到几个测量列，在消除了系统误差之后，σ_x值小的，其最佳估计值$\bar{x}$较可靠。

2. 算术平均值$\bar{x}$的标准偏差

由标准差求和公式可以推得，若算术平均值$\bar{x}$的标准差用$\sigma_{\bar{x}}$表示，则它与测量列的标准差σ之间的关系为

$$\sigma_{\bar{x}} = \frac{\sigma}{\sqrt{n}} \tag{1.3-5}$$

用残差表示则为

$$\sigma_{\bar{x}} = \frac{\sigma_x}{\sqrt{n}} = \sqrt{\frac{\sum_{i=1}^{n}(x_i - \bar{x})^2}{n(n-1)}} \tag{1.3-6}$$

测量列的算术平均值 $\bar{x}$ 的标准偏差 $\sigma_{\bar{x}}$ 表示该测量列的算术平均值 $\bar{x}$ 以一定概率落在真值附近的范围。同样，算术平均值的标准差是对测量结果 $\bar{x}$ 的可靠性估计。当平均值的标准差为 $\sigma_{\bar{x}}$ 时，平均值 $\bar{x}$ 的误差落在 $(-\sigma_{\bar{x}}, +\sigma_{\bar{x}})$ 区间内的概率为68.3%。由于 $\sigma_{\bar{x}} < \sigma_x$，可见平均值 $\bar{x}$ 的可靠性大于测量列中任一测量值 x_i，且 $\sigma_{\bar{x}}$ 值随着测量次数 n 的增大而减小（并非无限减小），使测量列的算术平均值 $\bar{x}$ 越来越接近待测量的真值。

3. 偶然误差与系统误差的合成

上面从偶然误差统计理论出发讨论了测量列的偶然误差分量。在实验测量中还存在着系统误差。虽然确定的系统误差已在测量列中作出了修正，但仍不可避免存在未定的系统误差分量。这些未定的系统误差分量仍然会影响测量结果的可靠性，因此有必要在测量结果中给出总的标准偏差。

设待测量 X 的测量列的算术平均值 $\bar{x}$ 的标准差为 $\sigma_{\bar{x}}$（偶然误差分量），未定的系统误差分量为 σ_{d}（估计标准误差）。根据误差传播定律可求得算术平均值 $\bar{x}$ 的总的标准偏差 σ 为

$$\sigma = \sqrt{\sigma_{\bar{x}}^2 + \sigma_{\mathrm{d}}^2} \tag{1.3-7}$$

即测量列的算术平均值的总的标准偏差由偶然误差分量和系统误差分量合成得到。

4. 测量结果的表示

设测量列的算术平均值及其总的标准偏差分别为 $\bar{x}$ 和 σ，则测量结果表示为

$$x = \bar{x} \pm \sigma \text{（单位）} \tag{1.3-8}$$

根据偶然误差统计理论，式(1.3-8)中的物理意义是：待测量 X 的真值落在 $(\bar{x}-\sigma, \bar{x}+\sigma)$ 区间的概率为68.3%，或

$$x = \bar{x} \pm 2\sigma \quad (P = 95.4\%)$$

$$x = \bar{x} \pm 3\sigma \quad (P = 99.7\%)$$

式中，σ，2σ，3σ 为置信区间；1，2，3 称为置信因子；P 称为置信概率或置信水平。

因为误差值只是对测量结果可靠程度的估计，准确程度要求不高，在普通物理实验中只取一位有效数字，多余的位数按“只进不舍”的原则取舍。对于测量结果的数值则要考虑其准确程度，所求的平均值 $\bar{x}$ 的取位必须与误差在位数上对齐，而其下一位则按“四舍六入五凑偶”的原则取舍。

5. 异常数据的判别和剔除

在一个测量列中，误差超出极限值的测量数据称为异常数据。异常数据往往是由于某

种错误或预测不到的环境突变引起的。这些异常数据会歪曲实验或测量结果。为了使测量数据能真实地反映实际情况，需要有一个鉴别异常数据的科学标准，用一定的方法鉴别并剔除异常数据。

鉴别异常数据的基本思想是以一定的置信水平确定一个置信限，凡是超过该限度的误差就认为它不属于偶然误差的范围而予以剔除。

剔除一个异常数据之后，应重新检查余下的数据，直到测量列的其他数据都在规定的置信限内，才用这些数据计算测量结果。

(1)"3σ"准则(也称拉依达准则)。根据偶然误差统计理论，当测量的标准偏差为 σ 时，任一测量值的误差落在$(-3\sigma, +3\sigma)$区间的概率为99.7%，而落在 $\pm3\sigma$ 区间之外的概率仅为0.3%。对于有限次的测量来说，测量值的误差实际上不会超过3σ，故称 3σ 为极限误差。在一个测量列中，如果有某个测量值 x_i 的残差的绝对值大于3σ，则可认为该测量值为异常数据，应予以剔除。

"3σ"准则只适用于测量次数 n 足够大的场合。当测量次数 n 小于10时，一般不采用"3σ"准则剔除异常数据。

(2)格拉布斯准则。格拉布斯准则是1960年以后才提出的，是公认可靠性最高的一种异常数据取舍准则。

设某一服从正态分布的测量列为 x_1，x_2，x_3，…，x_n。将此测量列按其数值大小由小到大重新排列得:

$$x'_1 \leqslant x'_2 \leqslant x'_3 \leqslant \cdots \leqslant x'_n$$

格拉布斯导出了 $g_i = \dfrac{x_i - \bar{x}}{\sigma_x}$的分布，选定一显著水平 α(α 亦称为危险率，是判为异常数据的概率，一般取0.05或0.01)，对应于某一定的测量次数 n 和显著水平 α，可得一临界值 $g_0(n, \alpha)$[$g_0(n, \alpha)$值如表1.3-1所列]，若测量列中某一测量值(通常先取最大值或最小值判断)的 $g_i = \dfrac{x_i - \bar{x}}{\sigma_x} \geqslant g_0(n, \alpha)$，则认为测量值 x_i 为异常数据。

表1.3-1　$g_0(n, \alpha)$数值表

$g_0(n, \alpha)$ \ n α	4	5	6	7	8	9	10	11	12
0.05	1.46	1.67	1.82	1.94	2.03	2.11	2.18	2.23	2.28
0.01	1.49	1.75	1.94	2.10	2.22	2.32	2.41	2.48	2.55

采用格拉布斯准则判断和剔除异常数据的步骤和方法:

①计算测量列的算术平均值 $\bar{x}$ 和标准差 σ_x。

②根据测量次数 n 和选定的显著水平 α，选取临界值 $g_0(n, \alpha)$。

③从测量列中选取数值最大(或最小)的测量值按 $g_i = \dfrac{x_i - \bar{x}}{\sigma_x}$计算 g_i 值，并与 $g_0(n, \alpha)$

值比较，若 $g_i \geqslant g_0(n, \alpha)$，则 x_i 为异常数据；反之，为正常数据。

6. 单次直接测量的标准差估算

在科学实验的测量实践中，特别是教学实验的某些测量，经常对某些物理量只作单次测量。这时应如何估算测量结果的标准差？这是实验数据处理的一个实际问题。作单次测量时，其测量值的最大误差就是使用仪器出厂时或校准时所注明的仪器允许误差。若仪器没有注明允许误差，则一般取仪器分度值的一半作为最大误差。但这里所指的是一种极限误差，而不是测量值的估计误差。测量时应当将这种极限误差或允许误差转换为测量值的估计标准差，使之能合理地给出测量误差范围。通常的转换方法有两种：

①当仪器的误差限 $\Delta_{仪}$ 是以 2σ 或 3σ 的相应置信概率给出时，单次测量值的标准偏差为 $\sigma_{仪} = \dfrac{\Delta_{仪}}{2}$ 或 $\sigma_{仪} = \dfrac{\Delta_{仪}}{3}$。

②当仪器只给出误差限或最大允许误差而未给出相应的置信概率时，可以当作均匀分布处理，测量值的标准偏差为

$$\sigma_{仪} = \frac{\Delta_{仪}}{\sqrt{3}}$$

单次直接测量的结果表示为

$$x = x \pm \sigma_{仪} \quad (单位)$$

例 1　对某物体的长度进行 10 次等精度测量，设仪器误差限为 0.05 cm，测量数据如表 1.3－2 所列。求测量结果，并将结果表示为 $x = \bar{x} \pm \sigma$。

表 1.3－2　测量数据

n	1	2	3	4	5	6	7	8	9	10
x(cm)	63.57	63.58	63.55	63.56	63.56	63.65	63.54	63.57	63.57	63.55
$\Delta x(10^{-2}$ cm)	0	1	−2	−1	−1	8	−3	0	0	−2
$\Delta x^2(10^{-4}$ cm^2)	0	1	4	1	1	64	9	0	0	4

解　①计算测量列算术平均值 $\bar{x}$：

$$\bar{x} = \frac{1}{n}\sum_{i=1}^{n} x_i = 63.57(\text{cm})$$

②计算测量列的标准差 σ_x：

$$\sigma_x = \sqrt{\frac{\sum_{i=1}^{n} \Delta x_i^2}{n-1}} = 3 \times 10^{-2}(\text{cm})$$

③根据格拉布斯准则判断异常数据。取显著水平 $\alpha = 0.01$，测量次数 $n = 10$，对照表 1.3－1 查得临界值 $g_0(10, 0.01) = 2.41$。取 Δx_{max} 计算 g_i 值，有

$$g_6 = \frac{\Delta x_6}{\sigma_x} = \frac{0.08}{0.03} = 2.67 > 2.41$$

由此判定 $x_6 = 63.65$ 为异常数据，应剔除。

④余下的数据重新计算测量结果。重列数据如表1.3－3所示。

表1.3－3 剔除异常数据后的测量数据

n	1	2	3	4	5	6	7	8	9	10
x(cm)	63.57	63.58	63.55	63.56	63.56	—	63.54	63.57	63.57	63.55
Δx(10^{-2} cm)	1	2	−1	0	0	—	−1	−2	1	1
Δx^2(10^{-4} cm^2)	1	4	1	0	0	—	1	4	1	1

计算得

$$\bar{x} = 63.56(\text{cm}) \qquad \sigma_x = \sqrt{\frac{\sum_{i=1}^{9} \Delta x_i^2}{9-1}} = 0.012(\text{cm})$$

再经过格拉布斯准则判别，所有测量数据符合要求。

算术平均值$\bar{x}$的标准偏差

$$\sigma_{\bar{x}} = \frac{\sigma_x}{\sqrt{n}} = \frac{0.012}{\sqrt{9}} = 0.004(\text{cm})$$

按均匀分布计算系统误差分量的标准差

$$\sigma_{\text{仪}} = \frac{\Delta_{\text{仪}}}{\sqrt{3}} = 0.029(\text{cm})$$

合成标准差

$$\sigma = \sqrt{\sigma_{\bar{x}}^2 + \sigma_{\text{仪}}^2} = 0.029(\text{cm})$$

取$\sigma = 0.03$ (cm)，测量结果表示为

$$x = \bar{x} \pm \sigma = 63.56 \pm 0.03(\text{cm})$$

二、间接测量的误差估算

物理实验中，多数待测量属于间接测量量。如前面所说，间接测量量是依据直接测得量通过一定的函数关系把待测量计算出来的。因而，各直接测量值的误差也必然传递给间接测量值，使间接测量值存在误差，这称为误差的传递。计算间接测量值误差的公式称为误差传递公式。下面讨论直接测量值的误差是如何传递给间接测量值，以及如何利用误差传递公式计算间接测量的测量误差并指导实验。

1. 间接测量的标准差传递公式

设间接测得值N和直接测得值x，y，z，…的函数关系为$N = f(x, y, z, \cdots)$，各直接测得量的测量值分别为$x \pm \sigma_x$，$y \pm \sigma_y$，$z \pm \sigma_z$，…假定各直接测得量完全独立无关。根据方差合成定律可得间接测量值N的标准偏差σ_N为

$$\sigma_N = \sqrt{\left(\frac{\partial f}{\partial x}\right)^2 \sigma_x^2 + \left(\frac{\partial f}{\partial y}\right)^2 \sigma_y^2 + \left(\frac{\partial f}{\partial z}\right)^2 \sigma_z^2 + \cdots} \tag{1.3-9}$$

式(1.3-9)称为间接测量标准差传递公式，它反映了各测量值的误差对间接测量值误差的贡献。公式中的 $\frac{\partial f}{\partial x},\frac{\partial f}{\partial y},\frac{\partial f}{\partial z}$，…称为误差传递系数。由此可见，一个直接测量值的误差对总误差的贡献，不仅取决于本身误差的大小，而且还取决于误差传递系数。因此，在间接测量中，要特别注意误差传递系数较大的直接测得量的测量。应当通过合理选择测量仪器和测量方法，尽量减少其测量误差，以保证间接测量值在允许的误差范围内。

2. 估算间接测量误差的一般方法

根据间接测量标准差传递公式求间接测量值标准差的方法和步骤可归纳为：

①求给定函数关系式的全微分。

②合并同类项。

③以误差量代替微分量，取各项的平方和再开方即可得给定函数的标准差传递公式。

④将各测量值及其误差代入标准差传递公式即可求得标准差 σ_N。

注意，当给定的函数关系只是以积或商形式或以积商形式为主时，为了简化运算，应首先对函数两边取自然对数，再进行全微分求得标准差相对误差$\frac{\sigma_N}{N}$的传递公式和相对误差，最后根据标准差和相对误差的关系求得测量值的标准差。

3. 常用函数的标准差传递公式(表1.3-4)

表1.3-4 常用函数的标准差传递公式

函数关系式 $N=f(x, y, z, \cdots)$	标准误差传递公式
$N=x+y$	$\sigma_N=\sqrt{\sigma_x^2+\sigma_y^2}$
$N=x-y$	$\sigma_N=\sqrt{\sigma_x^2+\sigma_y^2}$
$N=x\cdot y$	$\frac{\sigma_N}{N}=\sqrt{\left(\frac{\sigma_x}{\bar{x}}\right)^2+\left(\frac{\sigma_y}{\bar{y}}\right)^2}$
$N=\frac{x}{y}$	$\frac{\sigma_N}{N}=\sqrt{\left(\frac{\sigma_x}{\bar{x}}\right)^2+\left(\frac{\sigma_y}{\bar{y}}\right)^2}$
$N=k\cdot x$	$\sigma_N=k\sigma_x$，$\frac{\sigma_N}{N}=\frac{\sigma_x}{\bar{x}}$
$N=\sqrt[k]{x}$	$\frac{\sigma_N}{N}=\frac{1}{k}\left(\frac{\sigma_x}{\bar{x}}\right)$
$N=\sin x$	$\sigma_N=\lvert\cos\bar{x}\rvert\cdot\sigma_x$
$N=\ln x$	$\sigma_N=\frac{\sigma_N}{\bar{x}}$
$N=x^k\cdot y^m/z^n$	$\frac{\sigma_N}{\overline{N}}=\sqrt{\left(k\frac{\sigma_x}{x}\right)^2+\left(m\frac{\sigma_y}{y}\right)^2+\left(n\frac{\sigma_z}{z}\right)^2}$

例2 用单摆公式$g=\frac{4\pi^2 l}{T^2}$测量重力加速度g，直接测量值$T=\bar{T}\pm\sigma_T=2.009\pm0.002(\mathrm{s})$，$l=\bar{l}\pm\sigma_l=1.000\pm0.001(\mathrm{m})$。计算测量结果及其标准差。

解 ①计算重力加速度g：

$$g=\frac{4\pi^2 l}{T^2}=\frac{4\times3.14^2\times1.000}{2.009^2}=9.782\ (\mathrm{m\cdot s^{-2}})$$

②计算g标准差相对误差。对函数两边取自然对数得

$$\ln g=\ln 4\pi^2+\ln l-2\ln T$$

求微分得

$$\frac{\mathrm{d}g}{g}=\frac{\mathrm{d}l}{l}-2\frac{\mathrm{d}T}{T}$$

以误差代替微分量，取各项平方和再开平方，即

$$\frac{\sigma_g}{g}=\sqrt{\left(\frac{\sigma_l}{l}\right)^2+\left(2\frac{\sigma_T}{T}\right)^2}$$

$$=\sqrt{\left(\frac{0.001}{1.000}\right)^2+\left(2\times\frac{0.002}{2.009}\right)^2}=2.2\times10^{-3}$$

③求σ_g：

$$\sigma_g=g\cdot\left(\frac{\sigma_g}{g}\right)=9.782\times2.2\times1.0^{-3}=0.02\ (\mathrm{m\cdot s^{-2}})$$

测量结果表示为$g\pm\sigma_g=9.78\pm0.02\ (\mathrm{m\cdot s^{-2}})$。

第四节 实验数据处理

实验数据是分析和讨论实验结果的依据。物理实验离不开定量的测量和计算，经常要采用专门方法进行大量的数据处理，因此数据处理是物理实验的一个重要组成部分。

在普通物理实验中，要求掌握的实验数据处理方法有列表表示法、图示图解法、最小二乘法和逐差法。

一、列表表示法

在记录和处理数据时，将数据列成表。数据列表可以简单而明确地表示出有关物理量之间的对应关系，使数据有条不紊，便于随时检查，减少甚至避免错误，及时发现问题和分析问题，有助于从中找出规律性的联系，求出经验公式。列表的要求有：

①要简单明了，便于看出各物理量之间的关系。要根据具体情况决定需列哪些项目。

②要写明表中各符号代表物理量的意义，并注明单位。单位写在标题栏中，不要重复记在各个数据上。

③表中所列数据要正确反映测量结果的有效数字。

④必要时给予说明。

列表表示法举例如表 1.4－1 所示。

表 1.4－1　铜丝电阻与温度的关系

T(℃)	10.0	20.0	30.0	40.0	50.0	60.0	70.0
R(Ω)	10.4	10.7	10.9	11.3	11.8	11.9	12.3

表的形式一般来说有三种：定性式(实验记录表格)、函数式(按函数关系列出函数表)、统计式(列出统计表，函数关系形式未知的)。一般将实验数据按自变量和因变量各个对应，依增加或减少的顺序一一列出来，其中包括序号、名称、项目、数据和说明等。其分度要合理、均匀，以便查阅。

二、图示法与图解法

图示法是根据几何原理将实验数据用图线简明、直观、准确地揭示物理量之间的关系，以及绘制校正曲线。在一些复杂的情况下，还无法确定物理量之间的适当的函数关系时，只能用实验曲线来表示实验结果。

图解法是根据作好的曲线，用解析方法进一步求得曲线所对应的函数关系、经验公式，以及其他参数值。

1. 图示法规则

为了使图线“简明、直观、准确”，符合原始测量数据，对作图提出了一定的规范格式和要求。

①选用坐标纸的类别和大小。按实验参量要求选用毫米方格纸(直角坐标纸)。根据实验数据的有效数字位数和数值范围确定坐标纸的大小。原则上坐标纸的一小格代表可疑数字前面的一位数。

②定坐标和坐标标度。一般横轴代表自变量，纵轴代表因变量。标出坐标轴代表的物理量和该物理量的单位，在坐标轴上按选好的比例标出若干等距离的整齐的数值标度，其数值位数应与实验数据的有效数字位数一致。标度通常用 1，2，5，而不用 3，7，9。横轴和纵轴的标度可以不同。如数据特别大或者特别小，可以提出乘积因子(如 $\times 10^3$ 或 $\times 10^{-2}$)写在坐标轴末端。

③标出实验点和画出图线。依据实验数据，用铅笔尖在坐标图上以小“＋”标出各数据点的坐标，然后用直尺和曲线板将实验点连成直线或光滑曲线。连线时应使多数实验点在连线上，不在连线上的实验点大致均匀分布在图线的两侧。如校准曲线，则要将校正点连成折线。如果同时画出几条曲线时，每条曲线数据点应采用不同的标记如“×”“△”“○”等，使之区别开来。

④写出图线名称。一般在图的下方写出简洁完整的图名，字形要端正。

2. 图解法求直线的斜率和截距

以 x 为横坐标轴，y 为纵坐标轴，设所作的 $y-x$ 图线为一直线，其函数形式为

$$y = ax + b \tag{1.4-1}$$

则该直线的斜率 a 可用“两点式”求解。方法是：在靠直线的两端选取两点 $A_1(x_1, y_1)$，$A_2(x_2, y_2)$（一般不宜取测量点，因为测量点不一定在图线上），将其分别代入式(1.4-1)可得

$$a = \frac{y_2 - y_1}{x_2 - x_1} \tag{1.4-2}$$

而截距

$$b = y_3 - ax_3 \tag{1.4-3}$$

(x_3, y_3)为在直线上选取的某点的坐标。当 x_3 为零时，则可从图线上与 y 坐标轴的交点读取该直线的截距 $b = y_3$。

例 1 按公式 $R_T = R_0(1 + \alpha T)$ 测定铜丝电阻温度系数 α（R_0 为 0℃时铜丝电阻），测量数据如表 1.4-2 所示。

表 1.4-2 测量数据

T(℃)	10.0	20.0	30.0	40.0	50.0	60.0	70.0
R(Ω)	10.4	10.7	10.9	11.3	11.8	11.9	12.3

解 ①用直角坐标纸作 $R-T$ 图线。

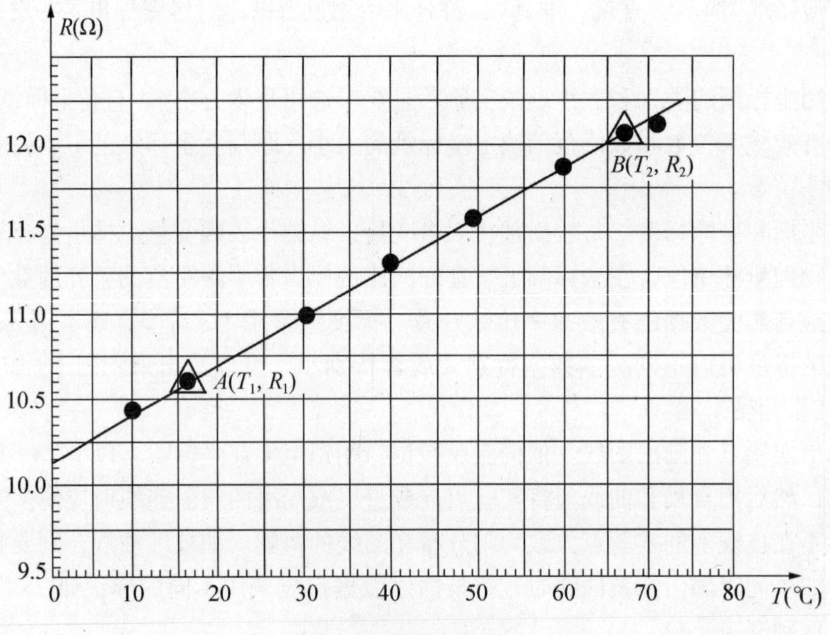

图 1.4-1 $R-T$ 图线

②求出直线的斜率和截距，进而求得铜丝电阻的温度系数 α 和铜丝在 0℃时的电阻值 R_0。在图中直线两端内侧取两个特征点（其坐标最好为整数），A(16.0, 10.6)，

$B(67.0,\ 12.2)$，根据“两点式”得直线的斜率 a 为

$$a = \frac{R_B - R_A}{t_B - t_A} = \frac{12.2 - 10.6}{67.0 - 16.0} = 3.14 \times 10^{-2}(\Omega \cdot ℃^{-1})$$

从图上读取直线的截距为 $b = 10.1(\Omega)$，从测量公式可知 $R_0 = b = 10.1(\Omega)$，所以

$$\alpha = \frac{a}{R_0} = \frac{3.14 \times 10^{-2}}{10.1} = 3.11 \times 10^{-3}(℃^{-1})$$

例2　按表1.4-3所示的测量数据作电位差计校准毫伏表的校准曲线，并对毫伏表定级别。

表1.4-3　测量数据

毫伏表示值 U(V)	0.100	0.200	0.300	0.400	0.500	0.600	0.700	0.800	0.900	1.000
电位差计示值 U_s(V)	0.1050	0.2150	0.3130	0.4070	0.5100	0.6030	0.6970	0.7850	0.8920	1.0070
校准量 $U_s - U$(V)	0.005	0.015	0.013	0.007	0.010	0.003	-0.003	-0.015	-0.008	0.007

解　①用直角坐标纸作出毫伏表校准曲线，如图1.4-2所示。

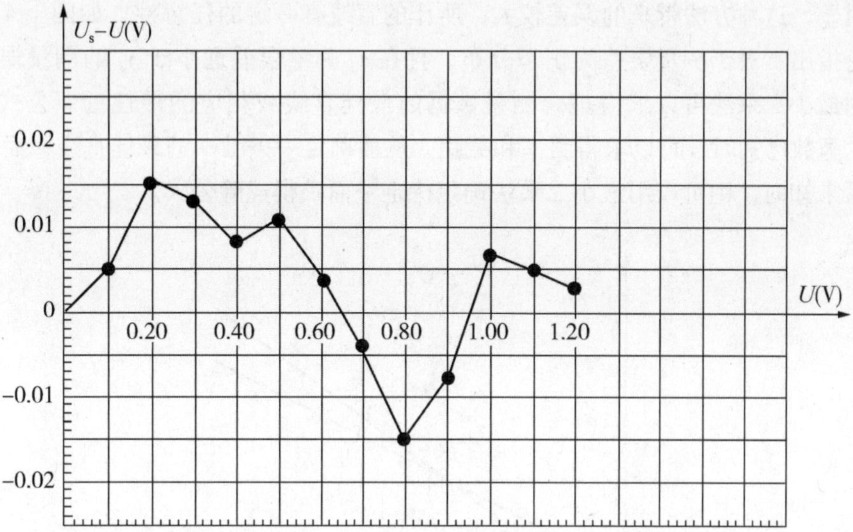

图1.4-2　毫伏表校准曲线

说明：因为校准曲线无函数规律可循，不能连成直线或圆滑曲线，但可假定两被校准点之间的校正量按线性变化，故作出折线。

②根据校准曲线对毫伏表定级别。电表的级别

$$a = \frac{(U_s - U)_{max}}{U_{max}} \times 100\%$$

设毫伏表的量程 U_{max} 为1 V，从图线上读取最大校准量为0.015 V，根据定义得被校准毫伏表的级别为

$$a = \frac{(U_s - U)_{max}}{U_{max}} \times 100\% = 1.5$$

即被校准毫伏表的准确度等级为 1.5。

4. 作图法的局限性

用作图法处理数据是一种粗略的方法，因为：

①受图纸大小的限制，一般只有三四位有效数字；

②图纸本身具有不均匀性，准确程度有限；

③连线有相当大的主观任意性，线也有粗细，不可避免地会带入一些“误差”；

④不是建立在严格统计理论基础上。

三、最小二乘法拟合直线

在研究物理量 x，y 之间的函数关系时，对它们进行直接测量，并记录得一列测量数据(x_1，x_2，x_3，…，x_n)，(y_1，y_2，y_3，…，y_n)，使用上述列表法、图示图解法可以比较简便地取得有关物理量的函数曲线和近似公式。如果它们是线性关系，则图为直线和方程式为 $y = ax + b$，并可从图线上求得斜率 a 和截距 b 的值。

很明显，这种方法带来的误差较大，所作的直线有一定的任意性，如图 1.4－3 所示。误差理论指出：对于测量误差为正态分布，且在 x_i 测量误差远小于 y_i 的测量误差的条件下，运用最小二乘法可以求得拟合测量数据的最佳直线或相应的最佳近似公式。即对于 $y - x$ 线性函数已知时，可以求得斜率和截距，从而确定一条唯一的最佳直线；而对于 $y - x$ 函数关系未知时，则可以用最小二乘法确定待定量而求得经验公式。

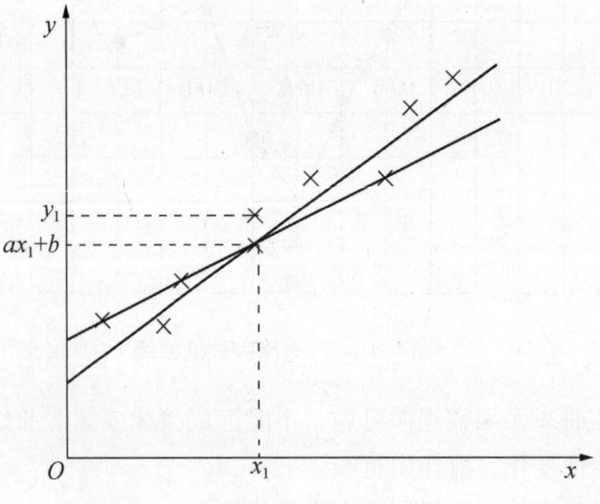

图 1.4－3

最小二乘法原理是：对于满足 y 与 x 为线性关系条件的一列测量数据[(x_i，y_i)$i = 1$，2，…]存在一条最佳拟合直线 $y = a_0x + b_0$，则测量值 y_i 与这条直线相应值之间的偏差的平方和最小。设 Q 表示测量值的偏差平方和，即

$$Q_{\min} = \sum_{i=1}^{n}[y_i - (a_0x_i + b_0)]^2 \tag{1.4-4}$$

最佳拟合直线的斜率 a_0 和截距 b_0 可以根据数学分析中求极值的方法求得。式中 y_i 和 x_i 是实验测量值，不看作变量，要使方程得到最小值解，必须把 a 和 b 看作变量。则式(1.4-4)写成

$$Q(a,b) = \sum_{i=1}^{n}\Delta y_i^2 = \sum_{i=1}^{n}[y_i - (ax_i + b)]^2 \tag{1.4-5}$$

根据求极值条件，将式(1.4-5)分别对 a 和 b 求偏导数，并令之为零，即

$$\begin{cases}\dfrac{\partial Q(a,b)}{\partial a} = \dfrac{\partial}{\partial a}\sum\limits_{i=1}^{n}[y_i - (ax_i + b)]^2 = 0 \\ \dfrac{\partial Q(a,b)}{\partial b} = \dfrac{\partial}{\partial b}\sum\limits_{i=1}^{n}[y_i - (ax_i + b)]^2 = 0\end{cases}$$

$$\begin{cases}\sum\limits_{i=1}^{n}y_ix_i - a\sum\limits_{i=1}^{n}x_i^2 - b\sum\limits_{i=1}^{n}x_i = 0 \\ \sum\limits_{i=1}^{n}y_i - a\sum\limits_{i=1}^{n}x_i - nb = 0\end{cases}$$

消去 b 得

$$a = \frac{n\sum\limits_{i=1}^{n}(x_iy_i) - \sum\limits_{i=1}^{n}x_i\sum\limits_{i=1}^{n}y_i}{n\sum\limits_{i=1}^{n}x_i^2 - (\sum\limits_{i=1}^{n}x_i)^2} = \frac{\overline{xy} - \bar{x}\cdot\bar{y}}{\overline{x^2} - (\bar{x})^2} \tag{1.4-6}$$

因此

$$b = \frac{\sum\limits_{i=1}^{n}y_i}{n} - a\frac{\sum\limits_{i=1}^{n}x_i}{n} = \bar{y} - a\bar{x} \tag{1.4-7}$$

为了检验一元线性回归结果有无意义，在数学上引入相关系数 R。其定义为

$$R = \frac{L_{xy}}{\sqrt{L_{xx}\cdot L_{yy}}} \tag{1.4-8}$$

式中，$L_{xy} = \overline{xy} - \bar{x}\cdot\bar{y}$，$L_{xx} = \overline{x^2} - (\bar{x})^2$，$L_{yy} = \overline{y^2} - (\bar{y})^2$。

R 表示两变量间的函数关系与线性函数的符合程度。可以证明，$|R| \leqslant 1$。$|R|$ 越接近 1，则两变量间的线性关系越好，回归的结果比较合理。反之，当 $|R|$ 接近 0，则认为两变量间不存在线性关系，用线性函数回归不合理。$R>0$，拟合直线的斜率为正，称为正相关；$R<0$，拟合直线的斜率为负，称为负相关。

例 3　现测量得 x，y 两个物理量的数据如表 1.4-4 所示。根据表中数据推测 x，y 的函数关系为 $y = ax + b$。试用最小二乘法作线性回归。

表1.4－4

编号 i	x_i	y_i	x_i^2	y_i^2	x_iy_i
1	15.0	39.4	225	1552	591
2	25.8	42.9	666	1840	1107
3	30.0	44.4	900	1971	1332
4	36.6	46.6	1340	2172	1706
5	44.4	49.2	1971	2421	2184
Σ	151.8	222.5	5102	9956	6920
平均值	30.4	44.5	1020	1991	1384

解 求相关系数 R，以检验 y 和 x 的线性关系：

$$L_{xy} = \overline{xy} - \bar{x}\cdot\bar{y} = 31.2$$

$$L_{xx} = \overline{x^2} - (\bar{x})^2 = 95.84$$

$$L_{yy} = \overline{y^2} - (\bar{y})^2 = 10.75$$

$$R = \frac{L_{xy}}{\sqrt{L_{xx}\cdot L_{yy}}} = 0.97$$

R 接近1，变量 y 和 x 之间具有良好的线性关系。

根据最小二乘法公式求斜率 a 和截距 b：

$$a = \frac{\overline{xy} - \bar{x}\cdot\bar{y}}{\overline{x^2} - (\bar{x})^2} = 0.326$$

$$b = \bar{y} - a\bar{x} = 34.6$$

根据所求得的回归直线的斜率 a，b，得回归方程为

$$y = 0.326x + 34.6$$

思考题

1. 指出下列情况导致的误差属于偶然误差还是系统误差：

(1)读数时视线与刻度尺不垂直。

(2)将待测物体放在米尺的不同位置测得的长度稍有不同。

(3)天平平衡时指针的停点重复几次都不同。

(4)水银温度计毛细管不均匀。

2. 指出以下测量中引起系统误差和偶然误差的主要因素：

(1)用物理天平称衡物体的质量。

(2)用温度计测量金属容器内的水温。

(3)用秒表测量单摆摆动 50 个周期的时间。

3. 改正下列测量结果表达式的错误：

(1)12. 001 ±0. 000 6255 (cm)

(2)0. 576 361 ±0. 000 52 (mm)

(3)9. 75 ±0. 062 6 (mA)

(4)96 500 ±500 (g)

(5)22 ±0. 5 (℃)

4. 用级别为 0. 5、量程为 10 mA 的电流表对某电路的电流作 10 次等精度测量，测量数据如下表所示。试计算测量结果及标准差，并以测量结果形式表示之。(要求判别和剔除异常数据)

n	1	2	3	4	5	6	7	8	9	10
I(mA)	9. 55	9. 56	9. 50	9. 53	9. 60	9. 40	9. 57	9. 62	9. 59	9. 56

5. 用公式 $\rho=\dfrac{4m}{\pi d^2 h}$ 测量某圆柱体铝的密度，测得直径 $d=2.042\pm0.003$(cm)，高 $h=4.126\pm0.004$(cm)，质量 $m=36.488\pm0.006$(g)。计算铝的密度 ρ 和测量的标准差 σ_ρ，并以测量结果表达式表示。

6. 根据公式 $l_T=l_0(1+\alpha T)$ 测量某金属丝的线胀系数 α。l_0 为金属丝在 0℃时的长度。实验测得温度 T 与对应的金属丝的长度 l_T 的数据如下表所示。试用图解法求 α 和 l_0 值。

T(℃)	23. 3	32. 0	41. 0	53. 0	62. 0	71. 0	87. 0	99. 0
l_T(mm)	71. 0	73. 0	75. 0	78. 0	80. 0	82. 0	86. 0	89. 1

7. 弹簧振子做垂直振动。已知谐振周期 T 与振子质量 m、弹簧自身质量 m_0、倔强系数 K 的关系为 $T=2\pi\sqrt{\dfrac{m+\frac{m_0}{3}}{K}}$。实验测得 $T-m$ 数据如下表。试用图解法求 K、m_0 值。

m(10^{-3} kg)	191. 0	239. 5	288. 0	336. 5	385. 0	433. 5
T(s)	0. 731	0. 861	0. 892	0. 964	1. 030	1. 090

8. 凹面镜成像公式为

$$\frac{1}{v}+\frac{1}{u}=\frac{2}{r}$$

u 为物距，v 为像距，r 为凹面镜的曲率半径。测得 $u-v$ 关系数据如下表所示，试用最小二乘法求曲率半径 r。

u(cm)	22. 8	27. 9	33. 7	38. 0	52. 0
v(cm)	68. 0	43. 1	34. 5	31. 1	25. 1

9. 一定质量的空气，温度恒定不变时，其压强 p 随体积 V 变化而变化，测量数据如下表所示。试分别绘制 $p-V$ 图线和 $\lg p-\lg V$ 图线。

$V(cm^3)$	10.00	10.50	11.00	11.50	12.00	12.50	13.00	13.50	14.00	14.50
p(kPa)	129	123	118	112	108	103	99	96	92	89

10. 试根据下面6组测量数据，用最小二乘法求出热敏电阻值 R_T 随温度 T 变化的经验公式，并求出 R_T 与 T 的相关系数。

T(℃)	17.8	26.9	37.7	48.2	58.8	69.3
$R_T(\Omega)$	3.554	3.687	3.827	3.969	4.105	4.246

第二章　物理实验的基本测量方法与操作技能

第一节　基本测量方法

物理实验思想方法包括实验设计思想及实施测量和数据处理的方法。在经典物理实验思想中，通常采用“实验——理论——实验——理论”的思想模式。目前，物理研究的对象更加复杂，更加广泛，其物理规律也比经典规律更复杂，重大理论的突破更离不开物理实验的验证。物理实验思想方法在推动现代物理学的发展过程中仍起着重要的作用。物理实验思想方法和技术是构成现代高科技人才知识结构的基础，是应用技术的基础和源泉，其实验思想方法并不局限于某个具体的实验教学和探索，具有普遍的指导意义。物理实验思想方法主要有放大法、控制法(单因子法)、转换测量法、比较法、模拟法等。下面介绍几种常见的物理实验基本测量方法。

一、比较法

将待测物理量与选作标准单位的物理量进行比较的方法叫比较法。常见的比较法有测量物体长度、用天平称量质量、用电桥测电阻等。这种方法能有效地解决物理实验中的某些问题。如第十六届国际物理奥林匹克竞赛中的实验题“有许多同样的永磁体藏在涂成黑色的盒子里，试确定永磁体中心位置和它们各自的方向”。这题可采用与藏在黑盒子里的永磁体相同的永磁体进行比较解决。另外，比较法具有能消去一些已知或未知系统误差的优点，因此这种方法在物理实验中被广泛应用。比较法可分为直接比较法和间接比较法两种。

1. 直接比较法

直接比较法是将待测物理量与同类物理量的标准量直接进行比较或采用标准仪器进行直接测量而取得实验结果的方法。典型的例子有：长度测量，米尺、游标卡尺等直接测量长度；质量测量，用天平测量物体的质量；时间测量，用秒表、数字毫秒计测量时间；电压和电流的测量，用电表、万用电表直接测量电压和电流等电学量。

直接比较法的测量精度受到测量仪器精度的限制，欲提高测量精度就得提高量具的精度，为此需依靠不同物理量的标准件。例如，用于长度测量的“块规”，用于测量质量的高精度砝码，标准电阻、标准电池等高精度的标准器件。

又如用电位差计测量电源电动势的实验，其电路原理如图 2.1－1 所示。它是补偿法测量的典型：合上开关 K，调节电阻 R 使电阻丝 AB 上通有一定电流 I，再合上开关 K_1，改变滑动触点 C 在 AB 上的位置至检流计示零，则待测电动势 E_x 被电位差 U_{AC} 所补偿，这时

$$E_x = U_{AC} = I \cdot R_{AC}$$

它是以检流计示零后测量得到的结果，故又可称为零示测量法。

零示测量最突出的优点是，无论是平衡测量还是补偿测量，皆以检流计示零而得出测量结果，所以测量的精度高低与示零仪器的灵敏度密切相关。

而对于电流测量仪器而言，欲得一高精度的电流计是困难的，但高灵敏度的检流计却易于实现，故常常利用示零法来实现较高精度的测量。

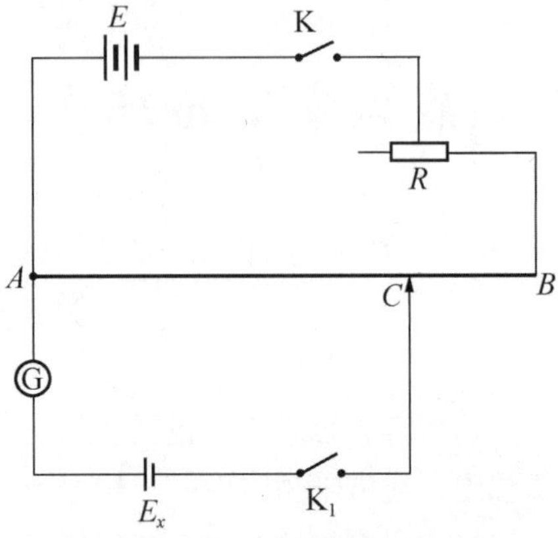

图 2.1－1　直接比较法测量实验电路

2. **间接比较法**

间接比较法是当某些物理量无法直接比较时，需要通过物理量间的函数转换关系设计出相应的仪器或实验来实现测量。严格意义上说，除了长度测量可视为直接比较测量外，温度、时间、电学量等均可视为间接比较测量。

图 2.1－2 是利用补偿法进行间接比较。K_1 是双刀双掷开关，E_S 是标准电池。合上开关 K 调节可变电阻 R 使 AB 电阻丝中的电流 I 为某一定值，让开关 K_1 投向 E_x，调节滑动触点 C 使检流计 G 示零；在 I 不变的情况下将开关 K_1 投向 E_S，再滑动触点 C 至 C'使检流计 G 又示零，则可对前后二次达到补偿的情况进行比较：

$$E_x = U_{AC} = I\cdot R_{AC} = I\cdot\rho\cdot\frac{l_{AC}}{S} \qquad (2.1-1)$$

$$E_S = U_{AC'} = I\cdot R_{AC'} = I\cdot\rho\cdot\frac{l_{AC'}}{S} \qquad (2.1-2)$$

得：

$$E_x = \frac{l_{AC}}{l_{AC'}}\cdot E_S \qquad (2.1-3)$$

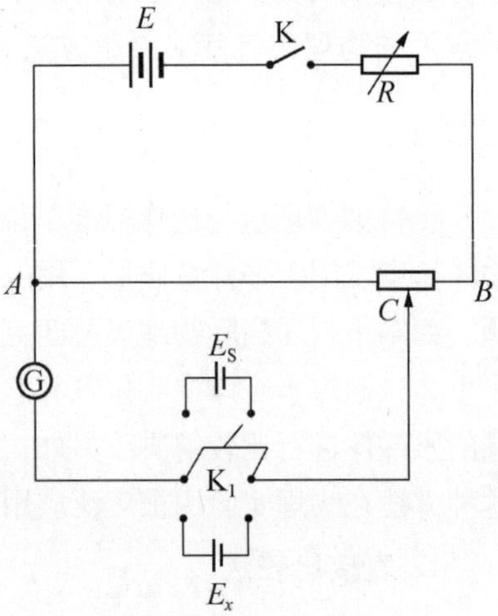

图 2.1－2　间接测量

其中，ρ 为电阻丝 AB 的电阻率，l_{AC} 是第一次测量达到补偿时 AC 间的电阻丝长度，$l_{AC'}$ 是第二次测量达到补偿时 AC'间的电阻丝长度，S 为 AB 电阻丝的横截面积。

可见，对 E_x 的测量被转换成为对电阻丝的长度的测量，故称为间接测量。从推导过程来看，上述测量必须保证 l 与 ρ 皆不随时间变化而变化才正确。

二、转换测量法

转换测量法是根据物理量之间的定量关系、能量守恒关系以及各种物理效应把不易测量的物理量转换为容易测量的物理量，或为提高待测物理量的测量精度，将待测量转换成另一种物理量的测量。转换测量法是物理实验中最常见的方法之一。随着新材料、新技术的不断出现，各种各样传感器的不断诞生，转换物理量测量的精度也得以提高。转换测量法实际上是间接测量法的具体应用，一般分为参量换测法和能量换测法两大类。

1. 参量换测法

参量换测法即在一定实验条件下，利用各物理量间的函数关系来实现待测物理量的变换测量。如：钢丝的杨氏模量 E 的测量是利用应变与应力成线性关系变化的规律，将待测量 E 的测量转换成对应变量 $\Delta L/L$ 与应力量 F/S 的测量，即通过测量 L、ΔL、F、S，以 $E=(F/S)/(\Delta L/L)$ 求出待测量。在声速的测量实验中，换能器根据压电效应将机械波的测量转换成电压的测量；在牛顿环实验中，牛顿环器件通过等厚干涉原理把球面曲率半径的测量转换成干涉图样的几何尺寸的测量；在热电偶的定标与测温实验中，热电偶根据温差电理论将温度的测量转换为电势差的测量。

2. 能量换测法

在物理实验中，许多物理量之间存在着多种效应和关系。某些物理量由于无法用仪器直接测量，或者即使能够测量也由于不方便、准确性差等原因，常通过能量变换器把这些物理量转换成其他物理量进行测量，这称为能量转换法。

能量转换法的关键器件是传感器。理论上，所有物理量，比如尺寸、形状、速度、加速度、振动参量、粗糙度等力学量以及温度、压力、流量、湿度、气体成分等热学量，都能找到与之对应的传感器，从而将这些物理量转换为其他信号进行测量。下面介绍压电传感器、霍尔传感器等常用的传感器。

(1)压电传感器。压电传感器是利用某些材料的压电效应制成的器件。某些固体电介质由于结晶点阵的特殊结构，当晶体发生机械形变，例如受到压力作用而缩短时，它会产生极化，在其表面产生束缚电荷，形成与极化方向一致的电场，于是可以将压力的测量转换为电场的测量。利用压电传感器可以测量各种情况下的压力、振动或加速度。

压电晶体是力-电转换元件。在压电晶体上加电场时，晶体会发生机械变形，即逆压电效应(或称为电致伸缩效应)。因此，利用压电传感器还可以在液体中产生超声波。

(2)霍尔传感器。霍尔效应是磁电效应的一种，这一现象是霍尔(A. H. Hall，1855—1938)于1879年在研究金属的导电机构时发现的。霍尔传感器是根据霍尔效应制造的一类磁敏感传感器，也称为磁敏传感器。它可以实现非接触式测量，并且不从磁场中获取能量。它可以检测位移、振动、力、转速、加速度、电流、电功率等物理量。

霍尔效应的强弱与材料中的载流子浓度有关，材料中载流子浓度越小，霍尔效应越明显。因此，霍尔传感器通常是利用半导体材料制备的一种传感元件，其原理如图2.1-3所示。霍尔电压

$$U_H = R_H \frac{IB}{d}$$

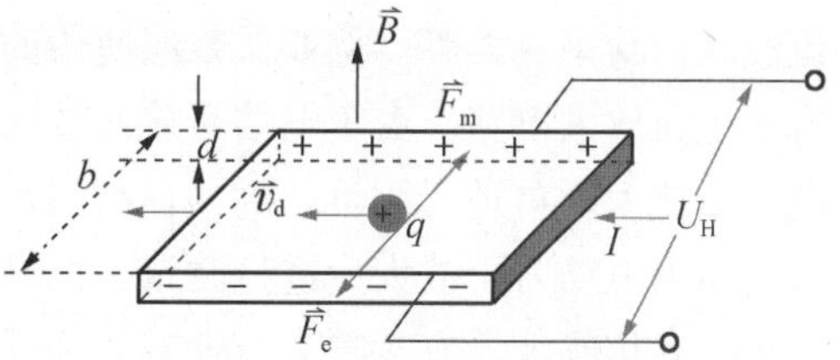

图2.1-3　霍尔效应原理

(3)电感传感器。电感传感器是建立在电磁感应基础上，利用线圈电感的改变实现非电学量的测量。在电路中，带有铁芯的线圈会产生自感现象。线圈自感的大小与铁芯的位置有关，所以可以通过对电信号变化的测量来测量线圈自感的变化，从而确定与铁芯连在一起的物体的位移、振动、压力等物理量。

(4)光电传感器。光电传感器是将光信号转换为电信号的换能器。利用光电效应制造的光电管、光电倍增管等光电转换器件可以将光强转换为电流或电压进行测量。根据光敏器件受到某种光的照射后其电阻率会发生变化的特点，可利用光敏电阻、光电管测量光束中某些谱线光强度。光电池等器件受到光照后会产生与光强有一定关系的电动势，从而将光强转换成电信号测量。

三、放大法

物理实验中常遇到一些值很小甚至无法被实验者或仪器直接感觉和反应的物理量的测量，如果直接用仪器进行测量会造成很大的误差。此时可以借助一些方法将待测量进行放大，然后再进行测量。放大法就是指将待测量进行放大的方法。常用的放大法有累积放大法、机械放大法、电学放大法和光学放大法等。

(1)累积放大法。在被测物理量能够简单线性叠加的条件下，将它放大若干倍再进行测量的方法，称为累积放大法(叠加放大法)。如单摆周期的测量、等厚干涉相邻明条纹的间隔等，此时可将这些物理量累积放大若干倍后再进行测量。累积放大法的优点是在不改变测量性质的情况下，将被测量扩展若干倍后再进行测量，从而增加测量结果的有效数字位数，减小测量的相对误差。在使用累积放大法时应注意避免引入新的误差因素。

(2)机械放大法。机械放大法包括杠杆放大法、轮轴放大法和齿轮放大法等。在应用中通常有体积、长度、角度等改变引起的放大。例如，游标卡尺的读数原理，在游标盘的设计中，若盘的半径做得越大，其分辨率会越高；螺旋测微计的原理等皆属于机械放大。

(3)光学放大法。光学放大具有稳定性好，受环境干扰小的优点。常用的光学放大法有两种，一种是使被测物通过光学装置放大视角形成放大像，以便于观察判别，从而提高测量精度。例如放大镜、显微镜、望远镜等。另一种是使用光学装置将待测微小物理量进行间接放大，通过测量放大了的物理量来获得微小物理量。例如测量微小长度和微小角度变化的光杠杆镜尺法，就是一种常用的光学放大法。

(4)电学放大法。电信号的放大是物理实验中最常用的技术之一，包括电压放大、电流放大、功率放大等。例如，普遍使用的三极管可以对微小电流进行放大，示波器中也包含了电压放大电路。由于电信号放大技术成熟且易于实现，所以也常将其他非电量转换为电学量放大后再进行测量。例如在利用光电效应法测量普朗克常数的实验，是将微弱光信号转换为电信号再放大后进行测量。但是对有用电信号放大的同时，电路中的噪声也会被放大，对信噪比没有改善甚至会有所降低。因此，电信号放大技术通常与提高信号信噪比技术综合使用。

四、模拟法

在研究某些自然现象、物质的运动规律或解决工程技术问题时，经常会遇到一些如危险性大、难以直接进行实验测量或耗资巨大等情况，这就要求研究人员或工程技术人员能够通过模拟的方法克服不利因素，实现实验目的。模拟法并不直接研究某物理现象或物理过程的本身，而是采用与之相似的数学、物理问题进行模拟实验。这种方法适用于不便于或无法直接测量的物理量的测量。特别是对于耗资巨大、危险性极大的工程项目，通过模拟实验得到优化合理的结果，用模拟得到的参数就可以一次性成功完成这种工程项目的建设。模拟法可分为物理模拟法、几何模拟法和计算机模拟法。

(1)物理模拟法。物理模拟法即根据类比体或系统之间具有相似的物理过程或相似的几何形状而建立的模拟方法。常见的模拟法有几何模拟法、物理量替代模拟法、行动规律模拟法。如利用“风洞”试验设计改进飞机机翼、用“流槽”模拟预演河流的冲积作用、用稳恒电流场模拟静电场、用电场模拟温度场等皆属于物理模拟。

物理模拟法的基本思想是物理上的可比性。理论研究表明，在被研究的区域内两个性质不同的物理场如果满足以下条件：

①描述两个物理量满足相同形式的微分方程；

②被研究区域的边界条件相同；

③在各自的边界上描述这两个场的物理量其法向导数(即梯度)的分布相同。

则这两个场具有相同的分布。

因为稳恒电流场的电势差和静电场的电势差，它们都满足拉普拉斯方程

$$\frac{\partial^2 U}{\partial x^2}+\frac{\partial^2 U}{\partial y^2}+\frac{\partial^2 U}{\partial z^2}=0 \qquad (2.1-4)$$

稳恒电流场和静电场具有相同的边界条件，则真空中的静电场与稳恒电流场具有相同的分布，所以在实验中可以用稳恒电流场模拟静电场。

(2)几何模拟法。有时被研究的对象十分庞大，或造价十分昂贵，为了取得设计的参数，先按一定比例做一个缩小模型，根据被研究对象的物理过程、现象、特点进行模型测量。例如研究建筑材料及结构承受能力，一般用原材料将建筑群体设计缩小几倍或几十倍进行实验模拟。

(3)计算机模拟法。计算机模拟法，也就是计算机仿真实验，或利用3D图形设计虚拟仪器并建立虚拟实验环境，让学生在虚拟环境中操作仿真仪器来虚拟操作实验过程。

计算机模拟的优点主要有以下几个方面：

①既易于调整和改变各种操作条件或参量，又可以在屏幕上实时显示，从而使模拟的物理过程(如李萨如图形的合成)直观、准确；

②易于通过参数的选择优化物理实验过程中的最佳条件和最佳实验方案；

③易于控制实验的过程，使实验变得快捷方便，同时减少实验过程中的费用。

虽然计算机模拟有很多的优点，但在实际使用中必须遵循虚拟仿真实验的“虚实结合，能实不虚，相互补充”等原则。

五、干涉法

干涉法是指将一列行波分为两个或两个以上的波列，使它们在同一区域叠加而形成稳定的干涉图样，通过对干涉图样的分析进行行波特性研究的一种方法。干涉法能将瞬息变化并难以测量的动态研究对象变成稳定、清晰的静态干涉图样，从而简化了研究方法，提高了研究的精度。这种方法已广泛应用于各种机械波、电磁波、光波等的研究之中。如利用可见光的干涉法检测工件表面的平整性，利用可见光干涉法测量金属丝的线性膨胀系数，以及利用全息干涉法实现实时分析流场等。目前，这种方法在生产实践与科学研究中发挥着越来越重要的作用。下面介绍驻波法、衍射法两种基本干涉法。

(1)驻波法。在空间有频率相同、振幅相近、相位差恒定的二列波相向传播，在一定条件下，相遇空间叠加可形成稳定的驻波。如共振干涉法测量声速实验(图2.1－4)，就是利用超声振子 S_1 发出的超声波在 S_2 界面反射，在 S_1 与 S_2 连线中间形成稳定驻波，并利用驻波的特性进行波长测定的实验。又如弦线的横波传播和线密度测量也是利用弦线驻波进行测量的实验。

(2)衍射法。光波或声波通过与其波长可以比拟的狭缝时会出现衍射现象。如光的单缝衍射时，在屏上形成稳定的衍射图样。这是出射相干光波相互干涉的结果，这种衍射现象的本质是一种特殊的干涉。

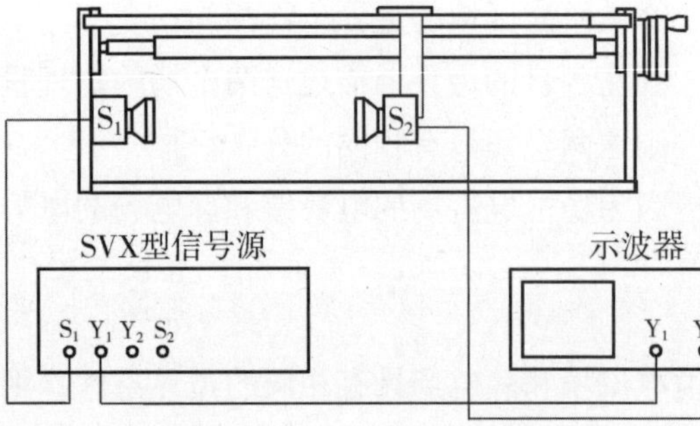

图2.1－4　共振干涉法测声速

衍射法是光学测量的一种重要方法，许多仪器、实验是依据此理论设计的，如单缝衍射光强分布实验、光栅衍射测定光栅常数和光波长实验等。在光栅衍射测定波长的实验中，可通过光栅衍射分离出各谱线，并求出光源发射谱中各谱线的波长。该实验在一定程度上体现了光栅摄谱的思想。衍射法已广泛应用于定性分析发光物质的成分，以及定量研究其成分含量。

第二节　基本操作技能

在物理实验中，正确的仪器调整和操作技术不仅可将系统误差减小到最低限度，而且可提高实验结果的准确度。因此，掌握仪器的基本调节和操作方法是提高实验结果准确度和精度的关键。有关实验调整和操作技术的内容相当广泛，需要通过一个个具体的物理实验的训练逐渐积累起来。熟练的实验操作技能来源于具体的实践，因此在实验过程中必须养成良好的习惯。例如，在进行任何测量前，首先必须调整好仪器，并且按正确的操作规程进行实验。任何正确的结果都来自仔细的调节、严格的操作、认真的观察和合理的分析。

对某一实验具体使用仪器的调整和操作将在后面有关实验中介绍，下面介绍一些最基本的、具有一定普遍意义的调整技术，以及电学实验、光学实验的基本操作规程。

一、基本操作

1. 零位的调整

零位的调整，事实上就是要求在测量前必须检查各测量仪器的初始位置是否正确。由于外界环境的变化或其他原因，仪器的零位往往已经发生了偏离，因此实验前应检查和校准仪器的零位，避免产生系统误差。初学大学物理实验的实验者，往往忽略仪器或量具的零位是否准确，总以为它们在出厂时都已校准好了而直接进行测量实验，因此造成测量结果产生较大的误差。如万用表、电子天平等仪器的使用，在使用前必须检查零位是否正确，必须校准到零位或天平平衡才能进行实验；对电学仪表，如检流计、电压表等，在接通电源前必须进行零位调节，否则容易烧坏仪表。还有一种情况是仪器无法进行零位调整或进行零位校准，如磨损的游标卡尺或螺旋测微器，应在测量前先记录“零点偏差”读数，以便在测量结果中加以修正。注意，“零点偏差”有正负之分。

2. 水平、铅垂的调整

在实验中经常遇到要对使用仪器进行水平和铅垂的调整，这种调整可借用水平仪和悬锤。如天平的水平和铅垂调整，首先调节天平底座下的调节螺钉使底座上水准仪的气泡移至中央，或使立柱上悬挂的重锤下端的尖端与底座上的准尖对准，立柱即被调整到铅垂方向，从而保证立柱上部的平面处于水平面。一般而言，仪器的水平和铅垂状态的调整往往可以相互转化，互为补充，能够同时满足。

又如，要调整一圆管的水平，因为圆管上无法放置水平仪，所以通常的做法是在管子的后面放置一画有正交方格的坐标纸，如图 2.2－1 所示，使坐标纸的水平线与管子 AB 的边沿相切，在管子 C 处挂一重锤 D，调整管子 A、B 端的高度和坐标纸，观察悬线 CD，直至 CD 与管子后面坐标纸上方格的铅垂线平行为止。此时，管子已处于水平位置。这是水平调整化为铅垂调整的实例。

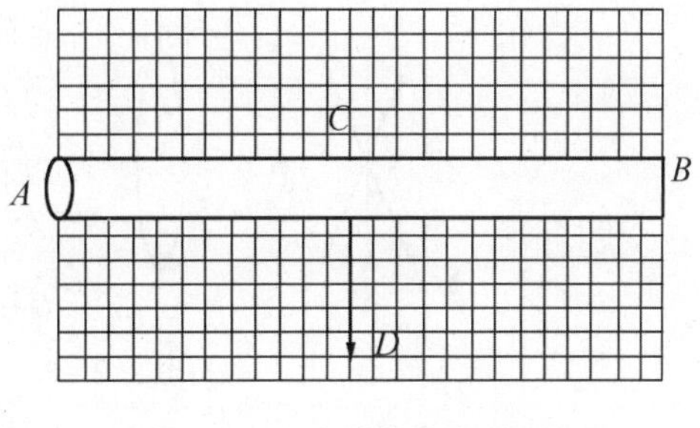

图 2.2－1　水平管的水平调整

3. 消除空程误差

空程误差也叫回程误差，是由于机械装置的间隙造成的。由于相对运动的机械部件之间的间隙是必然存在的，所以反复的动作(例如旋钮的顺时针旋转和逆时针旋转)过程中产生空程是必然的。许多仪器(如测微目镜、迈克尔逊干涉仪、读数显微镜)的读数装置都由丝杠－螺母的螺旋机构组成，在刚开始测量或反向移测时，丝杠须转动一定的角度才能与螺母啮合，由此引起的虚假读数，称为空程误差。这种空程误差有可能会由于空程的累积而加大，如迈克尔逊干涉仪的读数机构。为了消除空程误差，使用这类仪器时除了一开始就要注意排除这种误差之外，还要保持整个操作过程沿同一方向行进。

4. 消除视差

在测量中，通常会遇到读数标线(指针、叉丝)和标尺平面不重合的情况。例如：电表的指针和标度面总是有一定的间隙，因此当眼睛在不同位置观察时，读得的指示值会有差异，这就是视差。有无视差可根据观测时人眼稍稍移动标线与标尺刻度是否有相对运动来判断。为了消除测量读数时的视差，应做到正面垂直观测。例如，用米尺测量物体长度时，应该在如图 2.2－2 所示的正确位置读数。又如，对电表读数应垂直于表面正视使指针与刻度槽下方平面镜中的像重叠，这时读下标尺上的读数才无视差，才是正确的。

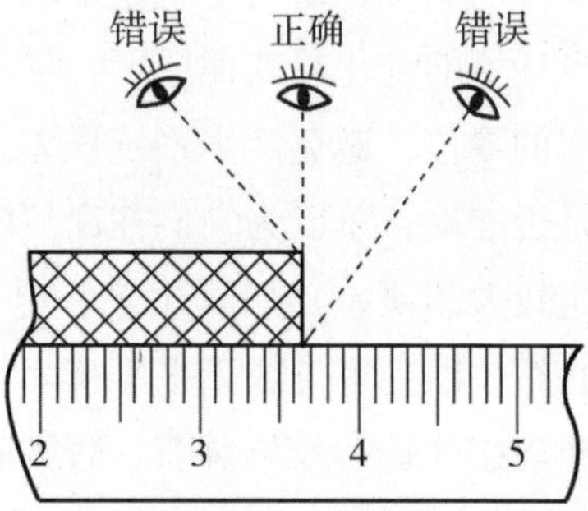

图 2.2－2　视差误差

在用带叉丝的测微目镜、望远镜或读数显微镜时，若观察物的像不与叉丝共面，则人眼移动时，两者即有相对运动，即有视差。望远镜和读数显微镜基本光路如图 2.2－3 所示。它们的共同点是，在目镜焦平面内侧附近装有一个十字叉丝(或带有刻度的玻璃分划板)，若被观察物经物镜后成的像 A_1B_1 落在叉丝位置处，人眼经目镜看到叉丝与物体的最后虚像 A_2B_2 都在明视距离处的同一平面上，这样便无视差。

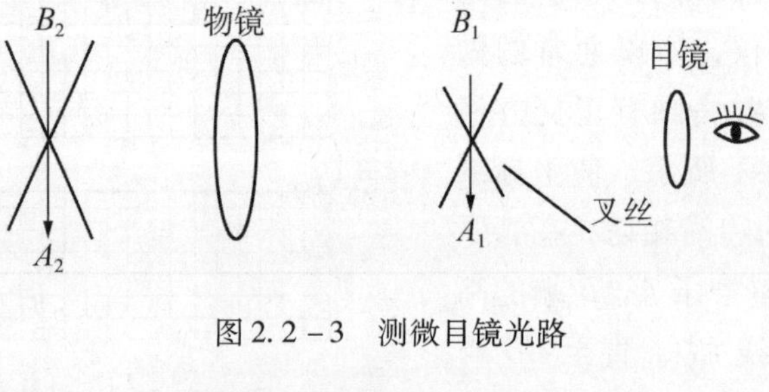

图 2.2－3　测微目镜光路

对于这种仪器的调整，要消除视差，需要仔细调节目镜(连同叉丝)与物镜之间的距离，使被观察体经物镜后成像在叉丝所在的平面内。一般是一边仔细调节，一边稍稍移动人眼，看看像和叉丝是否有相对运动，直至基本上无相对运动为止。

5. 焦距调整

很多光学仪器在使用前必须先进行焦距的调节。如弯曲法测杨氏模量实验中，测微目镜中目镜的调整，首先调节目镜焦距使视场中的标尺清晰，然后再按照消除视差的方法调节测微目镜，再调节物镜焦距使望远镜能清晰看到挂钩的标线。又如分光计中望远镜的调节：首先调节目镜焦距使分划板位于目镜的焦平面上，即使目镜视场中的“十”线最清晰；其次调节望远镜聚焦于无穷远，前后移动目镜筒，即调节物镜与分划板间的距离，使分划板位于物镜的焦平面上，即使反射绿色的亮“十”字最清晰。

6. 共轴等高调整

在做多个透镜，或透镜、反射镜等各种光学元件组合成特定的光学系统的成像实验时，要想获得优良的像质，要求该光学系统符合或接近理想光学系统的条件，使物方空间的任意物点经过该系统成像时，在像方空间有唯一的共轭点，而且符合各种理论计算公式的条件。因此，在光具座上调节光学系统，必须使之满足等高、共轴的条件。所谓共轴是指各光学元件的光轴在同一直线上，让物体发出的光束满足近光轴的要求；而所谓等高是指光学系统的共轴和光具座导轨的基线严格平行。调节光学系统各元件共轴等高，是光学实验的一项基本要求，必须好好掌握。一般的调节可分为粗调和细调两步。

(1)粗调。先把物、透镜、像屏等元件置于光具座上，并将它们尽量靠拢，用眼睛观察，进行粗调使各元件的中心大致在与导轨平行的一条直线上，并使物平面、透镜平面、像屏面相互平行且垂直于光具座导轨。

(2)细调。依靠成像规律进行调节。例如在焦距测定实验中，若物和像屏相距较远，则移动透镜时会分别在屏上呈现大、小两个实像。若物的中心处在透镜光轴上，且光轴与导轨基线平行，则移动透镜时，大小两次成像的中心必将重合；若物的中心偏离光轴或导轨基线与光轴不平行，则当透镜移动时，两次成像时像的中心不再重合，这时可根据像中心的偏移情况，调节至共轴等高状态。

7. 逐次逼近法

任何仪器的调节都会有粗调和细调两个环节。粗调是否到位，对细调起着重要的作用，也就是说任何调整几乎都不是一蹴而就的，都要经过仔细、反复的调节。一个简便而有效的技巧是“逐次逼近”。如分光计的调节实验分为目测粗调和细调。目测粗调：调节望远镜和平行光管的高低螺钉、载物台下的三个调节螺钉使它们大致垂直于旋转主轴。粗调是否好，对望远镜的调节非常重要，对后期的“各半调法”调节反射“十”字到上分划线交叉点也有重要影响。当然，“各半调法”调节反射“十”字到上分划线交叉点是逐次逼近法调节的典型实例。总之，仪器的调节往往不是一次就可以调节好的，需要经过仔细、反复的调节。

8. 先定性、后定量

对于学习大学物理的同学们来说，在实验过程中往往会出现急于获得测量结果、盲目操作的现象。若实验进行到中途才发现有问题而不得不从头再来，则会导致实验过程更长、更费时。对于一个训练有素的科学工作者，往往会采用“先定性，后定量”的原则进行实验。在定量测定前，先定性观察实验变化的全过程，了解一下变化的规律，然后再着手进行定量测量。

例如，在实验测定中出现如图 2.2－4 所示的变化曲线时，可以先观察一下 y 随 x 的变化而变化的情况，然后在分配测量时间间隔时，采用不等间距测量，在 x_0 附近多测几个点，这样能得到更合理、更好的实验结果。

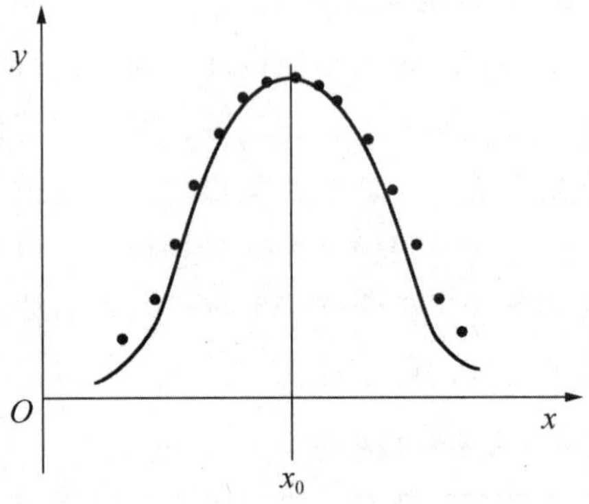

图 2.2－4　先定性，后定量

二、电学、光学操作规程

1. 用电安全

实验室使用的电源通常是 220 V 的交流市电和 0～24 V 稳压直流电源，但有的实验电压高达 10^4 V 甚至以上(如高压直流电源或激光电源)。电压低于 36 V 的直流电压称为安全电压。当直接接触高于 36 V 电压时，就有触电的危险。所以在做电学实验的过程中要特别注意人身安全，谨防触电事故发生。实验者要做到：

①在使用仪器前必须先阅读、熟悉仪器的操作规程；

②接、拆线路必须在断电状态下进行；

③操作时，人体不能触摸仪器的高压带电部位；

④高压部分的接线柱或导线，一般要用红色标示，以示危险；

⑤有人触电时，应立即切断电源，或用绝缘物体将电线与人体分离后再实施抢救。

2. 要正确接线，合理布局

①实验前必须仔细分析电路，弄懂电路原理，明白电路的回路关系。在连接电路时，一般从电源的正极开始，按从高电势到低电势的顺序接线。如果有支路，则应把第一个回路完全接好后，再接另一个回路，切忌乱接。

②仪器布局要合理、明了。要将需要经常控制和读数的仪器置于操作者面前，开关一定要放在最易操纵的地方。

③各仪器要处于正确使用状态。例如：接通电源前，电源输出电压和分压器输出电压均置于最小值处，限流器的接入电路部分阻值置于最大值处，电表要选择合理的量程，电阻箱阻值不能为零，等等。

3. 电路检查

电路连接好后，必须仔细自查，确保连接电路准确无误，经教师复查同意，方能接通电源进行操作。合上电源开关时，要密切注意各仪表是否工作正常，若反常，立即切断电源，排除故障，并报告指导教师。

4. 光学元件保护

光学实验是“清洁的实验”。对于光学仪器和元件，应注意防尘，保持干燥以防发霉。保护好光学元件的光学表面，禁止用手触摸光学表面，只能用手接触经过磨砂的“毛面”，如透镜的侧边、棱镜的上下底面等。若发现光学表面有灰尘，可用毛笔、镜头纸轻轻拭去，也可用清洁的空气球吹去。如果光学表面有脏物或油污，则应向教师说明，不要私自处理。对于没有镀膜的表面，可在教师的指导下用干净的脱脂棉蘸上清洁的溶剂(酒精、乙醚等)仔细地将污渍擦去，不要让溶剂流到元件胶合处以免脱胶；对于镀有膜层的光学元件，则应由指导教师作专门的技术处理。

5. 光学仪器操作要轻、稳

在使用仪器前必须认真阅读仪器使用说明书，详细了解所使用的光学仪器的结构、工作原理、使用方法和注意事项，切忌抱着试试看的心理盲目动手。光学仪器的机械可动部分很精密，操作时动作要轻，用力要均匀平稳，不得强行扭动，也不要超过其行程范围，否则将会大大降低其精度。

6. 用眼安全

一方面，要了解光学仪器的性能，以保证正确安全的使用；另一方面，光学实验中用眼的场合很多，因此要注意对眼睛的保护，避免过分疲劳，特别是对激光光源更应注意，绝对不允许用眼睛直接观看激光束，以免灼伤眼球。

7. 实验仪器的整理

每一个实验完成后应先关闭电源，待实验指导教师检查实验数据或实验结果后方可拆除线路，并把各器件按要求放置整齐。

第三章　基础实验部分

实验3.1　模拟示波器的调节与使用

示波器是一种用途非常广泛的电子测量仪器。模拟示波器利用电压信号控制示波管中的电子运动，从而以电子运动所形成的轨迹图像来形象地显示被测信号的瞬时变化过程和规律，还能从图像测量出被测信号的各种表征参数。示波器能直接测量出电压对时间的信号，虽然示波器不能直接测量非电信号，但借助传感器等，一切可以转换成电压信号的各种物理量(如电流、阻抗、温度、位移、速度、压力、光强、声音、磁场等)，其随时间的瞬变过程都可以用示波器进行间接观察和测量分析。模拟示波器类型很多，它们都有共同的基本原理，掌握了模拟示波器的原理和使用方法，也就为各类示波器的使用及电子测量技术奠定了良好的基础。

一、实验目的

(1)了解示波器的基本结构和工作原理，掌握示波器和函数信号发生器的使用方法；
(2)学会用示波器观察各种电信号波形；
(3)学会用示波器测量交流电信号电压峰－峰值(V_{p-p})和频率。

二、实验仪器

双踪示波器、多波形信号发生器等。

三、实验简介

本实验利用多波形信号发生器和 GOS－620 型模拟示波器(如图 3.1－1 所示)进行电信号输出和波形的观测，以及电信号周期、频率及电压峰－峰值的测量，旨在训练学生熟悉模拟示波器的使用，并了解这些电测设备在科研领域或工程技术方面的应用。

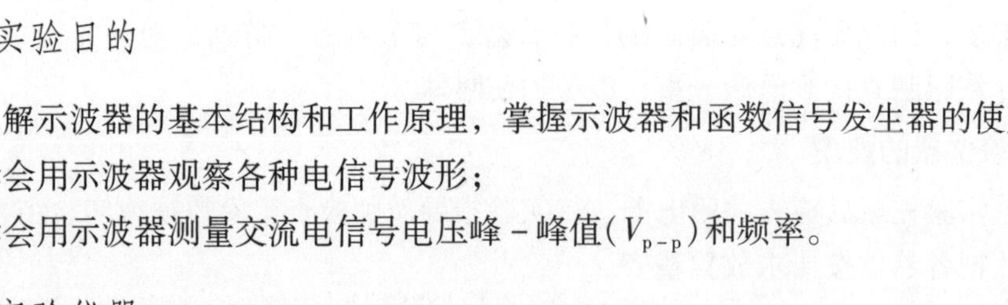

(a)　　　　　　　　　　(b)

图 3.1－1　多波形信号发生器和 GOS－620 型模拟示波器面板

四、仪器介绍

将待测信号电压加在控制垂直偏转的电路中，同时水平控制的电路加水平扫描信号电压，从而控制电子枪发出的电子束随待测电信号的变化而改变运动轨迹，最后电子轰击屏上的荧光粉发光，就得到待测电信号的波形图像。这就是模拟示波器显示波形的基本原理。

示波器由示波管、衰减器和放大器、扫描信号发生器、同步触发系统和电源供给系统五个基本部分组成。模拟示波器是通过以下几个部件协调完成波形显示的。

(1)示波管。示波管主要由电子枪、偏转系统和荧光屏三个部分组成。示波管是一个全密封的真空玻璃壳管，其结构如图 3.1－2 所示。

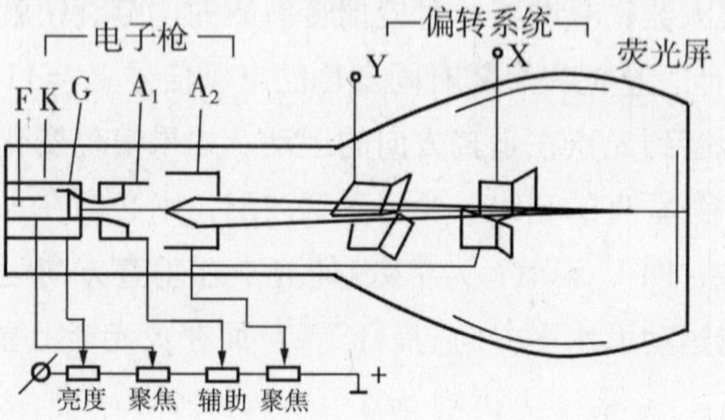

图 3.1－2　示波管的结构

F—灯丝；K—阴极；G—栅极；A_1—第一阳极；A_2—第二阳极；Y—竖直偏转板；X—水平偏转板

电子枪。电子枪由灯丝 F、阴极 K、栅极 G、第一阳极 A_1 和第二阳极 A_2 组成。

阴极 K 是一个表面涂有氧化物的金属圆筒，被点亮灯丝 F 加热后向外发射电子，产生电子流。栅极 G 是一个顶端有一小孔的金属圆筒，套在阴极外面，它的电位比阴极低，对阴极射来的电子起控制作用，只有速度较大的电子才能穿过栅极小孔。因此，通过调节栅极电位可以改变通过栅极的电子数目，即控制电子到达荧光屏上的数目。而打在荧光屏上的电子数目越多，则荧光屏上的光迹越亮。示波器面板上的“辉度”调节旋钮起这一作用。

阳极 A_1 与 A_2 由开有小孔的圆筒组成。阳极电位比阴极电位高得多，电子流通过该区域可获得很高的速度，同时阳极区的不均匀电场还能将经栅极过来散开的电子流聚焦成一窄细的电子束，因此改变阳极电压可以调节电子束的聚焦程度。示波器面板上的“聚焦”旋钮起这一作用。

偏转系统。偏转系统由两对相互垂直可加电压的金属平板组成，即 X 偏转板和 Y 偏转板。在两对偏转板上加上电压，电子束当通过偏转板时，在电场力的作用下发生偏转，即改变光点在荧光屏上的位置。设计时保证了荧光屏上 x 方向和 y 方向光点的位移正比于两对偏转板上所加的电压。垂直偏转板电路有两条支路：一条用于输入机外电压信号，加在 Y 偏转板上；另一条用于校准仪器或观察机内方波信号，机内方波信号直接输入“Y 放大器”，经放大后加到 Y 偏转板上。

水平偏转板的电路同样有两条支路：一条用于输入外界电压信号或同步信号，加在 X 偏转板上；另一条用来将机内扫描信号经放大后加在 X 偏转板上。

荧光屏。荧光屏位于阴极射线管前端的玻璃屏内表面，涂有发光物质。当高速运动的电子打在上面时，其动能被发光物质吸收而发光。在电子轰击停止后，发光仍维持一段时间，称为余辉。发光物质不仅能将电子的动能转换成光能，同时还能转换成热能。因此在操作时要注意不要使光点长时间停留在一处。

(2)衰减器和放大器。它包括 x 轴、y 轴放大器和 x 轴、y 轴衰减器。一般示波管的偏转板偏转灵敏度不高，为便于观察较小的信号就需要将输入的信号加以放大，再加到偏转板上，但当输入信号电压过大时，放大器会过荷失真，因此需在输入放大器前将信号加以衰减。为此而设置了放大器、衰减器。对应偏转参数的调节旋钮就起这一作用。

(3)扫描信号发生器。它把一个随时间变化的电压信号 $V_y = V(t)$ 加在示波器 Y 偏转板上，只能从荧光屏上观察到光点在垂直方向的运动。如果信号变化较快，荧光屏上光点有一定余辉，便能看到一条垂直的亮线。要想看到波形，则必须在水平偏转板上加上一个与时间成正比的电压信号，即 $V_x = kt$(k 为常数)使光点在垂直方向运动的同时沿水平方向匀速移动，将垂直方向的运动沿水平方向“展开”，从而在荧光屏上显示出电压随时间变化的波形。

实际上加在水平偏转板上的信号是“锯齿波”，其特点是在一周期内电压与时间成正比，但到达最大值后又突然变为零，然后进入下一个周期，如图 3.1－3 所示。由于水平偏转板上锯齿波的作用，使电子束在水平方向呈周期性由左至右运动(回扫时间极短可以忽略)，所以把该信号称为“扫描”信号。

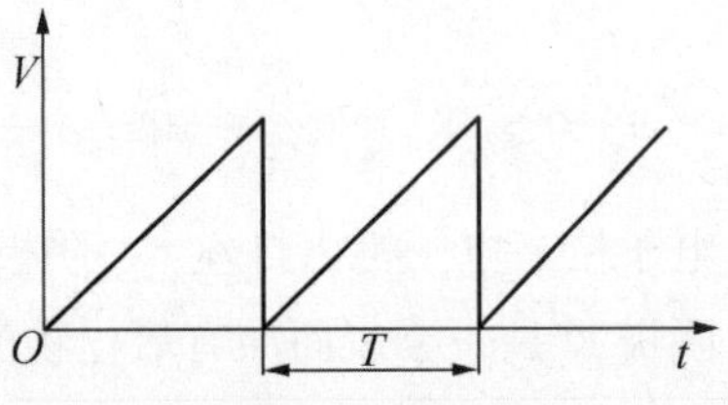

图 3.1－3 扫描锯齿波电压

(4)同步触发系统。待测信号 $V_y = V_y(t)$ 和扫描信号 $V_x = kt$ 实际上是两个独立的电压信号，若要形成稳定的波形，则待测信号 V_y 的周期 T_y 与扫描锯齿波 V_x 的周期 T_x 之间必须满足

$$T_x = nT_y \quad (n = 1, 2, 3, \cdots)$$

假设待测信号输入的是正弦波 $V_y = V_0\sin(\omega t)$，加在 Y 偏转板上。扫描信号锯齿波 $V_x = kt[nT_x < t \leq (n+1)T_x)$，$n$ 为正整数]加在 X 偏转板上，锯齿波的周期 T_x 与正弦波的周期 T_y 相同，显示的是二者的合成图，如图 3.1－4 所示。

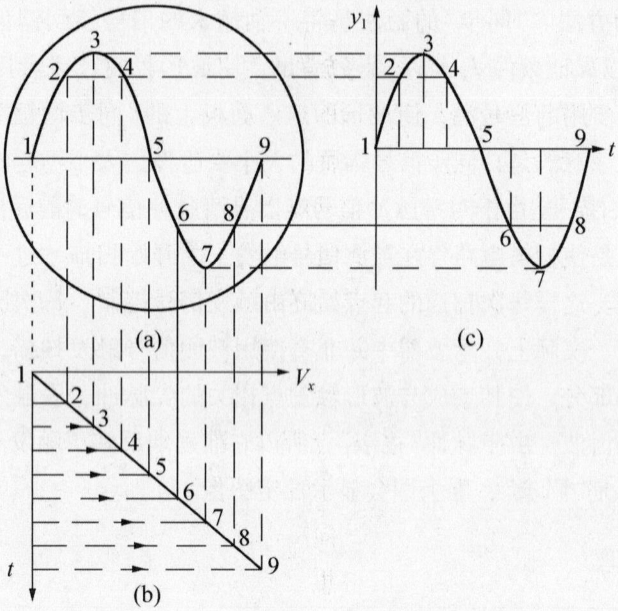

图 3.1－4　示波器显示波形合成原理图

如果 V_y 为 1 点，而在同一时刻 V_x 也在 1 点，则屏上相应的光点位置为 1；下一瞬间，V_y 为 2 点时，V_x 在 2 点，屏上相应的光点位置为 2……以此类推，当 V_y 变化一个完整的周期时，荧光屏上的光点将正好描绘出与 V_y 随时间的变化规律完全相同的波形。若周期满足 $T_x = nT_y(n=1, 2, 3, \cdots)$ 整数倍的情况，荧光屏上将出现 n 个完整的正弦波形。

若锯齿波的周期 T_x 与正弦波的周期 T_y 稍有不同，会出现什么波形呢？利用图 3.1－5 来说明。$T_x = \dfrac{3}{4}T_y$，在扫描的第一周期，屏上只显示 0～3 点间的波形；第二个周期显示 3～6 点间的波形；第三个周期以此类推……其结果是屏上波形均不重合，就好像波形向右移动一样。同理，若 T_x 略大于 T_y，波形好像向左移，这种现象称为不同步。造成不同步的原因是 T_x、T_y 不满足整数倍条件，使得每次扫描开始时起点不同。

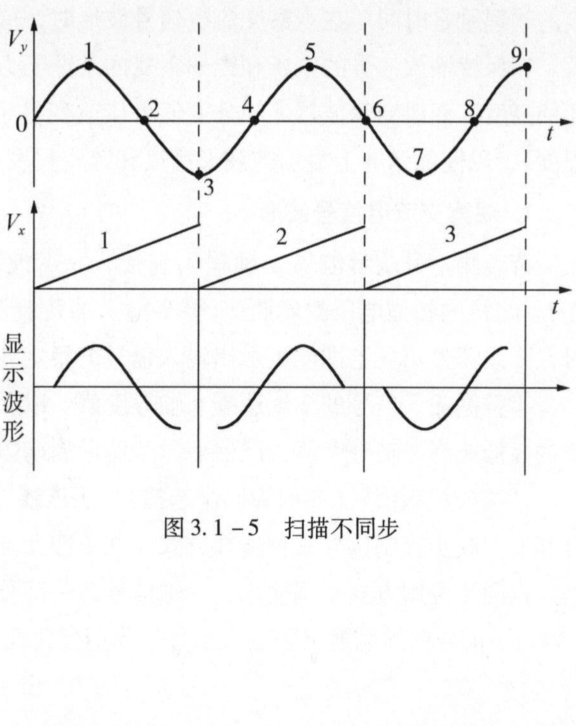

图 3.1－5　扫描不同步

如何才能始终保持两者的周期成整数倍，从而使波形保持稳定呢？常用“同步”的办法或用“触发扫描”的方法。“同步”的做法是将 y 轴输入的信号接到锯齿波发生器中，强迫 T_x 跟着 T_y 变化，以保证条件 $T_x = nT_y$ 得到满足，使波形稳定；或者用机外接入某一频率稳定的信号作为同步用的信号源，使波形稳定。面板上的“同步增幅”“同步水平”等旋钮即为此而设。需要注意的是，同步信号幅度的大小要适当，太小不起作用，太大会使波形严重失真。“触发扫描”是由于对窄脉冲信号难以看清脉冲信号的前后沿而必须采取的扫描方式。其基本原理是使扫描电路仅在被测信号触发下才开始扫描，过一段时间自动恢复始态，完成一次扫描。这样每次扫描的起点始终由触发信号控制，每次屏上显示的波形都重合，图像必然稳定。实际上，示波器中并非直接用被测信号触发扫描，而是从 y 轴放大器的被测信号取出一部分，使其变成与波形触发点相关的尖脉冲，去触发闸门电路，进而启动扫描电路输出锯齿波。由于脉冲“很窄”，所以它准确地反映了触发点的位置，进而保证扫描与被测信号总是“同步”，屏上即会显示稳定图像。

五、实验原理

示波器的作用主要有三个：

①观察交流电信号的波形；

②测量交流电信号的频率和相位差；

③测量交流电信号电压峰－峰值。

示波器显示屏规定了坐标轴，垂直方向刻度的坐标轴为示波器的 y 轴，y 轴代表的物理量是电压；水平方向刻度的坐标轴为示波器的 x 轴，在观察交流电信号波形时，x 轴代表的物理量是时间。在观察交流电信号波形时，待观测信号应当从示波器的 y 轴输入端接入。在保持输入信号的电压和频率不变的条件下，改变示波器 y 轴分度值可以改变显示波形的高度，而改变示波器 x 轴分度值可以改变显示波形的周期数(即改变显示波形的疏密程度)，以使显示屏上显示的波形高度和疏密程度适当。

1. 观察交流电信号波形

待观测信号从示波器 y 轴输入端接入，示波器 x 轴采用机内的扫描电压(锯齿波电压)。当机内扫描电压的周期 T_x 等于输入的待观测信号的周期 T_y 的整数倍(即 $T_x = nT_y$)时，示波器显示屏上即能显示出输入信号的稳定波形。为此，应对示波器进行下列调节：

①根据输入信号的幅度选择 y 轴分度值，以保证显示波形高度适当；根据输入信号频率的高低选择 x 轴分度值，以保证显示波形周期数 n 适中。

②选择控制信号(亦称为同步选择)。示波器一般具有内同步控制信号、外同步控制信号和专用同步控制信号三种选择方式。在一般情况下，采用内同步控制方式是最简单有效的。内同步控制方式采用输入的 y 轴信号的一部分控制示波器 x 轴扫描信号的周期，使得 x 轴扫描信号的周期随 y 轴输入信号的周期变化而变化，以确保 $T_x = nT_y$ 关系长时间不变，

使显示波形稳定。为实现内同步控制，应当根据显示输入信号波形要求，使示波器面板上同步选择开关置于与显示输入信号波形相适应的位置。

③调节控制信号的大小使同步控制信号能够产生控制作用。这里通过示波器面板上“电平”控制旋钮的调节来实现。

2. 测量交流电信号的频率

用示波器测量交流电信号频率的方法通常有定标法、光标法、李萨如图形法三种。本书介绍定标法和李萨如图形法两种测量方法。

(1)定标测量法。定标测量法是利用示波器 x 轴分度值和显示的波形周期宽度测量输入示波器 y 轴交流电信号的频率 f_y。对于没有读出功能的模拟示波器，由于 x 轴分度值是从面板上相应旋钮的示值读出，因此测量时首先要用标准信号校准，即校准 x 轴分度和 y 轴分度旋钮，再用校准后的旋钮示值进行测量；而对于具有读出功能的示波器，x 轴分度值可以直接从显示屏读出，因此无需再用标准信号校准。

例如，示波器显示屏上显示的稳定波形如图 3.1－6 所示，若此时示波器 x 轴的分度值为 D(单位为 s/DIV)，从显示屏上读出显示波形一个周期的宽度为 L(单位为 DIV)，则待测信号的周期为

$$T_y = D \cdot L \tag{3.1-1}$$

相应频率为

$$f_y = \frac{1}{D \cdot L} \tag{3.1-2}$$

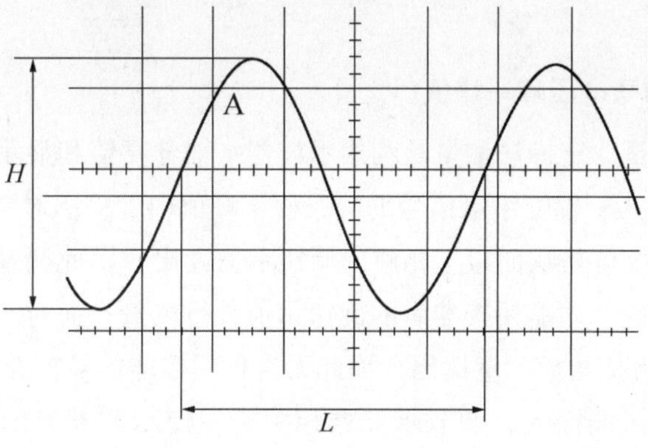

图 3.1－6　测量示意图

(2)李萨如图形法。李萨如图形法测频率是应用两个方向互相垂直的正弦波简谐振动的合成原理进行测量。

设在示波器 y 轴输入一个频率为 f_y 的正弦电信号 u_y，在 x 轴输入一个频率为 f_x 的正弦电信号 u_x(此时因切断了机内扫描电压，x 轴不再代表时间量)，则显示屏亮点同时参与 x 轴、y 轴两个方向的简谐振动。当 f_x 与 f_y 满足整数比关系时，显示屏上亮点所经历的轨迹

能形成较为简单的封闭图形，称为李萨如图形，如图 3.1 –7 所示。由于输入 y 轴的信号和输入 x 轴的信号不能产生互相控制作用，图形不可能稳定，而是随着两个信号的相位差的变化而缓慢滚动。若 u_y 为待测频率信号，u_x 为已知频率信号，则待测信号频率为

$$f_y = \frac{n_x}{n_y} \cdot f_x \qquad (3.1-3)$$

式中，n_x 为与 x 轴平行的直线与图形相切的切点个数，n_y 为与 y 轴平行的直线与图形相切的切点个数。

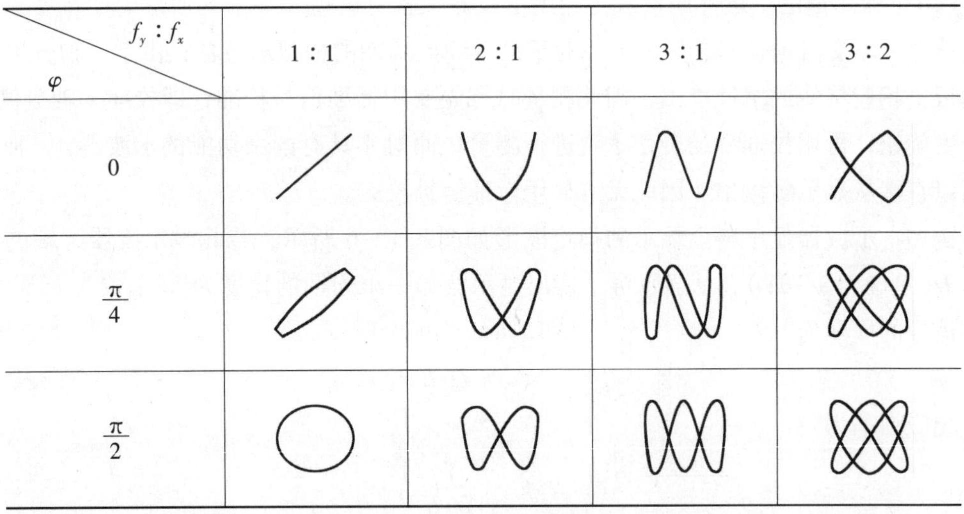

图 3.1 –7　李萨如图形

3. 测量交流电信号电压峰 – 峰值(V_{p-p})

这里用定标法测量。定标法测量是利用示波器 y 轴分度值和显示屏显示的波形总高度(峰 – 峰高度)测量输入 y 轴交流电信号的电压峰 – 峰值(V_{p-p})。对于没有读出功能的模拟示波器，由于 y 轴分度值是从面板上相应的旋钮示值读出，因此测量时首先要用标准信号校准旋钮示值是否正确，才能用校准后的旋钮示值进行测量；而对于具有读出功能的示波器，y 轴分度值可以直接从显示屏读出，因此无需再用标准信号校准。

被测信号从 y 输入端输入，调节示波器相关旋钮使示波器显示的波形稳定和高度适中，如图 3.1 –6 所示。若此时示波器 y 轴分度值为 K(单位 V/DIV)，从显示屏上读出波形的峰 – 峰高度为 H(单位 DIV)，则待测信号电压峰 – 峰值为

$$V_{p-p} = K \cdot H \quad (\mathrm{V}) \qquad (3.1-4)$$

六、实验过程与步骤

1. 了解、熟悉通用示波器的操作

GOS－620 双踪示波器操作面板如图 3.1－1b 所示。熟悉示波器面板上各个按钮和开关的作用，以及使用方法(各按钮功能见附录)。

2. 观测多波形信号源输出信号的波形

①先用面板上的校正信号($V_{p-p}=1$ V，$f=1$ kHz 方波)检验测量是否准确，否则要检查原因。

②将多波形信号源(图 3.1－1a)1～8 的信号依次输入示波器，示波器用扫描时间切换旋钮"SWEEP TIME/DIV"，必要时结合调节触发电平旋钮"LEVEL"使屏上呈现 1～4 个周期的稳定波形，用 y 轴每格电压选择旋钮"VOLTS/DIV"调波形的大小。y 轴幅度应大于三格(高度为 3～6 格)。记录所调扫描时间切换旋钮"SWEEP TIME/DIV"和 y 轴每格电压选择旋钮"VOLTS/DIV"档位示值以及各波形的周期宽度和峰－峰高度。数据记录于表 3.1－1。

3. 测量信号源的频率及电压峰－峰值 V_{p-p} 和频率 f

示波器校准后，用定标法测量交流电桥信号源的频率 f 及电压峰－峰值 V_{p-p}。数据记录于表 3.1－2。

4. 利用李萨如图形测量信号源的频率

将多波形信号发生器的输出信号 1 作为未知频率 f_y 信号接到 y 轴 CH2 通道，函数信号发生器输出正弦信号作为 f_x 信号接到 x 轴 CH1 通道，"TIME/DIV"旋钮逆时针转动到X－Y 位置，示波器上出现李萨如图形。调节函数信号发生器的输出频率使屏幕出现 $n_x : n_y$ 分别等于 1∶1、2∶1、3∶1 和 3∶2 的李萨如图形，直到变化最缓慢为止。绘下各比例李萨如图形中其中某一时刻的图形，记录低频信号发生器所显示的输出频率 f_x 于表 3.1－3。

七、实验数据与处理

(1)观测多波形信号源的各种输出信号的波形

表 3.1－1　描记各信号波形示意图(2～4 个波形)

U_1	U_2	U_3	U_4
U_5	U_6	U_7	U_8

(2)测量多波信号发生器 8 个输出信号的电压峰－峰值 V_{p-p} 和频率 f

表3.1-2 输出电压峰-峰值和频率f

项目 \ 信号名称	U_1	U_2	U_3	U_4	U_5	U_6	U_7	U_8
A(DIV)								
K(V/DIV)								
V_{p-p}(V)								
D(DIV)								
S(s/DIV)								
f(Hz)								

(3)利用李萨如图形测量信号源的频率f

表3.1-3 利用李萨如图形测量信号源的频率f

图形 \ n_x/n_y	1:1	2:1	3:1	3:2
f_x(Hz)				
f_y(Hz)				
$\bar{f}_y$(Hz)				

注意事项：

(1)为了保护荧光屏不被灼伤，使用示波器时亮度不能太强，更不能把亮线调成亮点并持续停留在一点上。

(2)旋转示波器和信号发生器的旋钮时，不要用力过猛，不能强行扭动，以免损伤仪器。

(3)实验过程中，如短时间不使用示波器，可把“辉度”调小。不要经常通断示波器的电源，以免缩短示波器寿命。

思考题

1. 观察示波器时，用什么旋钮可调节波形的周期个数？调节什么旋钮可使波形稳定？

2. 若屏幕上的正弦波不断向右移动，则扫描信号的频率偏低还是偏高？

3. 示波器的扫描频率f_x远大于(或远小于)y轴正弦信号频率f_y时，屏幕上将显示什么样的图形？

4. 当x轴和y轴在什么样的输入情况下，李萨如图形可以静止不动？

附录　示波器的使用说明

图3.1－1b为GOS－620型模拟示波器。示波器面板旋钮按功能可以分为显示控制、垂直控制、水平控制和触发控制四个部分。

一、显示控制部分(图3.1－8)

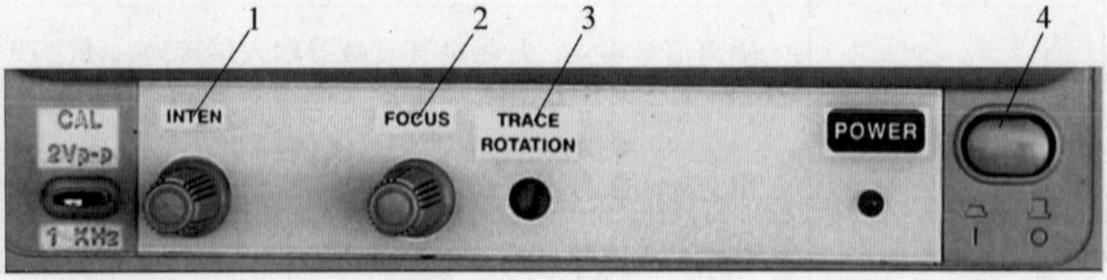

图3.1－8　显示控制部分

显示控制部分的按钮如表3.1－4所示。

表3.1－4　显示控制部分的按钮

序号	按　钮	说　明
1	INTEN	轨迹及光点亮度控制旋钮
2	FOCUS	轨迹聚焦调整旋钮
3	TRACE ROTATION	使水平轨迹与刻度线成平行的调整旋钮
4	POWER	电源主开关。按下此旋钮接通电源，电源指示灯发亮；再按一次开关凸起，则切断电源

二、垂直控制部分(图3.1－9)

垂直控制部分的按钮如表3.1－5所示。

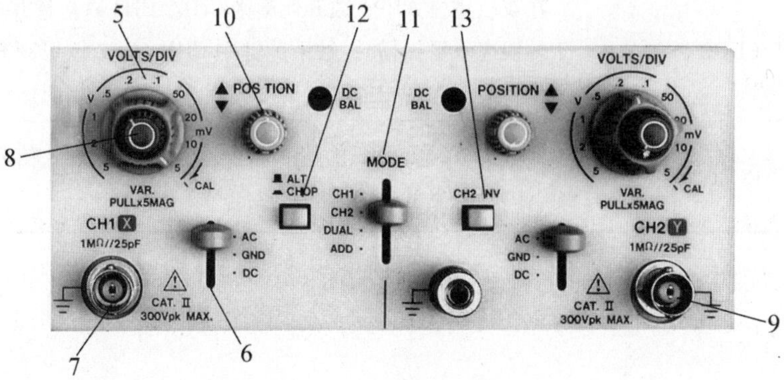

图3.1－9　垂直控制部分

表 3.1－5 垂直控制部分按钮

序号	按 钮	说 明
5	VOLTS/DIV	垂直衰减选择旋钮，选择 CH1 及 CH2 的输入信号衰减幅度，范围为 5 mV/DIV～5 V/DIV，共 10 档
6	AC－GND－DC	输入信号耦合选择按键组
	AC	垂直输入信号电容耦合，截止直流或极低频信号输入
	GND	隔离信号输入，并将垂直衰减器输入端接地，使之产生一个零电压参考信号
	DC	垂直输入信号直流耦合，AC 与 DC 信号一齐输入放大器
7	CH1(x)输入	CH1 的垂直输入端。在 X－Y 模式中，为 x 轴的信号输入端
8	VARIABLE	灵敏度微调控制旋钮，至少可调到显示值的 1/2.5。在 CAL 位置时，灵敏度即为档位显示值。当此旋钮拉出时(×5 MAG 状态)，垂直放大器灵敏度增加 5 倍
9	CH2(y)输入	CH2 的垂直输入端。在 X－Y 模式中，为 y 轴的信号输入端
10	⬍ POSITION	轨迹及光点的垂直位置调整旋钮
11	VERT MODE	CH1 及 CH2 选择垂直操作模式
	CH1	设定本示波器以 CH1 单一频道方式工作
	CH2	设定本示波器以 CH2 单一频道方式工作
	DUAL	设定本示波器以 CH1 及 CH2 双频道方式工作，此时可切换 ALT/CHOP 模式来显示两轨迹
	ADD	用以显示 CH1 及 CH2 的相加信号；当 CH2 INV 键为压下状态时，即可显示 CH1 及 CH2 的相减信号
12	ALT/CHOP	在双轨迹模式下，放开此键则 CH1、CH2 以交替方式显示(一般用于较快速水平扫描)；按下此键则 CH1、CH2 以切割方式显示(一般用于较慢速水平扫描)
13	CH2 INV	此键按下时，CH2 的信号将会反向。CH2 输入信号于 ADD 模式时，CH2 触发截选信号亦会反向

三、TRIGGER 触发控制(图 3.1－10)

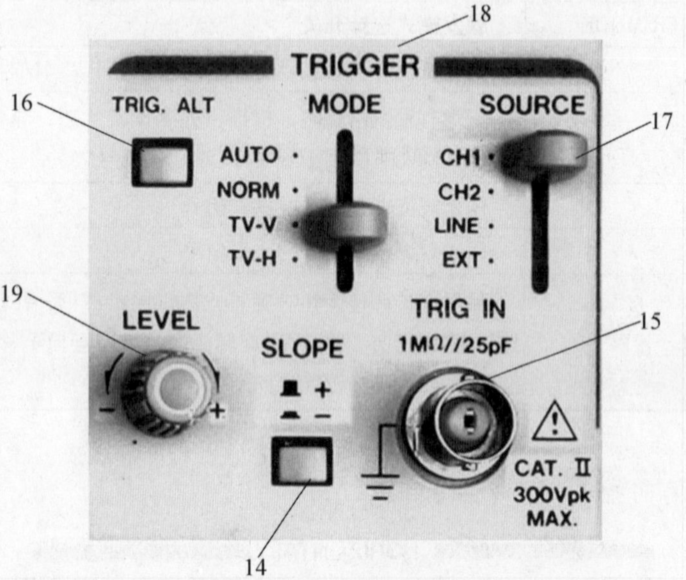

图 3.1－10　触发控制部分

触发控制部分按钮如表 3.1－6 所示。

表 3.1－6　触发控制部分

序号	按　钮	说　　明
14	SLOPE	触发斜率选择按键
	+	凸起时为正斜率触发，当信号正向通过触发准位时触发
	-	压下时为负斜率触发，当信号负向通过触发准位时触发
15	TRIG. IN	输入端子，可输入外部触发信号。欲用此端子须先将 SOURCE 选择器置于 EXT 位置
16	TRIG. ALT	触发源交替设定键。当 VERT MODE 选择器在 DUAL 或 ADD 位置，且 SOURCE 选择器置于 CH1 或 CH2 位置时，按下此键仪器即会自动设定 CH1 与 CH2 的输入信号以交替方式轮流作为内部触发信号源
17	SOURCE	内部和外部触发源信号，IN 输入信号选择器
	CH1	当 VERT MODE 选择器在 DUAL 或 ADD 位置时，以 CH1 输入端的信号作为内部触发源
	CH2	当 VERT MODE 选择器在 DUAL 或 ADD 位置时，以 CH2 输入端的信号作为内部触发源
	LINE	将 AC 电源线频率作为触发信号
	EXT	将 TRIG. IN 端子输入的信号作为外部触发信号源

续表 3.1－6

序号	按　钮	说　　明
18	TRIGGER MODE	触发模式选择开关
	AUTO	当没有触发信号或触发信号的频率小于 25 Hz 时，扫描自动产生
	NORM	当没有触发信号时，扫描将处于预备状态，屏幕上不显示任何轨迹。本功能主要用于观察≤25 Hz 的信号
	TV－V	用于观测电视信号的垂直信号
	TV－H	用于观测电视信号的水平信号
19	LEVEL	触发准位调整旋钮。旋转此钮以同步波形，并设定该波形的起始点。将旋钮向“＋”方向旋转，触发准位会向上移；将旋钮向“－”方向旋转，则触发准位向下移

四、水平偏向控制部分(图 3.1－11)

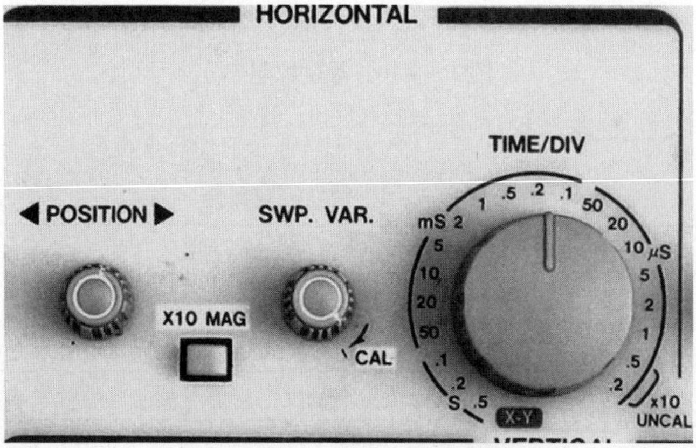

图 3.1－11　水平偏转控制部分

水平偏向控制部分按钮如表 3.1－7 所示。

表 3.1－7　水平控制部分按钮

按　钮	说　　明
TIME/DIV	扫描时间选择旋钮。扫描范围从 0.2～0.5 μs/DIV，共 20 个档位； X－Y：设定为 X－Y 模式
SWP. VAR.	扫描时间可变控制旋钮。若按下 SWP. UNCAL 键，并旋转此控制旋钮，扫描时间可延长至少为指示数值的 2.5 倍；该键若未按下，则指示数值将被校准
×10 MAG	水平放大键。按下此键可将扫描放大 10 倍
◀POSITION▶	轨迹及光点的水平位置调整旋钮

实验 3.2　数字示波器的调节与使用

示波器是一种用途非常广泛的电子信号测量仪器，通常可分为模拟示波器(ART)和数字存储示波器(DSO)。DSO 是在 ART 的基础上发展起来的，以数字编码的形式储存信号及数据，并在示波器的屏幕上重建信号波形的测量仪器。

模拟示波器和数字示波器各有优缺点，具备不同特性。数字示波器具有强大的波形处理能力，能自动测量频率、上升时间、脉冲宽度等，而且能长期储存波形，并可以对存储的波形进行放大等多种操作和分析。为了适应科学技术的发展及实际应用的需要，同时为扩大同学们的知识接触面，了解某些测量仪器和测量技术的发展方向，在实验 3.1 模拟示波器的调节与使用的基础上，特开设本实验，进一步介绍数字示波器的调节与使用。

一、实验目的

(1)了解和掌握数字示波器的基本作用和使用方法。
(2)学习使用函数信号发生器。

二、实验仪器

GDS－1102B 型数字示波器、SP33520A 型函数信号发生器等。

三、实验简介

本实验利用 GDS－1102B 型数字示波器和 SP33520A 型函数信号发生器(图 3.2－1)进行各种电信号输出操作和电信号波形的观测，用光标法测电信号周期、频率、电压峰－峰值，以及利用李萨如图形法测量未知信号的频率。本实验旨在训练学生熟悉数字示波器和函数信号发生器的使用方法，了解这些电测设备在科研领域或工程技术方面的应用。

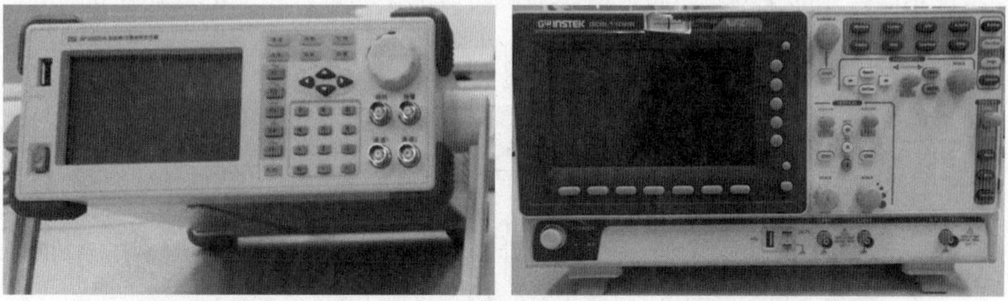

图 3.2－1　GDS－1102B 型数字示波器和 SP33520A 型函数信号发生器

四、仪器介绍

1. 数字示波器快速入门

数字示波器前面板各通道标志、旋钮和按键的位置及操作方法与传统示波器类似。现以 GDS－1102 系列数字示波器为例予以说明。

GDS－1102B 数字示波器前操作面板如图 3.2－2 所示。前面板按功能可分为 8 大区，即液晶显示区、功能菜单操作区、常用菜单区、执行按键区、垂直控制区、水平控制区、触发控制区、信号输入－输出区。

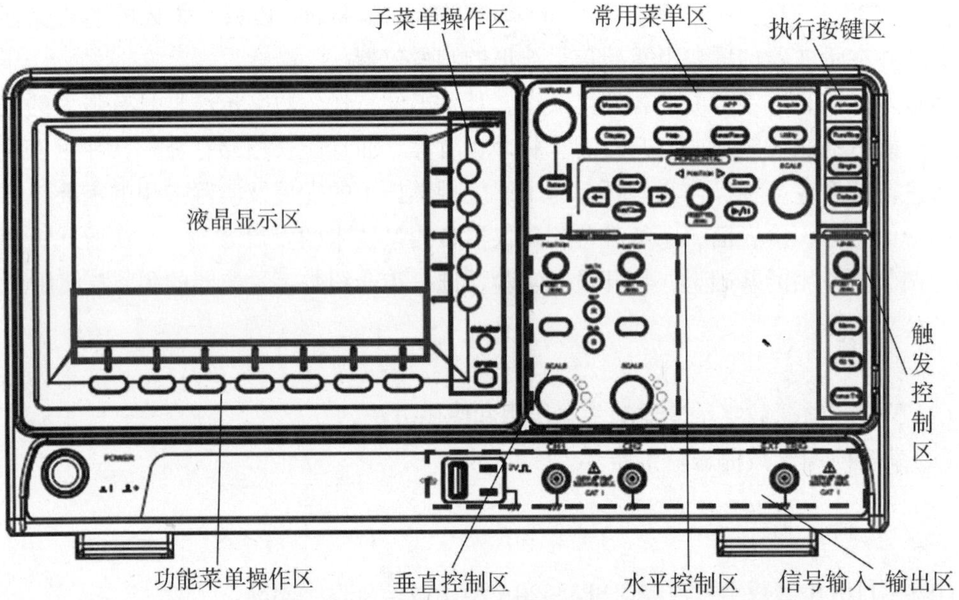

图 3.2－2　GDS－1102B 前面板示意图

常用菜单区如图 3.2－3 所示，按下任一按键，屏幕下方会出现相应的功能菜单。功能菜单操作区有 7 个按键，用于操作屏幕下侧的功能菜单。子菜单操作区有 8 个按钮，其中 5 个按钮是子菜单操作按钮，还有 3 个分别为“Hardcopy”“Menu off”“Option”按钮。通过功能菜单操作区的 7 个按键可选定功能菜单的选项。选定确认相应的功能菜单后，在屏幕右侧出现相应操作的子菜单，按子菜单右侧对应的按钮进入相应的选择操作。

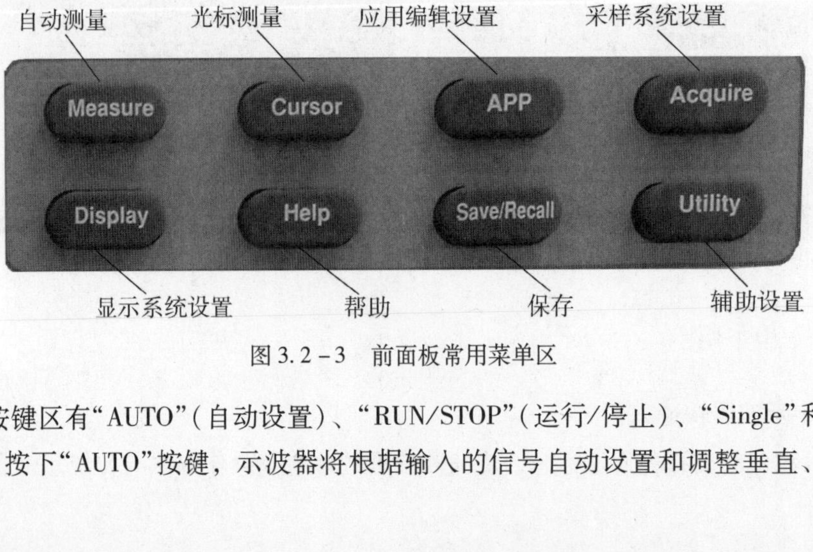

图 3.2－3　前面板常用菜单区

执行按键区有“AUTO”(自动设置)、“RUN/STOP”(运行/停止)、“Single”和“Default”4 个按键。按下“AUTO”按键，示波器将根据输入的信号自动设置和调整垂直、水平及触发方式等各项控制值，使波形显示达到最佳观察状态。如有需要，还可进行手动调整。“RUN/STOP”键为运行 - 停止波形采样按键，按一下停止采样，再按一下恢复波形采样状态。注意：应用自动设置功能时，要求被测信号的频率大于或等于 50 Hz，占空比大于 1%。

垂直控制区如图 3.2 - 4 所示。垂直位置旋钮“POSITION”可设置所选通道波形的垂直显示位置。转动该旋钮显示的波形会上下移动；按下垂直位置旋钮，垂直显示位置快速恢复到零点(即显示屏水平中心位置)处。垂直衰减旋钮“SCALE”调整所选通道波形的显示幅度。转动该旋钮改变“Volt/DIV(伏/格)”垂直档位。CH1、CH2、MATH 等为通道或方式按键，按下某按键屏幕将显示其功能菜单、标志、波形和档位状态等信息。当 CH1、CH2 通道工作时，该位置的灯点亮。再次按 CH1、CH2 键用于关闭当前选择的通道，相应的灯灭。

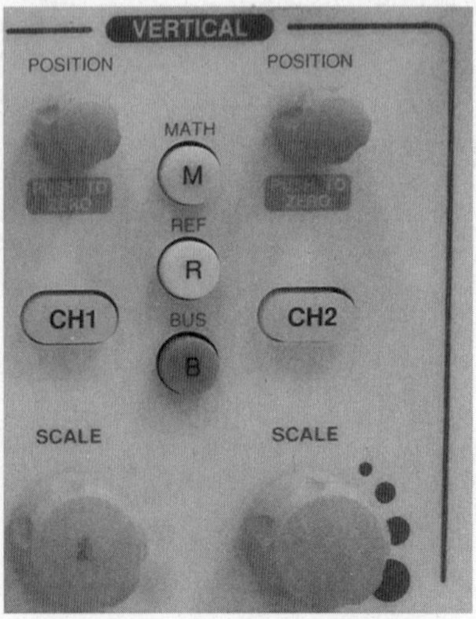

图 3.2 - 4 前面板垂直控制区

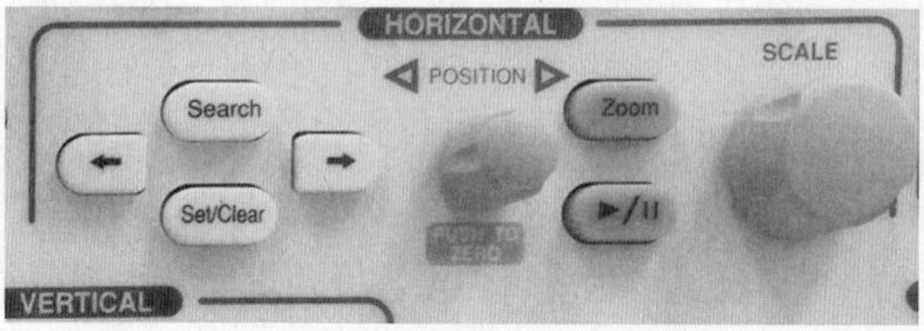

图 3.2 - 5 前面板水平控制区

水平控制区如图 3.2 - 5 所示，主要用于设置波形在显示屏上的水平位置。水平位置控制旋钮“POSITION”调整信号波形在显示屏上的水平位置，转动该旋钮波形随旋钮而水平移动；按下此旋钮触发波形位移恢复到水平零点(即显示屏垂直中心位置)处。水平衰减旋钮“SCALE”改变水平时基档位设置，转动该旋钮改变“s/div(秒/格)”水平档位，下状态栏 Time 后显示的主时基值也会发生相应的变化。水平扫描速度为 5 ns ～100 s，以 1—2—5 的形式步进。

触发控制区如图 3.2 - 6 所示，主要用于触发系统的设置。转动触发电平设置旋钮“LEVEL”，屏幕上会出现一条上下移动的水平黑色触发线及触发标志，且左下角和上状态栏最右端触发电平的数值也随之发生变化。按下“LEVEL”旋钮触发电平快速恢复到零点。按“MENU”键可调出触发功能菜单，改变触发设置。“50%”按钮用于设定触发电平在触发信号幅值的垂直中点。按“FORCE”键强制产生触发信号，主要用于触发方式中的“普通”和“单次”模式。

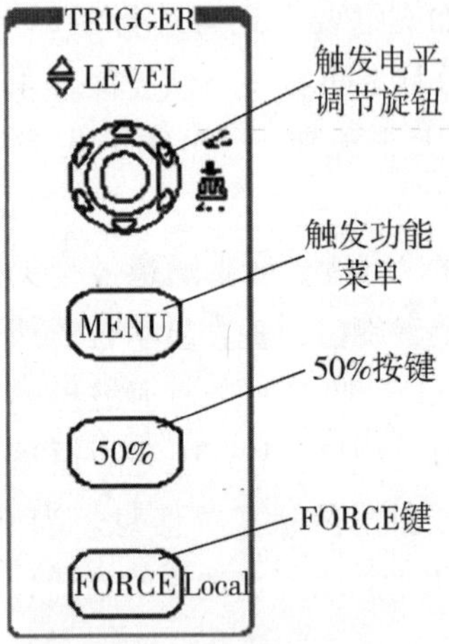

图 3.2 - 6 触发控制区

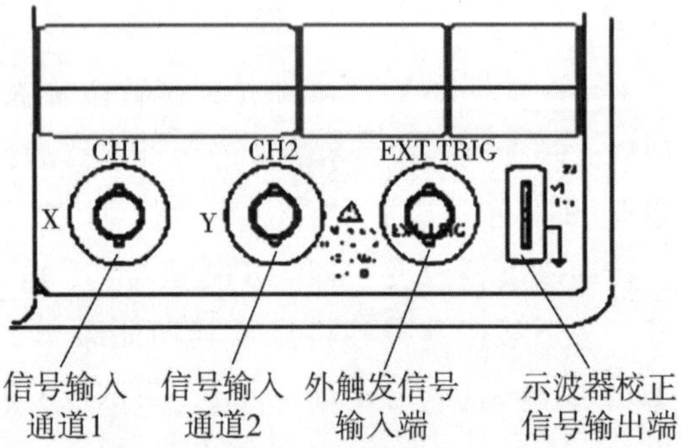

图 3.2 - 7 输入输出区

信号输入输出区如图 3.2 - 7 所示，“CH1”和“CH2”为信号输入通道，“EXT TRIG”为外触发信号输入端，最右侧为示波器校正信号输出端(输出频率 1kHz、幅值 2V 的方波信号)。

2. 使用光标(Cursor)测量

该部分操作键在常用菜单区内。

①按“Cursor ”选择键，屏幕上出现两条光标横线，用以测量两线之间的电压差。按“Select”键可选择可调虚线的位置。当上光标横线、下光标横线分别与波峰、波谷相切时，在屏幕下方出现 ΔV，该 ΔV 即为光标法测量的电压峰 - 峰值。

②再次按“Cursor ”选择键，屏幕上同时出现两条光标横线和光标竖线，光标竖线之一为虚线，用以测量两线之间的扫描时间。按“Select”键可选择可调虚线的位置。当左光标竖线与右光标竖线正好包含一个完整波形时，在屏幕下方出现 Δt。该 Δt 即为光标法测量的周期。

③再次按“Cursor ”选择键时，光标线消失。

五、数字示波器原理

数字示波器实际上是计算机技术的一种应用。不管什么型号和类型的数字示波器，其系统的硬件部分为一块高速的数据采集电路板。这块电路板能实现双通道数据输入和处理，如图 3.2 - 8 所示。

从功能上可将硬件系统分为信号前端放大模块(可变增益放大器)、高速模数转换模块(ADC 驱动器)、FPGA 逻辑控制模块、时钟分配、单片机控制模块、数据通信模块，液晶显示等控制部分。实验使用的仪器从数据的采集、存储(写入)、读出(取出)、测量运算、显示等全过程都采用数字化技术进行处理。这使得示波器的一些操作和测量能够实现自动

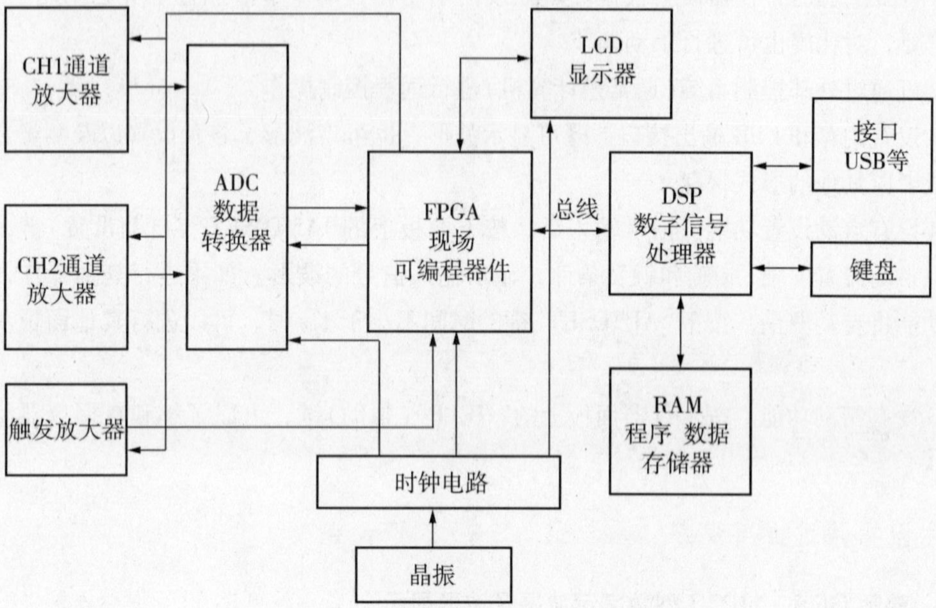

图 3.2－8　数字示波器基本原理框图

化或智能化，如亮度、对比度的调节，自动设置显示波形，对被测信号的表征参数如周期、频率、电压幅度、脉冲宽度、占空比等即可直接计算并且把结果显示于屏幕。还可以将屏幕显示的内容和测量结果甚至面板设置进行保存，如储存参考波形，输出到打印机、软盘或直接到电脑。

实验使用的数字示波器型号为固纬 GDS－1102B 型数字示波器(参照数字示波器操作简介部分)。数字示波器在操作上与模拟示波器类同，显示和测量实际上是以模拟示波器的内容为基础加以改进和扩展的。观测波形依然是以“TIME/DIV”旋钮来调节显示多少个波形，同样是调节电平“LEVEL”旋钮使波形稳定。但是模拟示波器只能标示在操作面板“TIME/DIV ”旋钮上的档位示值，而数字示波器可随着调节对应显示在屏幕的下方，在屏幕上还显示与之对应的采样率。y 轴每格电压选择“Volts/DIV”等也一样。

数字示波器能将信号以一定的时间间隔进行采集并进行数字化处理。示波器显示的所有波形都是在满足一定触发条件下产生的。触发电平的调节决定了数字示波器何时开始采集数据和显示波形，一旦触发被正确设定，就可以将不稳定的波形变成有意义的波形。数字示波器的 y 轴和 x 轴扫描信号可源自同一地址，因而同步性能非常好，显示的波形十分稳定，而且可以实现任意选择扫描开始和结束的位置，只要能保持每次扫描开始的位置和结束的位置都相同，波形就是稳定的。

数字示波器与普通模拟示波器相比具有如下几大优点：

①用液晶显示屏取代了普通模拟示波器的电子射线示波管，因而实验仪器小巧精致。用对比度按键取代了模拟示波器的亮度和聚焦两个调节旋钮，并且设置了对比度自动调节

功能：打开电源后，仪器便会根据环境光线的明暗，自动调节液晶显示屏的明暗对比度。如有需要，对比度也可进行手动调节。

②可通过外部控制系统(通常是计算机)进行远程控制操作。

③设有内存和USB输出接口，既可显示波形，也可将波形、各种设置以及测量数据储存，或者以其他的形式保存。

④设有自动设置功能。信号输入后，按下面板上的“AUTOSET”(自动设置)键，示波器可以自动设置 y 轴、x 轴和触发条件，显示输入信号的波形。如果进行其他操作，自动设置功能将自动取消。按下“AUTOSET”键的时间不小于1 s时，可以进行其他面板功能的设置。

⑤设有帮助功能。按下仪器面板上的“HELP”(帮助)键，可以了解和掌握仪器的使用方法。

六、实验过程与步骤

1. 熟悉GDS-1102B型数字示波器及波形显示

①熟悉数字示波器的基本操作，了解数字示波器的菜单操作方法；熟悉SP33520A型函数信号发生器的使用方法(见附录)。

②连接信号发生器与示波器，观察相关波形和测量相关参数。调节信号发生器相关旋钮，设置信号输出通道，设置信号输出波形(方波、正弦波和三角波……)，设置输出信号的其他参数(如：50 Hz，V_{p-p}为5.000，相位0.0°)。

③同轴电缆和示波器的输入通道1(CH1)相连后，按下示波器面板上的自动设置按钮“AUTOSET”，在示波器上会显示出稳定的波形，调节垂直方向的灵敏度(Vertical)和水平方向(Horizontal)的扫描旋钮使波形大小适中，显示5～6个波形。

④ 测量波形的电压和时间参数：按“Measure”，测量频率、峰-峰值 V_{p-p}、周期、正脉宽、正占空比、上升时间，并与信号发生器面板上指示的相关参数比较。

⑤用U盘存储或记录数据。

2. 利用李萨如图形测频率

①调节信号发生器相关旋钮，设置通道1、通道2的输出信号为正弦波，两个通道信号的频率为简单的整数比，如1∶1、2∶1等，两通道的相位差为0°或90°。

②用BNC线(同轴电缆)将信号分别输出到示波器的输入通道1(CH1)和输入通道2(CH2)(注：待测信号输到CH2通道)，按下示波器面板上自动设置按钮“AUTOSET”，在示波器上显示出稳定的波形(不同频率比的李萨如图参照实验3.1)。

③按常用菜单区“Acquire”按钮，按屏幕下方功能菜单对应的“X-Y”，此时波形由“YT”模式变为“XY”模式。将函数发生器的100 Hz正弦波(信号发生器CH1)作为已知频率 f_x 输入CH1通道，将函数发生器CH2通道(可设置输出100 Hz)输出端的正弦波作为未知

f_y 信号输入示波器的 CH2 通道。改变信号发生器 CH1 通道输出频率，分别调出 1∶1、2∶1、3∶1、3∶2 李萨如图形，并分别记录屏幕图形和计算频率 f_y 值。记录于表格 3.2－3。

3. 利用 DSO 观察脉搏信号

将实验室提供的压电传感装置与示波器连接，调节示波器的相关旋钮。把压电传感装置紧贴个人脉搏跳动明显处，观察示波器的相关脉搏信号，测量脉搏周期和心率。

七、数据记录与处理

观测 SP33520A 型函数信号发生器输出的信号波形，完成各信号波形示意图(2～4 个波形)。

表 3.2－1　波形记录

U_1	U_2	U_3	U_4
U_5	U_6	U_7	U_8

表 3.2－2　峰－峰值 V_{p-p} 和频率 f

项目 \ 信号名称	U_1	U_2	U_3	U_4	U_5	U_6	U_7	U_8
V_{p-p}(V)								
T(s)								
f(Hz)								

表 3.2－3　利用李萨如图形测量信号源的频率 f

图形 \ n_x/n_y	1∶1	2∶1	3∶1	3∶2
f_x(Hz)				
f_y(Hz)				
$\bar{f}_y$(Hz)				

附　录

一、GDS－1102B 数字示波器

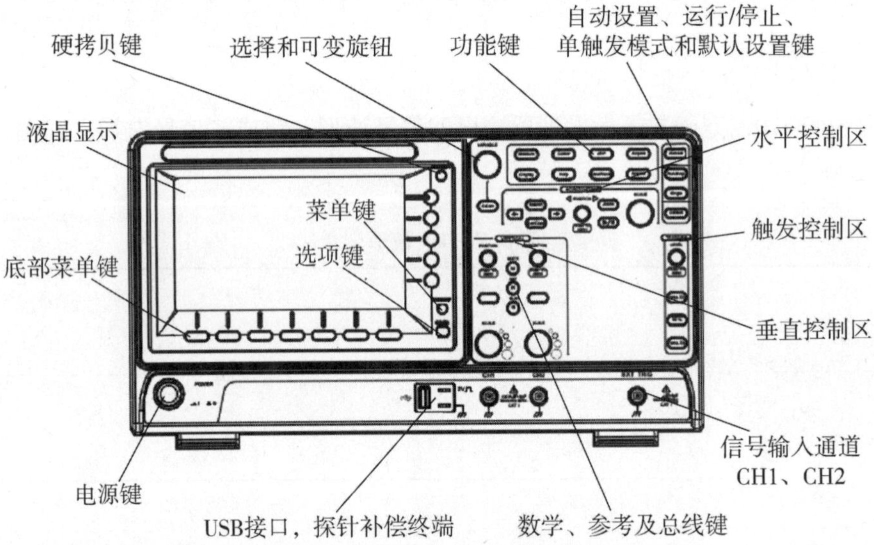

图 3.2－9　GDS－1102B 面板按钮

表 3.2－4　GDS－1102B 数字示波器按钮操作说明

按钮名称	GDS－1102B 的功能按钮	
Measure		配置并运行自动测量
Cursor		配置并运行光标测量
APP		配置并运行系统应用程序
Acquire		配置采集模式
Display		配置显示设置
Help		显示帮助菜单
Save/Recall		用于保存、调用波形、图像和面板设置
Utility		配置硬拷贝键、显示时间、语言、探针补偿和校准
Autoset		自动设置触发器、水平比例和垂直比例
Run/Stop Key	运行/停止	按下可停止或继续采样
Single	单触发模式	设置采集模式为单触发模式
Default Setup	默认	示波器重置为默认模式
水平控制部分	水平控制用于更改光标的位置、设置时基和放大波形	
Position	按下旋钮位置重置零。位置旋钮用于在显示屏上水平定位波形	
SCALE	衰减选择	用于调节水平(时间)分度(TIME/DIV)
Zoom	(水平)放大	按下此键波形水平拉伸

续表 3.2－4

按钮名称	GDS－1102B 的功能按钮	
Play/Pause	运行/停止	允许在运行/停止时进行波形缩放
Search	搜索	无法使用
Search Arrows		无法使用
Set/Clear	设置/清除	无法使用
触发控制部分	用于调节触发电平	
Level Knob	电平	用于设置触发级别。按下旋钮电平重置为零
Trigger Menu Key		用于触发按钮菜单
50% Key		将触发级别设置为 50%
Force-Trig		按下旋钮可强制立即触发波形
垂直控制部分		
Position	按下此键垂直方向居中	设置波形的垂直位置，按下此键垂直方向居中
Channel Menu Key	CH1、CH2	按 CH1 或 CH2 选择测量通道
(Vertical)SCALE Knob	垂直衰减选择	调节工作通道的电压分度(V/DIV)
External Trigger Input	外触发	接受外触发输入。输入阻抗：1 MΩ；输入电压：±15 V（峰值）；外部触发电容：16 pF
Math Key	数学函数	用此键设置和配置数学函数

二、SP33520A 函数发生器

1. 仪器结构

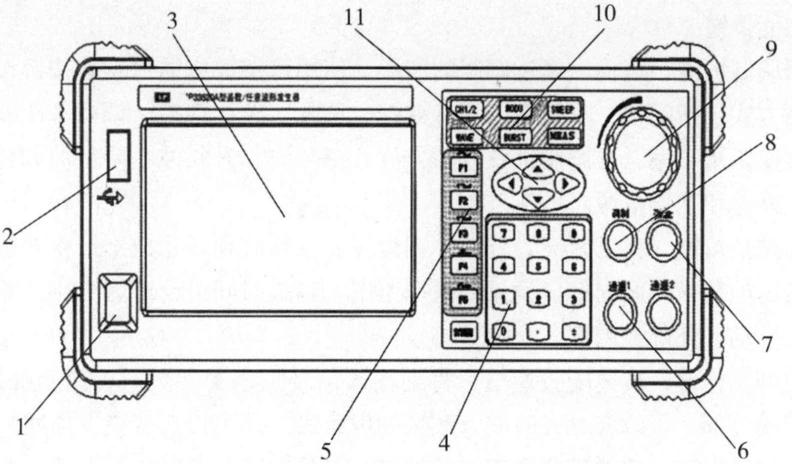

图 3.2－10　SP33520A 函数信号发生器前面板

1— 电源开关；2—USB Host 接口(U 盘)；3—显示屏；4—数字键盘；
5—与操作菜单对应的功能按键及波形按键；6—通道 1、通道 2 输出接头；
7—测量输入接头；8—调制输入接头；9—旋钮；10—功能按键；11—方向键

2. 使用说明

(1)波形选择设置。在操作界面左侧有一列 F1 ～ F5 波形选择按键，从上到下分别为正弦波、方波 、锯齿波、脉冲波及任意波。

①使用 F1 按键，波形图标变为正弦波，并在状态区左侧出现“正弦”字样。可输出 1 μHz ～ 60 MHz的正弦波。设置频率/周期、幅值/高电平、偏移量/低电平、相位/同相位，可以得到不同参数的正弦波。

②使用 F2 按键，波形图标变为方波，并在状态区左侧出现“方波”字样。可输出 1 μHz ～ 20 MHz并具有可变占空比的方波波形。设置频率/周期 、幅值/高电平 、偏移量/低电平、相位、占空比，可以得到不同参数的方波。

③使用 F3 按键，波形图标变为锯齿波，并在状态区左侧出现“锯齿”字样。可输出 1 μHz ～ 500 kHz的锯齿波形。设置频率/周期、幅值/ 高电平 、偏移量/低电平、相位、对称性，可以得到不同参数的锯齿波。

④使用 F4 按键，波形图标变为脉冲波信号，并在状态区左侧出现“脉冲”字样。可输出1 Hz ～ 15 MHz的脉冲波形。设置频率/周期、幅值/高电平、偏移量/低电平 、脉宽/占空比、延时，可以得到不同参数的脉冲波。

⑤使用 F5 按键，波形图标变为任意波信号，并在状态区左侧出现“任意”字样。可输出 1 μHz ～ 5 MHz、波形长度为 4 kpts 的任意波形。设置频率/周期 、幅值/高电平、偏移量/低电平、相位 ，可以得到不同参数的任意波。

(2)通道输出控制。在操作界面左上设有通道按键。使用通道按键，可选择通道 1/通道 2 作为输出通道。

(3)调制、扫描、突发、测量设置。在前面板有 4 个按键，分别为调制、扫描、突发、测量设置功能按键。

①使用调制按键，可输出经过调制的波形。使用该按键应通过功能按键设置参数。通过改变调制方式包括调幅、双边带，幅移键控、调频、频移键控、调相来改变、调制输出波形。可改变调制频率，可调制正弦波、方波、三角波、升斜波、降斜波和任意波。还可选择内部、外部和互调信源。

②使用扫描按键，对正弦波、方波、锯齿波、三角波和任意波形产生扫描。在扫描模式中，在指定的扫描时间内扫描设置的频率范围。扫描时间可设定为 1 ms ～ 500s，触发方式可设置为手动、外部或内部。

③使用触发按键，按键配置通道，得到输入信号频率等参数。可改变触发模式关闭、单次、连续或外部，可改变触发时间，改变触发延时，还可以改变突发周期。

④使用测量按键，按键配置通道，得到输入信号频率等参数。可改变测量方式，开关低通滤波等。

(4)扫频仪功能设置。使用测量按键，进入功能菜单后，按“F5”键进入扫频仪工作模式。此时仪器的显示区域更新为扫频仪显示模式，扫频仪使用通道 1 为输出端，测量头为输入端。

①扫频参数设置。进入扫频仪功能菜单后，可以分别对起始频率、终止频率、扫描时间、每格 dB 数、参考电平、扫频仪输出电平等进行设置。

②标记设置。标记 1、2 可以通过菜单按键进行开关，标记 2 可自动跟踪峰值，两个标记同时打开的情况下可以打开标记“△”，可以显示两个标记之间的频率和电平差值。

③通道校准。在校准前要把通道 1 输出和测量输入用电缆连接起来(在实际使用中要把除待测量件外的所有电缆、接头等部件全部接入)。接好后按通道校准按键。校准完毕后仪器显示扫频线将自动校准到 0 dBm。注意：校准时必须连接电缆，且校准期间不可操作，否则有可能产生错误，使扫频仪不能正常工作。

实验3.3 光的等厚干涉测量

当频率相同、振动方向相同、相位差恒定的两束光波相遇时，在相遇区域会产生干涉现象。光的干涉现象证实了光在传播过程中具有波动性。光的干涉现象在工程技术和科学研究方面有广泛的应用，如精确地测量长度、光弹性研究、全息照相技术、检验表面粗糙度、研究零件内应力的分布等。本实验将通过牛顿环和劈尖干涉实验研究光的干涉现象。

一、实验目的

(1)观察光的等厚干涉现象。
(2)利用牛顿环测量平凸透镜的曲率半径 R。
(3)利用劈尖干涉测量微小厚度。
(4)学习使用读数显微镜。

二、实验仪器

读数显微镜、牛顿环、钠光灯、劈尖装置、待测细丝。

三、实验简介

本实验内容为测定平凸透镜的曲率半径和细丝的直径。实验中使用的牛顿环(图3.3-1)由一块平凸透镜和平玻璃片组成。将牛顿环置于读数显微镜工作台上，调整好仪器后，即可在视场中呈现清晰的牛顿环干涉图样(图3.3-2)。理论推导得到平凸透镜的曲率半径

$$R=\frac{(D_m^2-D_n^2)}{4(m-n)\lambda}$$

其中黄光波长 $\lambda=589.3$ nm，D_m，D_n 分别为第 m，n 环的直径。因此，在实验中只需用读数显微镜测出第 m，n 环的直径就可以测出平凸透镜的曲率半径。

利用劈尖干涉测细丝直径时，细丝直径

$$e=\frac{N_0L\lambda}{2n}$$

其中空气折射率 $n=1$，黄光波长 $\lambda=589.3$ nm，L 为劈尖玻璃砖的长度(由实验室给出或用游标卡尺测量)。因此，实验中只需用读数显微镜测出单位长度的劈尖干涉条纹数目 N_0 即可达到测量细丝直径的目的。

图3.3-1 牛顿环

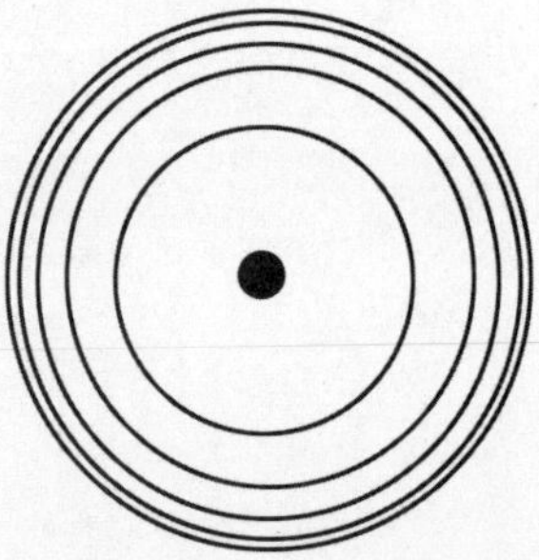

图3.3-2 牛顿环干涉图样

四、仪器介绍

1. 结构说明

读数显微镜即为测量显微镜。显微镜通常起放大物体的作用，而读数显微镜除放大物体外，还能测量物体的大小。读数显微镜的规格和型号很多，但基本结构是相同的。本实验使用 JCD3 型读数显微镜，实验装置及各部分介绍如图 3.3－3 所示。目镜 3 可用锁紧螺钉 4 固定于任一位置，棱镜室 6 可 360°旋转，物镜组 9 用丝扣拧入镜筒内，镜筒 8 用调焦手轮 2 完成调焦。转动测微鼓轮 15，显微镜沿燕尾导轨做纵向移动，利用锁紧手轮 18 将方轴 16 固定于接头轴十字孔中。接头轴 17 可在底座 13 中旋转、升降，用锁紧手轮 14 紧固。根据使用要求不同，方轴 16 可插入接头轴另一个十字孔中，使镜筒处于水平位置。压片 11 用来固定被测件。旋转反光镜旋轮 12 调节反光镜方位。

2. 使用说明

将被测件放在工作台上用压片固定。旋转棱镜室 6 至最舒适位置后锁紧螺钉，调节目镜进行视场调整使分划板清晰，转动调焦手轮，从目镜中观察，到被测件成像清晰为止。调整被测件使其被测部分的横面与显微镜移动方向平行。转动测微鼓轮使十字分划板的纵丝对准被测件的起点，记下此值：在标尺 1 上读取整数，在测微鼓轮上读取小数，此二数之和即是此点的读数 A。沿同方向转动测微鼓轮使十字分划板的纵丝恰好停止于被测件的终点，记下此值 A'。则所测之长度 $L = |A - A'|$。为提高测量精度，可多次测量，取其平均值。

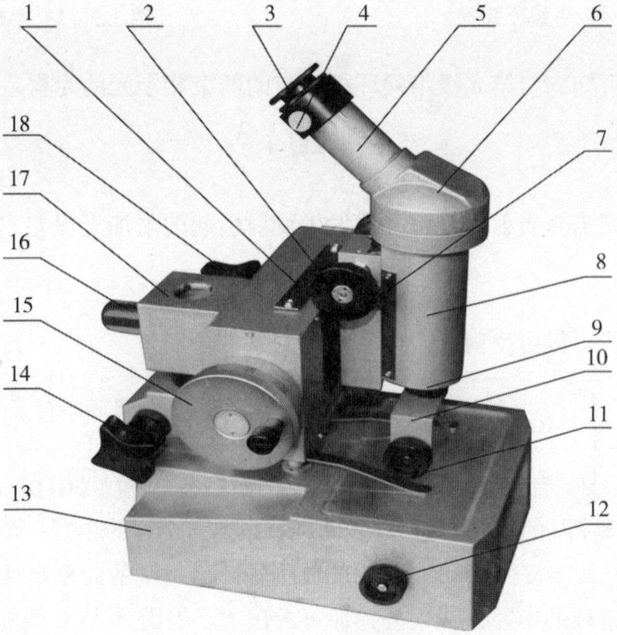

图 3.3－3　读数显微器

1—标尺；2—调焦手轮；3—目镜；4—锁紧螺钉；5—目镜接筒；6—棱镜室；7—刻尺；8—镜筒；9—物镜组；10—半反镜组；11—压片；12—反光镜旋轮；13—底座；14—锁紧手轮Ⅱ；15—测微鼓轮；16—方轴；17—接头轴；18—锁紧手轮Ⅰ

五、实验原理

1. 牛顿环

将一个曲率半径为 R 的平凸透镜 A 放在平板玻璃 C 上，凸面和平板玻璃接触，如图 3.3-4 所示。A、C 间便形成一空气层，空气层由 O 向外逐渐变厚。如用单色光由正上方垂直入射，则空气层上下两界面上反射的光将发生干涉，在同一厚度处形成同一干涉条纹。这时在 A 的上方观察，便可看见中心是一暗斑，而周围有许多明暗相间、间隔逐渐减小的同心圆环，这些圆环称为牛顿干涉环，如图 3.3-5 所示。

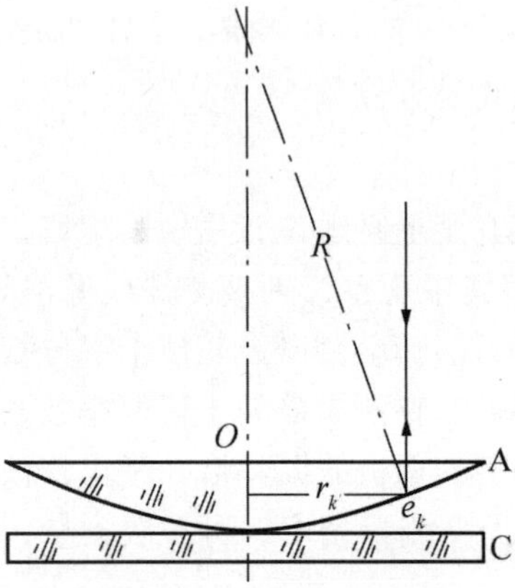

图 3.3-4　牛顿环装置

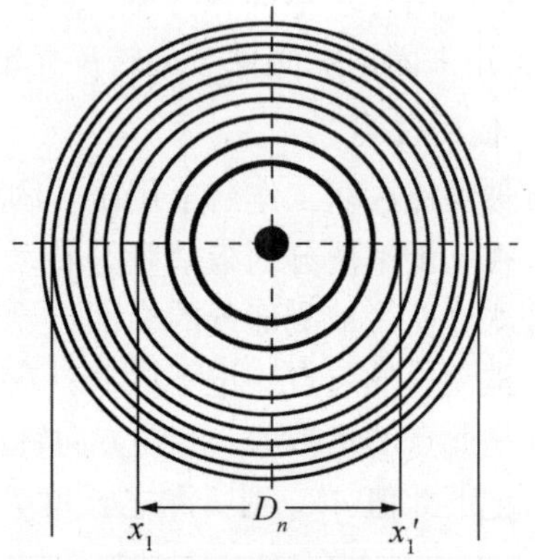

图 3.3-5　牛顿干涉环

由光路图分析可知，与第 k 级牛顿环相对应的两束相干光的光程差为

$$\sigma_k = 2e_k + \frac{\lambda}{2} \tag{3.3-1}$$

式中，$\frac{\lambda}{2}$是光线从光疏介质射向光密介质发生反射引起的附加光程差。由图 3.3-4 可知

$$R = \sqrt{r_k^2 + (R - e_k)^2} \tag{3.3-2}$$

由相干光光程差分析可得由反射光产生明暗环的条件分别是

$$\begin{cases} r_k = \sqrt{(2k-1)R\frac{\lambda}{2}} & (k = 0,1,2,\cdots \text{ 明环条件}) \\ r_k = \sqrt{k\lambda R} & (k = 0,1,2,\cdots \text{ 暗环条件}) \end{cases} \tag{3.3-3}$$

式中，k 是明环(或暗环)的级数；r_k 为第 k 级明环(或暗环)的半径；R 是平凸透镜的曲率半径；λ 是光波的波长。按式(3.3-2)，若要测量平凸透镜的曲率半径 R，如已知波长 λ，测出某一级明环或暗环的半径，代入公式即可求出 R。但因 A 与 C 间的接触点不可能是一个理想点，可能由于 A、C 间有尘埃拱托使 A、C 并未接触，或压力过大使 A、C 间形成大面积接触，这些情况均导致每环半径 r_k 发生变化，若仍然用公式(3.3-3)进行计算，必然造成较大的系统误差。假设用暗环进行测量，测出第 m 级和 n 级的暗环半径 r_m 和 r_n，

设这些数据都带有上述系统误差，但可以认为 r 是已测准的数据，误差主要是在级数 m 和 n 上。即在理想点接触时，本该是第 $m+x$ 暗环之处，看到的却是第 m 暗环；本该是第 $n+x$ 暗环处，看到的却是第 n 暗环。按式(3.3－3)有 $r_m=\sqrt{(m+x)\lambda R}$和$r_n=\sqrt{(n+x)\lambda R}$，这两式是准确的，把它们平方后相减，即得 $r_m^2-r_n^2=(m-n)R\lambda$。若用环的直径来表示，则上式为

$$R=\frac{D_m^2-D_n^2}{4(m-n)\lambda} \tag{3.3-4}$$

此时只涉及两环级数之差，而不取决于级数本身，从而消除了因级数不准带来的误差。用明环讨论也有同样的结论。

2. 劈尖干涉

用两块光学平面玻璃板，使其一端接触，另一端夹一薄纸片或最细的漆包线。这样玻璃板之间就形成了一空气劈尖。当平行单色光垂直照射玻璃板时，劈尖上表面反射的光束和下表面反射的光束之间就存在一定的光程差，当此两光束相遇时就发生干涉，呈现出一组与两玻璃板交接线平行、间隔相等、明暗相间的干涉条纹。设单色光的波长为 λ，在劈尖厚度为 e 处发生干涉的两束光线的光程差为

$$\sigma=2ne+\frac{\lambda}{2} \tag{3.3-5}$$

n 为劈尖间媒介折射率。要形成暗条纹，光程差必须满足以下关系：

$$\sigma=2ne+\frac{\lambda}{2}=(2k+1)\frac{\lambda}{2} \tag{3.3-6}$$

则

$$e=\frac{k\lambda}{2n}\quad(k=0,1,2,\cdots) \tag{3.3-7}$$

k 为干涉级数。由式(3.3－7)可知，当 $k=0$ 时，$e=0$，即在两玻璃板交线处呈现零级暗纹。如在纸片上呈现 $k=N$ 的暗条纹(即第 N 级暗纹)，则上式变为

$$e=\frac{N\lambda}{2n} \tag{3.3-8}$$

此时 e 即为待测物的厚度；N 为待测物的暗条纹级数，也就是零级暗纹至待测物之间的暗条纹总数。在 N 不太多的情况下可以直接数出来。但 N 数目一般很大，故先测出单位长度暗条纹数 N_0，再测出两玻璃板交接线至待测物间的距离 L，则 $N=N_0\cdot L$。于是

$$e=N_0L\frac{\lambda}{2n} \tag{3.3-9}$$

若劈尖间的媒介为空气，则 $n=1$。

六、实验过程与步骤

1. 熟悉仪器结构

仪器实物结构如图 3.3－3 所示，了解仪器使用方法(具体见仪器介绍部分)。

2. 测量平凸透镜的曲率半径

①调节目镜使分划板十字叉丝线清晰。

②将牛顿环仪放在读数显微镜的平台上，稍微移动整个显微镜，并绕主轴作微转动，使45°透光反射镜正对钠光灯，在目镜观察到一个最亮的视场时，移动牛顿环仪使其在显微镜筒的正下方。

③调节显微镜的调焦手轮使物镜接近牛顿环仪，然后在目镜中观察，并继续缓慢调节调焦手轮使镜筒自上而下移动直至观察到牛顿环最清晰为止(图3.3－5)。

④测量暗环直径D。为避免测微螺杆间隙所引起的空回误差，测量时必须使显微镜从左到右(或从右到左)，分别记下叉丝线对准右(或左)边第30，…，20，19个暗环(垂直叉丝线与条纹宽度中央相切)时显微镜的读数x_i，再沿同方向继续移动镜筒，并记下左(或右)边第19，20，…，30个暗环的读数x_i。将数据记录于表3.3－1。

3. 利用劈尖干涉测量导线直径

①将劈尖放置于平台上，在读数显微镜上找到干涉条纹，调节调焦手轮使条纹清晰，移动劈尖使干涉条纹和叉丝竖线平行(即和读数标尺垂直)。干涉条纹如图3.3－6所示。

②旋转测微鼓轮使叉丝沿某一方向移动，测出N条干涉暗条纹之间的总长度L。在不同位置分别测量4次。

③计算单位长度的暗条纹数N_0。

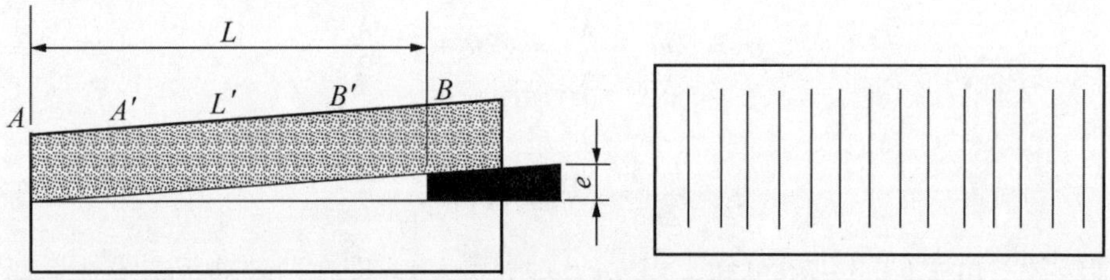

图3.3－6 劈尖干涉示意图

七、数据记录及处理

表3.3－1 牛顿环实验数据

暗环级数 m	暗环位置 x_i		D/m	暗环级数 n	暗环位置 x_i		D/n	$D_m^2-D_n^2/m^2$
	左	右			左	右		
30				24				
29				23				
28				22				
27				21				
26				20				
25				19				

根据上述读数，依照 $D_i=|x_{i左}-x_{i右}|$ 分别求出第 19，20，…，30 暗环的直径 D_i。将上述求得的各暗环直径 D_i 值对半分为两组，按 $m-n=6$ 分成 6 组数据，代入公式 $R=\dfrac{D_m^2-D_n^2}{4(m-n)\lambda}$ 算出 R 值，并计算 $\overline{R}$ 和 σ_R。已知钠光波长 $\lambda=589.3$ nm。

$$\overline{R}=\underline{\qquad\qquad}\text{m},\ \sigma_{\overline{R}}=\sqrt{\frac{\sum_{i=1}^{n}(\Delta R_i)^2}{n(n-1)}}=\underline{\qquad\qquad},\ R=\overline{R}\pm\sigma_{\overline{R}}=\underline{\qquad\qquad}\text{m}。$$

表 3.3-2　劈尖干涉实验数据

n	1	2	3	4	5	6	7	8	9	10	11	12
n	13	14	15	16	17	18	19	20	21	22	23	24

将 N_0、L 代入式 $e=N_0L\lambda/(2n)$ 算出被测线径 e，计算出误差 σ_e。劈尖的顶端开始 $(k=0)$ 至导线的一端的长度 L 由实验室给出。

思考题

1. 试比较牛顿环与劈尖干涉条纹的异同点。若看到的牛顿环局部不圆，劈尖干涉条纹局部弯曲，这说明什么？

2. 实验时应如何避免读数显微镜的空回误差？

3. 牛顿环中透射光的干涉环和反射光的干涉环有何不同？

4. 若用一个已知波长的光源、牛顿环来测量一个未知波长的光源，应如何测量？应用怎样的数据处理方法？

附录　用线性回归分析法对测量平凸透镜曲率半径的数据进行处理

将 $r_m=\sqrt{(m+x)\lambda R}$，两边平方得

$$r_m^2=(m+x)\lambda R \tag{3.3-10}$$

测第 m 环时，设左边读数 $x_左$，右边读数 $x_右$，有

$$r_m^2=\left(\frac{x_左-x_右}{2}\right)^2 \qquad 或 \qquad (x_左-x_右)^2=4(m+x)\lambda R$$

令 $y=(x_左-x_右)^2$，则

$$y=4(m+x)\lambda R$$
$$y=4\lambda Rm+4\lambda Rx=\alpha m+\beta$$

式中，$\alpha=4\lambda R$，$\beta=4\lambda Rx$。

由最小二乘法求出 α 和 β，已知波长 λ，即可求出曲率半径 R，还可求出 x 值。

实验3.4 光的偏振特性研究

光波是一种电磁波，偏振是光的波动性的重要特征之一。很多重要的光学现象和效应都与光的偏振有关。光的偏振已经被广泛应用于光开关、光调制、应力分析、摄影、影视等领域中。因此，掌握一些观察和分析偏振光的实验方法是很有必要的。本实验通过对偏振光的观察和分析，加深对光偏振基本规律的认识和理解。

一、实验目的

(1)了解自然光和偏振光的定义及特性。

(2)观察光的偏振现象，了解偏振光的产生方法和检验方法。

(3)了解波片的作用和用波片产生椭圆和圆偏振光及其检验方法。

(4)观察偏振光的干涉和人为双折射现象。

二、实验仪器

GSZ－Ⅱ光学平台(配有光具座、氦氖激光器及电源、扩束镜、偏振片、波片、观察屏等)。

三、实验简介

本实验介绍了自然光、部分偏振光、线偏振光、圆偏振光和椭圆偏振光的定义、特性及如何获得，并介绍了各种偏振光的检验方法。实验要求学生在了解自然光和偏振光特性的基础上，利用偏振片和波片产生和检验各类偏振光，观察偏振光的干涉和人为双折射现象，了解偏振光干涉等现象的应用。

四、实验原理

1. 自然光与偏振光的定义

光波是一种电磁波，是电磁场中电振动矢量 $\boldsymbol{E}$ 和磁振动矢量 $\boldsymbol{B}$ 变化的传播。在传播过程中，光波的电振动矢量 $\boldsymbol{E}$ 和磁振动矢量 $\boldsymbol{B}$ 相互垂直，且两者均与光的传播方向垂直，因此光波是横波。在光与物质相互作用的过程中，起主要作用的是光波中的电振动矢量 $\boldsymbol{E}$，所以我们将其称为光矢量，$\boldsymbol{E}$ 的振动称为光振动。显然，通过波的传播方向且包含振动矢量的那个平面与其他不包括振动矢量的平面是有区别的。这种光矢量相对于光的传播方向分布的非对称性叫作光的偏振。

光的横波性只表明光矢量与光的传播方向垂直，而在与光传播方向垂直的平面内光矢量还可能有各种不同的振动状态。如果光在传播过程中光矢量的振动只限于某一确定平面内，则这种光称为平面偏振光，由于平面偏振光的光矢量在与波传播方向垂直的平面上的投影为一条直线，故又将其称为线偏振光，如图3.4－1所示。

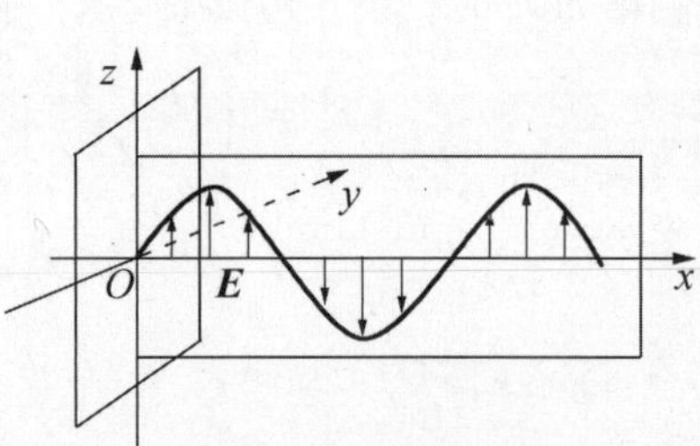

图3.4－1 平面偏振光

任何一个普通发光体，从微观上看，都是由大量的发光原子或分子组成的。每个发光原子每次所发射的是一个平面偏振波列。大量发光原子或分子在同一时刻发出大量偏振波列，各波列的偏振方向及相位分布都是无规则的，光矢量可以分布在轴对称的一切可能的方位上，即光矢量对光的传播方向是轴对称分布的。另一方面，每个发光原子发光的持续时间约为 10^{-8} s，而一般观测时间总是比微观发光持续时间长得多，因此在观测时间内，实际接收到的仍是大量的偏振波列，波列与波列之间相位彼此无关联，光矢量也是呈轴对称分布的。这种由普通光源所发射的光波，在光的传播方向上，任意一个场点，光矢量既有空间分布的均匀性，又有时间分布的均匀性。具有这种特点的光叫自然光，如图 3.4－2 所示。

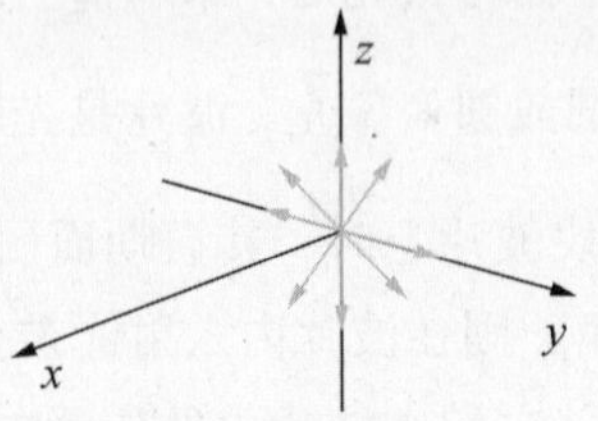

图 3.4－2　自然光

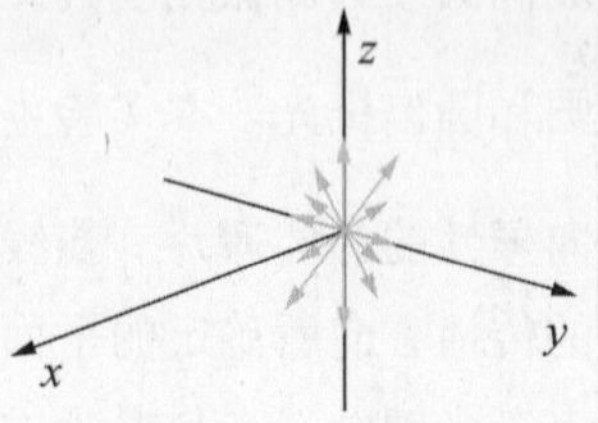

图 3.4－3　部分偏振光

如果由于某种原因，光波光矢量的振动在传播过程中只是在某一确定的方向上占有相对优势，则这种光波被称为部分偏振光，如图 3.4－3 所示。

椭圆偏振光指的是在光的传播方向上，任意一个场点光矢量既改变它的大小，又以一定的角速度转动它的方向，或者说光矢量的端点在垂直于光传播方向的平面内的投影是一个椭圆，如图 3.4－4b 所示。而圆偏振光是指在光的传播方向上，任意一个场点光矢量以一定的角速度转动它的方向，但大小不变，其光矢量的末端在垂直于光传播方向的平面内的投影是一个圆，如图 3.4－4c 所示。

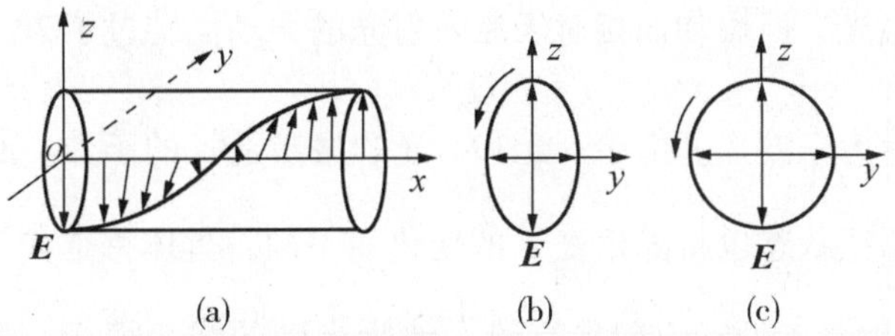

图 3.4－4　椭圆偏振光和圆偏振光

2. 偏振光的产生

普通光源发出的光大多是自然光。从自然光中获取偏振光，需借助各种光学元件和实验方法。

从自然光中获得平面偏振光的过程叫起偏，用作起偏的光学元件叫起偏器。起偏的方法有多种，本实验采用具有二向色性的晶体来产生偏振光。某些晶体对不同方向振动的光矢量具有不同的吸收本领，这种选择性吸收称为二向色性。当自然光入射到二向色性晶体上时，透射光的光矢量仅在某一个特定方向上，该方向称为晶体的偏振化方向，也称作透振方向。实验室用的偏振片，就是利用晶体的二向色性产生偏振光的。当自然光入射到偏振片上时，透射光就成为平面偏振光。偏振片制作简单，成本低廉，且面积也能做得较大，是被普遍使用的偏振器。

自然界大多数光源发出的光是自然光，但有时也发出圆或椭圆偏振光。这里所谓椭圆或圆偏振光的“获得”，是特指利用偏振器件把自然光变成圆或椭圆偏振光。根据振动合成理论，两束传播方向相同、频率相同、振动方向相互垂直的平面偏振光，若其相位差合适便可叠加成椭圆或圆偏振光。因此，在从自然光中获得平面偏振光后，采取适当的方法便能得到椭圆和圆偏振光。本实验主要采用$\frac{1}{4}$波片获得椭圆或圆偏振光。波片是光轴平行于晶面的各向异性的晶体薄片。当线偏振光垂直入射到一块波片上时，其振动面(由光振动方向与光的传播方向所确定的平面)与波片的光轴成α角，则在波片内入射光被分解成振动方向垂直于光轴的 o 光和振动方向平行于光轴的 e 光。它们在波片内的传播方向一致，但传播速度不同，因而在波片的出射面处，两者之间产生了相对相位差

$$\delta = \frac{2\pi}{\lambda} d \left| n_e - n_o \right| \tag{3.4-1}$$

其中，n_o 和 n_e 分别为波片对 o 光和 e 光的折射率，λ 为入射光的波长，d 为波片的厚度。这两束光合成为出射光，因而出射光的偏振性质取决于α和δ，一般情况下，出射光为椭圆偏振光。

当δ的值为2π的整数倍时，对应的波片为全波片，对应的出射光为线偏振光，振动方向与原入射光的振动方向相同；当δ的值为π的奇数倍时，对应的波片为$\frac{1}{2}$波片，对应的出射光仍为线偏振光，但振动面相对于原入射光的振动面转过了2α；当δ的值为$\frac{\pi}{2}$的奇数倍时，对应的波片为$\frac{1}{4}$波片。由于 o 光和 e 光的振幅是α的函数，所以线偏振光通过$\frac{1}{4}$波片后的合成光的偏振状态也将随角度α的变化而不同，具体总结如下：

当$\alpha=0$时，出射光为振动方向平行于$\frac{1}{4}$波片光轴的线偏振光；当$\alpha=\frac{\pi}{2}$时，出射光为振动方向垂直于$\frac{1}{4}$波片光轴的线偏振光；当$\alpha=\frac{\pi}{4}$时，出射光为圆偏振光；当α为其他值时，出射光为椭圆偏振光，具体如图 3.4-5 所示。

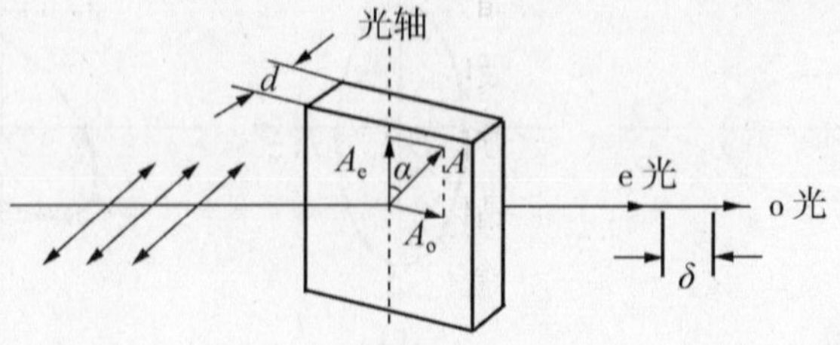

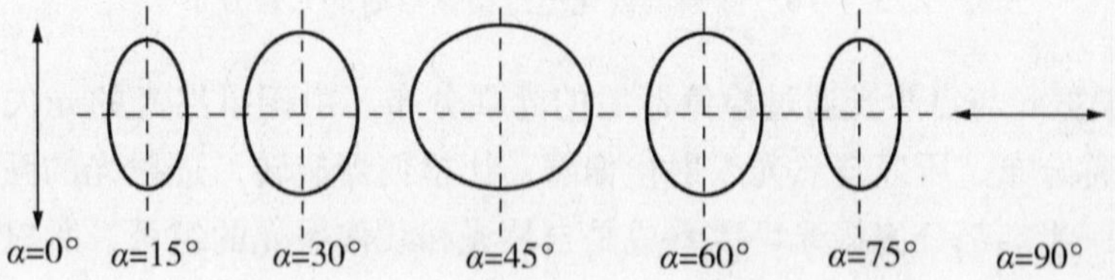

图 3.4－5　α 取不同的值时出射光的偏振性质

3. 偏振光的检验

我们可以通过测定光束经过一些偏振器件后的光强分布特点来区分和检验各类偏振光。前面提到的偏振片既可以作为起偏器使用，也可以作为检偏器使用。偏振片用于检偏时，被称为检偏器。

（1）线偏振光通过检偏器后的光强分布。按照马吕斯定律，强度为 I_0 的线偏振光通过检偏器，透射光的强度为

$$I = I_0\cos^2\alpha \qquad (3.4-2)$$

其中，α 为入射光的光振动方向与检偏器偏振化方向的夹角。显然，当以光的传播方向为轴旋转检偏器时，透射光的强度出现周期性变化。当 $\alpha=0$ 或 π 时，透射光的强度最大；当 $\alpha=\frac{\pi}{2}$ 或 $\frac{3\pi}{2}$ 时，透射光的强度为 0，这被称为消光现象。所以检偏器旋转一周，透射光的强度将发生强弱变化，并且会出现两次消光现象。这是线偏振光通过检偏器的特点。可以根据这个特点来判断入射光是否是线偏振光。

（2）椭圆偏振光和圆偏振光通过检偏器后的光强分布。设有一束椭圆偏振光垂直入射到一检偏器上，沿椭圆长轴方向光矢量的振幅为 A_1，沿椭圆短轴方向光矢量的振幅为 A_2。在检偏器上建立直角坐标系，使其 x 轴平行于检偏器的偏振化方向。透过检偏器的光矢量的振幅 A_x 取决于椭圆偏振光光矢量振幅在检偏器偏振化方向上的投影。如果检偏器转到如图 3.4－6a 所示的位置，则 $A_x=A_1$，透射光强度 $I=A_1^2$；如果检偏器转到如图 3.4－6b 所示的位置，则 $A_x=A_2$，透射光强度 $I=A_2^2$；当检偏器转到其他位置时，如图 3.4－6c 所示，则 $A_2<A_x<A_1$，从而 $A_2^2<I_x<A_1^2$。由此我们知道，椭圆偏振光入射检偏器，让检偏器旋转，透射光强度在极大值 A_1^2 和极小值 A_2^2 之间连续变化，检偏器旋转一周透射光强度会出现两次极大值和两次极小值，但不会出现消光现象。同理可知，如果圆偏振光入射检偏器，让检偏器旋转，透射光的强度将保持不变。

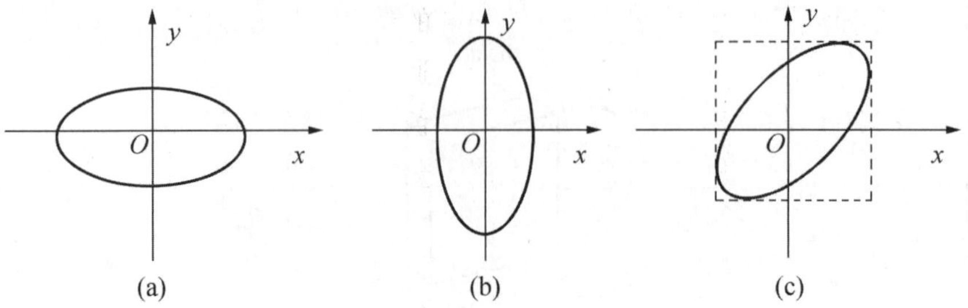

图 3.4－6　椭圆偏振光通过检偏器后的光强分布

(3)部分偏振光与自然光通过检偏器后的光强分布。由于自然光的光矢量相对光的传播方向呈轴对称分布，所以自然光入射检偏器，让检偏器旋转，透射光的强度不变，均为入射光强度的一半。部分偏振光可以看成是自然光和线偏振光的组合，所以部分偏振光入射检偏器，让检偏器旋转一周，透射光的光强会发生强弱变化，并出现两次极大值和两次极小值，但不会出现消光现象。

由此可见，仅用一个检偏器不能将自然光与圆偏振光、部分偏振光与椭圆偏振光区分开。这时需要将$\frac{1}{4}$波片与检偏器配合使用，才能将它们区分开。这主要是利用了圆偏振光和椭圆偏振光通过$\frac{1}{4}$波片后可以转变成线偏振光的特点。

4. 偏振光的干涉

由偏振光形成的干涉现象称为偏振光的干涉。偏振光干涉的典型装置如图 3.4－7 所示。单色自然光通过起偏器 P 后变成平面偏振光。单色平面偏振光通过波片 C 时，被分成传播方向、频率相同，相差恒定，但振动方向相互垂直的两束光。这两束光不能产生干涉，但通过检偏器 A 后就变成了两束传播方向、频率相同，相差恒定，振动方向相同的相干光。若波片 C 的厚度均匀，则从波片不同位置出来的两束光的光程差相同，观察屏上光斑的亮度将是均匀的。此时以光的传播方向为轴转动检偏器 A，观察屏上会有均匀的明暗变化。如果波片 C 的厚度不均匀，则从波片不同位置出来的两束光的光程差不同，观察屏上将出现明暗相间的干涉条纹。

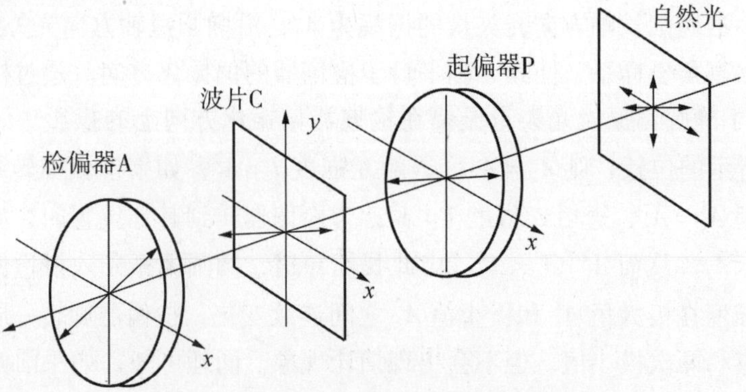

图 3.4－7　偏振光的干涉

如果将上述系统中的光源改为白光，当波片的厚度一定时，由于不同波长的光经过波片后被分成的两束光之间的相位延迟不同，所以通过检偏器A后的干涉效果不同，混合起来就呈现某种彩色，这种现象称为显色偏振。显色偏振是测定双折射极为灵敏的方法。此时以光的传播方向为轴转动检偏器A，观察屏上会有色彩的变化。

五、实验内容和步骤

1. 偏振光分析

①按图3.4－8依次放置各光学元件，并调节各元件等高共轴。先不放$\frac{1}{4}$波片C，转动起偏器P或检偏器A，使P和A的偏振化方向互相垂直(此时应观察到消光现象)。

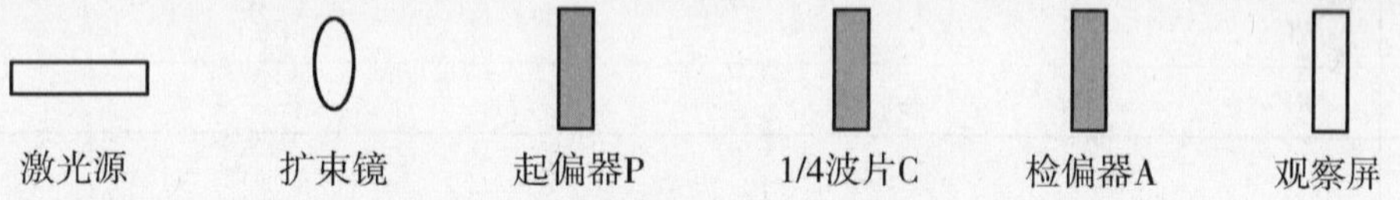

图3.4－8　偏振光分析实验光路装置示意图

②在P和A之间插入$\frac{1}{4}$波片C，转动C消光，然后将A转动360°，注意观察屏上光斑亮度的变化情况，判断这时从C出来的偏振光的偏振性质。

③再将C转动15°，然后同样将A转动360°并注意观察屏上光斑亮度的变化情况，判断这时从C出来的偏振光的偏振性质。

④依次将C转动30°，45°，60°，75°，90°，每次都将A转动360°，记录所观察到的现象，判断从$\frac{1}{4}$波片C出来的偏振光的偏振性质。完成实验，结果记录于表3.4－1。

2. 观察偏振光的干涉及人为双折射现象

①同样按图3.4－8布置光路。用白光代替激光，移开观察屏。使起偏器P与检偏器A的偏振化方向互相垂直，即从检偏器A一侧迎光望去，视场应全黑。然后将厚度不均匀的玻璃劈插入P和A之间，则原来全黑的视场出现彩色干涉条纹。将P(或A)转90°，即由原来的正交系统变成平行系统，此时原来产生相长干涉(或相消干涉)的光变成相消干涉(或相长干涉)，观察此时视场中干涉条纹颜色的变化情况。视场中同一厚度处前后两种颜色为互补色(能合成白色的任何两种颜色称为互补色)。

②在起偏器P和检偏器A之间插入一块各向同性的环氧树脂，并从侧面对其施加压力，观察人为双折射现象，注意不同大小的压力对干涉条纹的影响。根据干涉花样就可分析被观察材料内部的应力分布情况。工业上常用此方法来分析某些机械零件和工程构件在实际使用时内部应力的分布情况。

3. 设计实验方法分析厚度均匀透明薄片的应力分布情况(选做)

根据偏振光的干涉原理自行设计。

六、数据记录与处理

表 3.4-1 偏振光特性分析记录

$\frac{1}{4}$波片 C 转动角度	检偏器 A 转动 360°观察到的现象	从$\frac{1}{4}$波片 C 出来的光的偏振性质
0°		
15°		
30°		
45°		
60°		
75°		
90°		

思 考 题

1. 如何用实验的方法鉴别自然光与圆偏振光、椭圆偏振光与部分偏振光？

2. 如何用光学的方法区分$\frac{1}{2}$波片与$\frac{1}{4}$波片？

3. 在实验内容“1. 偏振光分析”中，当检偏器 P 与起偏器 A 的偏振化方向互相垂直后，插入$\frac{1}{4}$波片 C，必须将 C 转至消光位置才开始观察。这样做的目的何在？

实验3.5　光的衍射

光的衍射现象是光的波动性的一种表现。光的衍射决定了光学仪器的分辨本领。在现代光学技术中，光的衍射在光谱分析、结构分析、成像等方面得到了越来越广泛的应用。因此，研究衍射现象及其规律，在理论和实践上都有重要意义。

一、实验目的

(1)观察单缝衍射现象。

(2)学习如何使用光电器件测量光强的分布。

(3)测定单缝衍射的相对光强分布。

二、实验仪器

GSZ－Ⅱ光学平台(配有光具座、氦氖激光器及电源、狭缝、观察屏、光电转换器、数字式灵敏检流计等)。

三、实验简介

本实验介绍了光的衍射的定义和分类，并着重介绍了夫琅禾费单缝衍射花样的光强分布特点。实验要求学生在了解夫琅禾费单缝衍射的特点的基础上，测量夫琅禾费衍射花样的光强分布。另外，学生还可以观察研究菲涅耳单缝衍射、菲涅耳圆孔衍射和菲涅耳直边衍射。

四、实验原理

光波在传播的过程中遇到障碍物时会绕过障碍物继续传播，到达沿直线传播所不能到达的区域，并且形成明暗条纹，这种现象称为光的衍射。研究表明，只有当障碍物的线度与光波的波长可以相比拟的时候，衍射现象才明显地表现出来。借助惠更斯－菲涅耳原理可以描述光束通过不同形状的障碍物时产生的衍射现象。

通常根据光源和观察屏到障碍物距离的不同，可以把衍射现象分为两大类。如果光源与观察屏之间的距离或障碍物与观察屏之间的距离是有限的，这样的衍射称为菲涅耳衍射，又称近场衍射。菲涅耳衍射的光强分布计算起来比较麻烦。如果光源到障碍物的距离以及障碍物到观察屏的距离均为无限大，即平行光入射，平行光出射，这样的衍射称为夫琅禾费衍射，又称远场衍射。夫琅禾费衍射的光强分布容易计算，同时它也有很多重要的应用，因此这里我们只讨论夫琅禾费衍射。

夫琅禾费单缝衍射的原理如图3.5－1所示。在满足夫琅禾费衍射条件(光源离单缝很远，即$R \gg \frac{a^2}{4\lambda}$，其中$R$为光源到单缝的距离，$a$为单缝的宽度，$\lambda$为入射光的波长；观察屏离单缝足够远，即 $l \gg \frac{a^2}{4\lambda}$，其中 l 为单缝与观察屏之间的距离)下，单缝前后也可不用透镜而获得夫琅禾费衍射花样。本实验采用亮度强、单色性好、发散角极小的氦氖激光器作为光源，就可以省去图 3.5－1 光路图中的透镜 L_1 和 L_2。实验光路装置如图 3.5－2 所示。

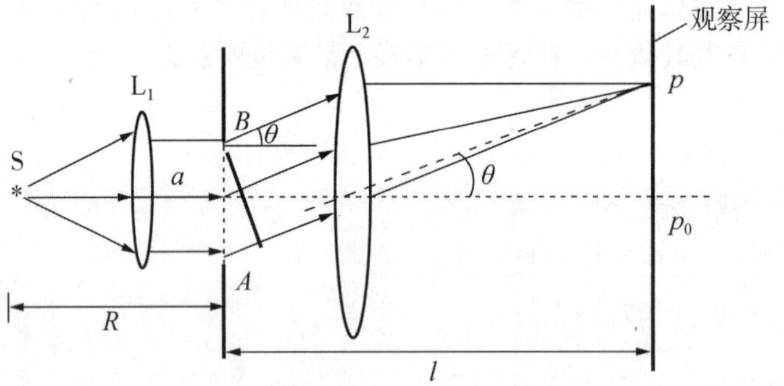

图 3.5－1 夫琅禾费单缝衍射的原理

图 3.5－2 夫琅禾费单缝衍射实验装置

如图 3.5－1 所示，设屏幕上 p_0 处是中央明条纹的中心，其光强为 I_0，屏幕上与光轴成 θ 角的 p 处的光强为 I。根据惠更斯－菲涅耳原理，可导出

$$I = I_0 \frac{\sin^2 u}{u^2} \tag{3.5-1}$$

其中 $u = \frac{\pi a \sin\theta}{\lambda}$。由此可得：

①当 $u=0$，即 $\theta=0$ 时，$I=I_0$，其为中央主极大光强，光强最大。衍射光的能量绝大部分都落在中央明条纹上。在其他条件不变的情况下，I_0 与 a^2 成正比。

②当 $u=k\pi(k=\pm1, \pm2, \cdots)$ 时，$I=0$，观察屏上对应的地方出现暗条纹。k 称为暗条纹的级次。因为夫琅禾费衍射时 θ 很小，所以 $\sin\theta \approx \theta$，则暗条纹出现在 $\theta = \frac{k\lambda}{a}$ 的方向上。

③中央明条纹的角距 $\Delta\theta_0 = 2\frac{\lambda}{a}$ 是其他相邻暗条纹之间角距 $\Delta\theta = \frac{\lambda}{a}$ 的两倍，所以中央明条纹的宽度是其他各级明条纹宽度的两倍。

④除了中央主极大光强以外，相邻两暗条纹间各有一次次极大光强出现在

$\frac{d}{du}\left(\frac{\sin^2 u}{u}\right)=0$的位置。其对应的具体位置和光强值见表3.5－1，光强分布见图3.5－3。

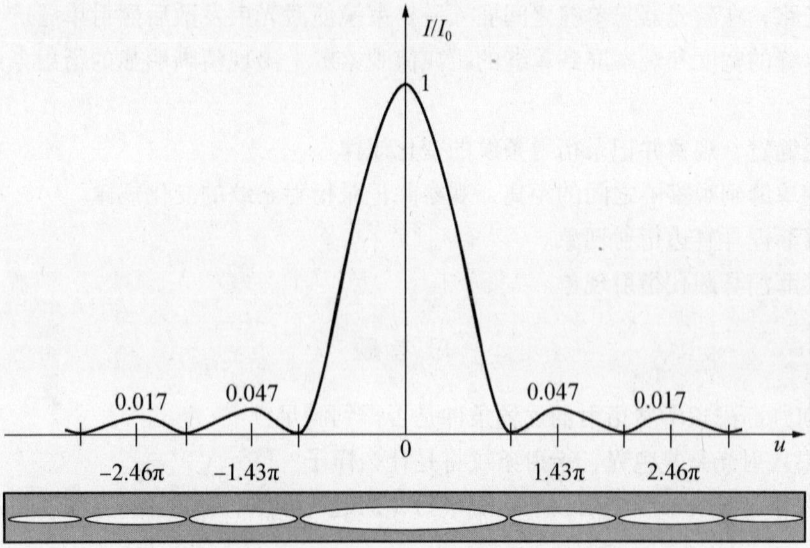

图3.5－3　夫琅禾费单缝衍射光强分布

表3.5－1　夫琅禾费单缝衍射光强极大值及其对应的位置

u	0	$\pm 1.43\pi$	$\pm 2.46\pi$	$\pm 3.47\pi$	…
I	I_0	$0.047I_0$	$0.017I_0$	$0.008I_0$	…

四、实验内容和步骤

1. 观察夫琅禾费单缝衍射现象

按图3.5－2安排实验光路，调节各光学元件至等高共轴，使激光束垂直照射单缝，调节单缝的宽度和观察屏到单缝的距离使观察屏上出现清晰明显的衍射条纹，然后进行以下操作：

①改变单缝宽度，观察并记录衍射条纹的变化规律。

②改变单缝到观察屏之间的距离，观察并记录衍射条纹的变化规律。

③移去观察屏，换上光电转换器，使数字式灵敏检流计与之相连。调节光电转换器的移位螺钉，测出中央极大光强 I_0 和 $k=\pm 1$，± 2，± 3 级的次极大光强 I_k，验证理论结果 $I_k/I_0=0.047$，0.017，0.008。

④观察夫琅禾费圆孔衍射现象。理论结果表明，夫琅禾费单缝衍射的±1级次极大光强还不到主极大光强的百分之五。当数字式灵敏电流计的数字显示为“1”时，表示此时已超出检流计量程，需减小单缝的宽度或者让光电转换器远离单缝。

2. 观察菲涅耳单缝衍射现象

若夫琅禾费衍射的条件得不到满足，则夫琅禾费衍射转化成菲涅耳衍射。按图 3.5-2 安排实验光路，在激光器与单缝之间插入一扩束镜使激光束发散后照射单缝产生菲涅耳衍射。调节单缝的宽度和观察屏到单缝的距离使观察屏上出现清晰明显的衍射条纹，然后进行以下操作：

①改变缝宽，观察并记录衍射条纹的变化规律。

②改变单缝到观察屏之间的距离，观察并记录衍射条纹的变化规律。

③观察菲涅耳直边衍射现象。

④观察菲涅耳圆孔衍射现象。

思考题

1. 如何判断夫琅禾费衍射的远场条件是否得到满足？
2. 如果入射光是复色光，衍射条纹将是什么样子？
3. 若在单缝与观察屏之间放入折射率为 n 的透明介质，衍射条纹会发生什么变化？

实验3.6　利用波尔共振仪研究受迫振动

振动是物理学中一种重要的运动，是自然界最普遍的运动形式之一。广义的振动是指物理量在某个数值附近作周期性变化。如电磁学领域中空间电场的电场强度随时间作周期性变化称为电磁振动。振动可分为自由振动(无阻尼振动)、阻尼振动和受迫振动。物体在驱动力作用下的振动称为受迫振动。共振是受迫振动中的一个特例。受迫振动所导致的共振现象是工程中重要的物理现象。在机械制造和建筑科技领域，振动与共振既有破坏作用，也有许多实用价值。如很多电声器件是运用共振原理设计制作的；利用核磁共振和顺磁共振是微观科学领域研究物质结构的重要手段。在历史上，由于共振造成桥梁重大损失的事件也屡见不鲜。所以，振动与受迫振动的探索是一个很有意义的物理实验项目。

受迫振动通常用振幅－频率特性和相位－频率特性(简称幅频特性和相频特性)进行描述。本实验采用波尔共振仪定量测定机械受迫振动的幅频特性和相频特性，并利用频闪方法测定动态的相位差。

一、实验目的

(1)研究波尔共振仪中弹性摆轮受迫振动的幅频特性和相频特性。

(2)研究不同阻尼力矩对受迫振动的影响，观察共振现象。

(3)学习用频闪法测定运动物体的相位差。

二、实验仪器

ZKY－BG型波尔共振仪、数据采集设备、计算机。

三、实验简介

实验通过测定波尔共振仪(图3.6－1)摆轮A的振幅与系统摆动的周期关系，研究阻尼振动和受迫振动的物理规律。本实验的内容为测定阻尼系数和受迫振动的幅频特性和相频特性。系统在做阻尼振动时，阻尼系数β、周期T和振幅θ满足关系式

$$(j-i)\beta T=\ln\frac{\theta_i}{\theta_j}$$

因此，通过测定摆轮A在第i次和第j次摆动时的振幅θ_i、θ_j和读出摆动周期T就可测定阻尼系数β。在有机玻璃转盘F(电机)的周期性策动力作用下，摆轮A做受迫振动。当经过足够长时间后，摆轮A的摆动达到稳定状态。此时，摆轮A与有机玻璃转盘F同频振动，但位移、速度变化与强迫力变化有相位差ϕ。因此，通过测定有机玻璃转盘F的周期、摆轮A的振幅，以及转盘F和摆轮A的相位差(从角度读数盘G读出)，即可研究受迫振动的幅频特性与相频特性。

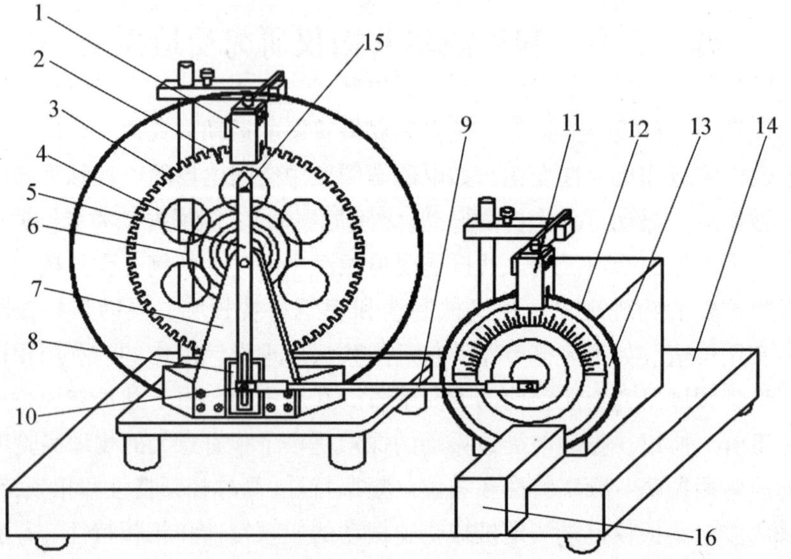

图 3.6－1　波尔共振仪

1—光电门 H；2—长凹槽 C；3—短凹槽 D；4—铜质摆轮 A；5—摇杆 M；
6—蜗卷弹簧 B；7—承架；8—阻尼线圈 K；9—连杆 E；10—摇杆调节螺钉；11—光电门 I；
12—角度读数盘 G；13—有机玻璃转盘 F；14—底座；15—弹簧夹持螺钉 L；16—闪光灯

四、仪器介绍

ZKY－BG 型波尔共振仪由机械振动仪与电器控制仪两部分组成（图 3.6－1、图 3.6－2）。

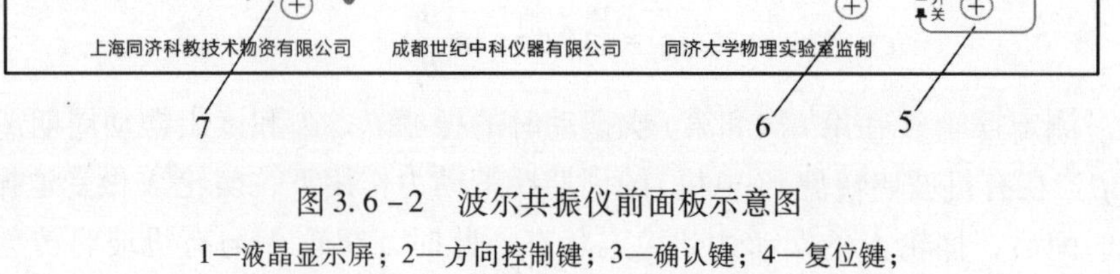

图 3.6－2　波尔共振仪前面板示意图

1—液晶显示屏；2—方向控制键；3—确认键；4—复位键；
5—电源开关；6—闪光灯开关；7—强迫力周期调节电位器

1. 机械振动仪

机械振动仪由摆轮转动系统和电机转动系统两部分组成。摆轮转动系统由铜质圆形摆轮 A 和弹簧等组成。摆轮 A 安装在机架上，弹簧 B 的一端与摆轮 A 的轴相连，另一端可固定在机架支柱上，在弹簧弹力的作用下，摆轮可绕轴自由往复摆动。在摆轮的外围有一圈槽型缺口，其中一个长凹槽 C 比其他凹槽长出许多。机架上对准长凹槽处有一个光电门 H，它与电器控制箱相连接，用来测量摆轮的振幅角度值和摆轮的振动周期。在机架下方有一对带有铁芯的线圈 K，摆轮 A 恰巧嵌在铁芯的空隙，当线圈中通过直流电流后，摆轮受到一个电磁阻尼力的作用。改变电流的大小即可使阻尼大小发生相应变化。

电机转动系统由电机、偏心轮、连杆机构等组成。为使摆轮 A 做受迫振动，在电动机轴上装有偏心轮，通过连杆机构 E 带动摆轮，在电动机轴上装有带刻线的有机玻璃转盘 F，它随电机一起转动。可以从角度读数盘 G 读出相位差 ϕ。调节控制箱上的电机转速调节旋钮可以精确改变加于电机上的电压使电机的转速在实验范围(30～45 r/min)内连续可调。由于电路中采用特殊稳速装置，电动机采用惯性很小的、带有测速发电机的特种电机，所以转速极为稳定。电机的有机玻璃转盘 F 上装有两块挡光片。在角度读数盘 G 中央上方 90°处也有光电门 I(强迫力矩信号)，并与控制箱相连，以测量强迫力矩的周期。

受迫振动时摆轮与外力矩的相位差是利用小型闪光灯来测量的。闪光灯受摆轮信号光电门控制，每当摆轮上长形凹槽 C 通过平衡位置时，光电门 H 接收光，引起闪光，这一现象称为频闪现象。在稳定情况下，在闪光灯照射下可以看到有机玻璃指针好像一直“停在”某一刻度，所以此数值可方便地直接读出，误差不大于 2°。闪光灯放置位置如图 3.6－1所示，搁置在底座上，切勿拿在手中直接照射刻度盘。摆轮振幅是利用光电门 H 测出摆轮读数 A 处圈上凹型缺口个数，并在控制箱液晶显示屏上直接显示出此值，精度为 1°。

2. 电器控制仪

波尔共振仪电器控制仪的前面板如图 3.6－2 所示。

电机转速调节旋钮是带有刻度的十圈电位器，调节此旋钮可以精确改变电机转速，即改变强迫力矩的周期。锁定开关处于图 3.6－3 的位置时，电位器刻度锁定，要调节大小需将其置于该位置的另一边。×0.1 档转一圈，×1 档走一格。一般调节刻度仅供实验时参考，以便大致确定强迫力矩周期值在多圈电位器上的相应位置。

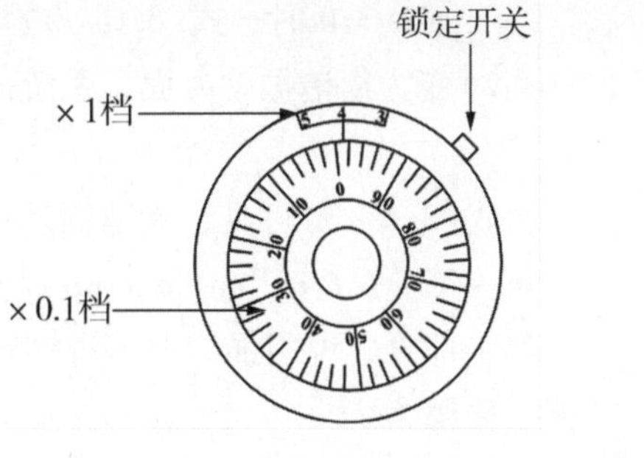

图 3.6－3　电机转速调节电位器

可以通过软件控制阻尼线圈内直流电流的大小，达到改变摆轮系统的阻尼系数的目的。阻尼档位的选择通过软件控制，共分 3 档，分别是阻尼 1、阻尼 2、阻尼 3。阻尼电流由恒流源提供，实验时根据不同情况进行选择(可先选择在阻尼 2 处，若共振时振幅太小则可改用阻尼 1 档)，振幅在 150°左右。

闪光灯开关用来控制闪光与否。当按住闪光按钮，摆轮长形凹槽通过平衡位置时便产生闪光。由于频闪现象，可从相位差读盘上看到刻度线似乎静止不动的读数(实际上有机玻璃 F 上的刻度线一直在匀速转动），从而读出相位差数值。为使闪光灯管不易损坏，采用按钮开关仅在测量相位差时才按下。

五、实验原理

物体在周期外力的持续作用下发生的振动称为受迫振动，这种周期性外力称强迫力。如果外力按简谐振动规律变化，那么稳定状态时的受迫振动也是简谐振动，其振动频率与外力频率相同。此时，振幅保持恒定，振幅大小与强迫力的频率、原振动系统无阻尼时的固有频率以及阻尼系数有关。在受迫振动状态下，系统除了受到强迫力的作用外，同时还受到回复力和阻尼力的作用。所以在稳定状态时物体的位移、速度变化与强迫力变化不是同相变化的，存在相位差。当强迫力频率与系统的固有频率相同时产生共振现象，此时振幅最大，相位差为 90°。

实验采用摆轮在弹性力矩作用下自由摆动，在电磁阻尼力矩作用下做受迫振动来研究受迫振动特性，可直观地显示机械振动中的一些物理现象。当摆轮受到周期性强迫外力矩 $M = M_0\cos\omega t$ 作用，并在有空气阻尼和电磁阻尼的媒质中运动时（阻尼力矩为 $-b\dfrac{\mathrm{d}\theta}{\mathrm{d}t}$），其运动方程为

$$J\frac{\mathrm{d}^2\theta}{\mathrm{d}t^2} = -k\theta - b\frac{\mathrm{d}\theta}{\mathrm{d}t} + M_0\cos\omega t \tag{3.6-1}$$

式中，J 为摆轮的转动惯量，$-k\theta$ 为弹性力矩，M_0 为强迫力矩的幅值，ω 为强迫力的圆频率。令 $\omega_0^2 = \dfrac{k}{J}$，$2\beta = \dfrac{b}{J}$，$m = \dfrac{M_0}{J}$，则式(3.6-1)变为

$$\frac{\mathrm{d}^2\theta}{\mathrm{d}t^2} + 2\beta\frac{\mathrm{d}\theta}{\mathrm{d}t} + \omega_0^2\theta = m\cos\omega t \tag{3.6-2}$$

当 $m\cos\omega t = 0$ 时，式(3.6-2)即为阻尼振动方程。当 $\beta = 0$，即在无阻尼情况时，式(3.6-2)变为简谐振动方程，系统的固有频率为 ω_0。方程(3.6-2)的通解为

$$\theta = \theta_1 \mathrm{e}^{-\beta t}\cos(\omega_f t + \alpha) + \theta_2\cos(\omega t + \phi_0) \tag{3.6-3}$$

由式(3.6-3)可见，受迫振动可分成两部分：

第一部分，$\theta_1 \mathrm{e}^{-\beta t}\cos(\omega_f t + \alpha)$ 与初始条件有关，经过一定时间后衰减消失。

第二部分，说明强迫力矩对摆轮做功，向振动体传送能量，最后达到一个稳定的振动状态。振幅为

$$\theta_2 = \frac{m}{\sqrt{(\omega_0^2 - \omega^2)^2 + 4\beta^2\omega^2}} \tag{3.6-4}$$

它与强迫力矩之间的相位差为

$$\phi = \arctan^{-1}\frac{2\beta\omega}{\omega_0^2 - \omega^2} = \arctan^{-1}\frac{\beta T_0^2 T}{\pi(T^2 - T_0^2)} \tag{3.6-5}$$

由式(3.6-4)和式(3.6-5)可看出，振幅 θ_2 与相位差 ϕ 取决于强迫力矩 m、圆频率 ω、系统的固有频率 ω_0 和阻尼系数 β 四个因素，而与振动初始状态无关。

由$\frac{\partial}{\partial\omega}[(\omega_0^2-\omega^2)^2+4\beta^2\omega^2]=0$极值条件可得出，当强迫力的圆频率$\omega=\sqrt{\omega_0^2-2\beta^2}$时产生共振，$\theta$有极大值。若共振时圆频率和振幅分别用$\omega_r$、$\theta_r$表示，则

$$\omega_r=\sqrt{\omega_0^2-2\beta^2} \tag{3.6-6}$$

$$\theta_r=\frac{m}{2\beta\sqrt{\omega_0^2-2\beta^2}} \tag{3.6-7}$$

式(3.6-6)、式(3.6-7)表明，阻尼系数β越小，共振时圆频率越接近于系统固有频率，振幅θ_r也越大。振幅θ和相位差ϕ随频率比ω/ω_r变化的曲线分别称为幅频特性曲线和相频特性曲线，如图3.6-4和图3.6-5所示。

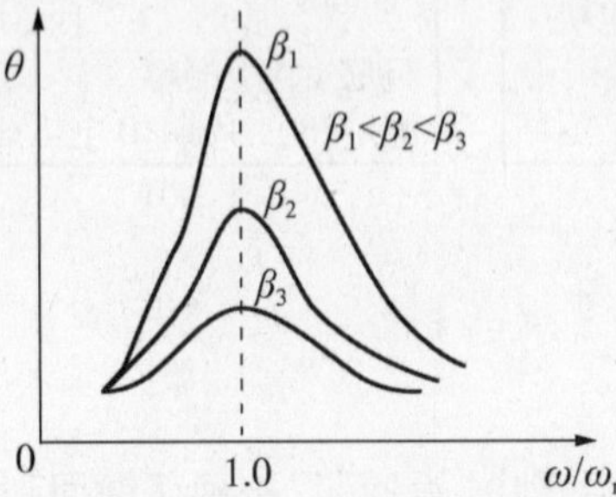

图3.6-4　幅频特性曲线

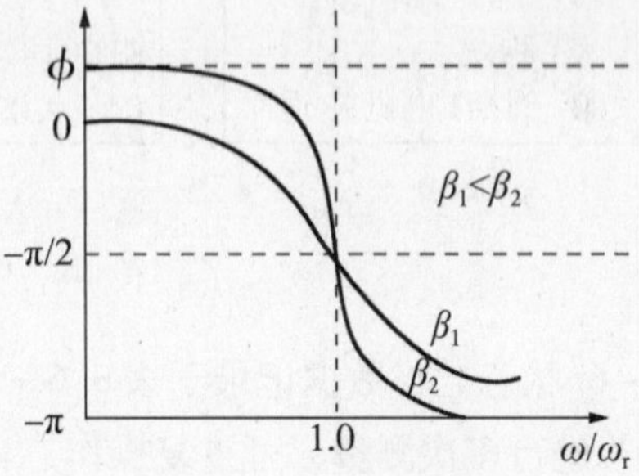

图3.6-5　相频特性曲线

六、实验过程与步骤

1. 实验准备

①按下电源开关后，屏幕上出现欢迎界面，其中NO.0000x为电器控制箱与电脑主机相连的编号。过几秒钟后屏幕上显示如图3.6-6a所示“按键说明”字样。符号“◀”为向左移动；“▶”为向右移动；“▲”为向上移动；“▼”为向下移动。

②根据是否连接电脑选择联网模式或单机模式(这两种方式下的操作完全相同)。

2. 测量摆轮振幅与固有周期

①在图3.6-6a所示状态按确认键，显示图3.6-6b所示的实验类型，默认选中项为“自由振荡”，字体反白为选中。再按确认键，显示图3.6-6c状态。自由振荡实验的目的是测量摆轮A的振幅θ与系统固有振动周期T_0的关系。

②用手转动摆轮180°左右，放开手后按“▲”或“▼”键，测量状态由“关”变为“开”，控制箱开始记录实验数据，振幅的有效数值范围为160°～30°(振幅小于160°测量状态为开，小于30°测量自动关闭)。测量显示关时，此时数据已保存并发送给主机。

③查询实验数据，可按“◀”或“▶”键，选中“回查”，再按确认键。图3.6-6d表示第一次记录的振幅$\theta_0=134°$，对应的周期$T=1.422$ s。然后按“▲”或“▼”键查看所有记录的数据，该数据为每次测量振幅相对应的周期数值。回查完毕按确认键返回到

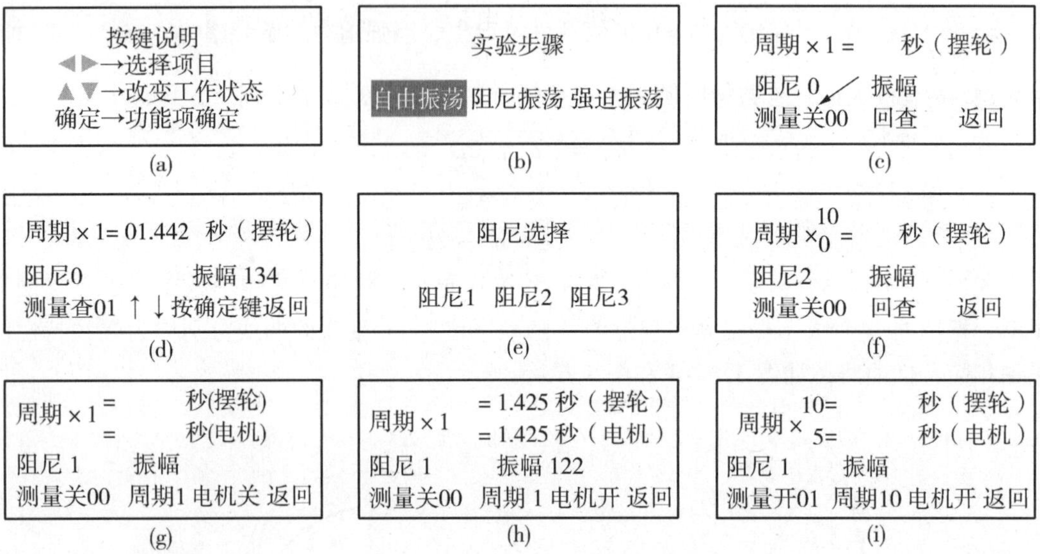

图 3.6－6 屏幕示意图

图 3.6－6c状态。将数据记录于表 3.6－1 中。

④若进行多次测量，可重复操作，自由振荡完成后选中“返回”，按确认键回到前面图 3.6－6b 状态进行其他实验。

注：因电器控制箱只记录每次摆轮周期变化时所对应的振幅值，因此有时转盘转过光电门几次，测量才记录一次(其间能看到振幅变化)。当回查数据时，有的振幅数值可能已被自动剔除了。

3. 测定阻尼系数 β

①在图 3.6－6b 状态下，根据实验要求，按“►”键选中“阻尼振荡”，按确认键显示阻尼，如图 3.6－6e 所示。阻尼分三个档次，阻尼 1 最小，阻尼 3 最大。根据实验要求选择阻尼档，例如选择“阻尼 2”档，按确认键屏幕显示如图 3.6－6f 所示。

②将角度盘指针 F 放在 0°位置，用手转动摆轮 160°左右，选取 θ_0 在 150°左右，按“▲”或“▼”键，测量由“关”变为“开”并记录数据，仪器记录十组数据后，测量自动关闭，此时振幅大小还在变化，但仪器已经停止记数。

③阻尼振荡的回查与自由振荡类似，请参照以上操作。若改变阻尼档测量，重复①的操作步骤即可。从液显窗口读出摆轮做阻尼振动时的振幅数值 θ_1，…，θ_n，利用公式

$$\ln\frac{\theta_0 e^{-\beta t}}{\theta_0 e^{-\beta(t+nT)}} = n\beta\overline{T} = \ln\frac{\theta_0}{\theta_n}$$

求出 β 值。式中，n 为阻尼振动的周期次数；θ_n 为第 n 次振动时的振幅；$\overline{T}$ 为阻尼振动周期的平均值。此值可以测出 10 个摆轮振动周期，然后取其平均值 $\overline{T}$。一般阻尼系数需测量三四次。实验数据记录于表 3.6－2。

4. 测定受迫振动的幅频特性和相频特性

①仪器在图 3.6－6b 状态下，选中“强迫振荡”，按确认键后屏幕显示如图 3.6－6g 所

示。默认状态选中电机。按“▲”或“▼”键，让电机启动。此时保持周期为1，待摆轮和电机的周期相同，特别是振幅已稳定，变化不大于1，表明两者已经稳定了（图3.6－6h），方可开始测量。

②选中周期，按“▲”或“▼”键把周期由1（图3.6－6g）改为10（图3.6－6i。目的是减少误差。若不改周期，测量功能无法打开）。再选中“测量”，按下“▲”或“▼”键，测量功能打开。记录数据于表3.6－3（图3.6－6i）。

③一次测量完成，显示测量“关”后，读取摆轮的振幅值，并利用闪光灯测定受迫振动位移与强迫力间的相位差。数据记录于表3.6－3。

④关机。强迫振荡测量完毕，按“◄”或“►”键，选中“返回”，按确定键重新回到图3.6－6b状态。在图3.6－6b状态下，按住复位按钮保持不动，几秒钟后仪器自动复位，此时所做实验数据全部清除。然后按下电源按钮，结束实验。

注：①在进行强迫振荡前必须先做阻尼振荡，否则无法实验。

②调节强迫力矩周期电位器，改变电机的转速，即改变强迫外力矩频率 ω，从而改变电机转动周期。电机转速的改变可按照 $\Delta\phi$ 控制在10°左右来定。可进行多次这样的测量。

③每次改变了强迫力矩的周期，都需要等待系统稳定，约需两分钟即返回到图3.6－6h状态，待摆轮和电机的周期相同再进行测量。

④在共振点附近由于曲线变化较大，因此测量数据相对密集些，此时电机转速的极小变化都会引起 $\Delta\phi$ 很大改变。电机转速旋钮上的读数是一参考数值，建议在不同 ω 时都记下此值，以便实验中要重新测量时快速寻找这些值作为参考。

⑤测量相位时应把闪光灯放在电动机转盘前下方，按下闪光灯按钮，根据频闪现象来测量，仔细观察相位位置。

七、数据记录及处理

1. 摆轮振幅 θ 与系统固有周期 T_0 的关系

表3.6－1　振幅 θ 与 T_0 关系

振幅 θ(°)											
固有周期 T_0(s)											
振幅 θ(°)											
固有周期 T_0(s)											
振幅 θ(°)											
固有周期 T_0(s)											
振幅 θ(°)											
固有周期 T_0(s)											

2. 阻尼系数β的计算

利用公式$5\beta\overline{T}=\ln\dfrac{\theta_i}{\theta_{i+5}}$对表3.6－2所测数据按逐差法进行处理，求出$\beta$值。$i$为阻尼振动的周期次数，$\theta_i$为第$i$次振动时的振幅。

表3.6－2　阻尼振荡的振幅θ_i　　　　阻尼档位

序号	振幅θ(°)	序号	振幅θ(°)	$\ln\dfrac{\theta_i}{\theta_{i+5}}$
θ_1		θ_6		
θ_2		θ_7		
θ_3		θ_8		
θ_4		θ_9		
θ_5		θ_{10}		
$\ln\dfrac{\theta_i}{\theta_{i+5}}$平均值				

$10T=$________s；$\overline{T}=$________s；$\beta=$________。

3. 幅频特性和相频特性测量

将记录的实验数据（强迫力矩周期T、相位差ϕ、振幅θ）填入表3.6－3，并根据表3.6－1查询振幅θ对应的固有频率T_0，将T_0值也填入表3.6－3。

表3.6－3　幅频特性和相频特性测量数据　　　　阻尼档位

强迫力矩周期T（摆轮和电机的相同周期）	圆频率$\omega=\dfrac{2\pi}{T}$	相位差ϕ读取值(°)	振幅θ测量值(°)	得出的与振幅θ对应的固有频率T_0(s)	共振圆频率$\omega_r=\sqrt{\omega_0^2-2\beta^2}$	$\dfrac{\omega}{\omega_r}$

以 ω/ω_r 为横轴，振幅 θ 为纵轴画出幅频特性曲线；以 ω/ω_r 为横轴，相位差 ϕ 为纵轴画出相频特性曲线。

思考题

实验中如何判断是否达到共振？共振峰对应的自变量 ω/ω_r 是否为1？为什么？

附录　阻尼振动的应用

阻尼理论是工程应用的基础。阻尼理论在工程应用领域的研究非常普遍，包括弹簧阻尼、电磁阻尼、材料阻尼等理论及其应用的研究。具体应用包括机械生产过程中减震、车辆设备中的减震、桥梁的减震设计以及生活中洗衣机、空调机的减震等等。其中高层建筑的防风减震也是目前的研究热点之一。下面简单介绍阻尼振动在高层建筑防风减震中的应用。

随着经济和科技的发展，高层建筑越来越普遍。当楼层比较高时，如高度达 100 m 以上(35 层以上)，除需考虑消防安全以及抗灾设备外，防风防震也是高层建筑的一个重要问题。实践表明，高层建筑上部具有很大的风速。因此，高层建筑设计必须考虑如何减小台风等对建筑带来的影响。“风阻尼装置”就是一种有效的高层、特高层建筑的防风防震设备。该装置能有效减小强风力对超高层建筑产生的摇晃。风阻尼器的本质就是一套阻尼系统或称消能减振装置。如 2008 年 8 月建成的上海环球金融中心就安装了两台大型风阻尼器。该风阻尼器的主要部分是由钢索悬吊的两个各重约 150 吨的配重物体，悬挂在 90 层(395 m 处)(图 3.6 - 7)。当强风来袭时，该装置使用传感器探测风力大小和建筑物的摇晃程度，并通过计算机经由弹簧、液压装置来控制配重物体向反方向运动，从而降低建筑物的摇晃程度。其运作原理就像身处摇晃小船上的人，将身体朝小船晃动的反方向移动来取得平衡。如果强风从某一方向刮来，配重物就好比一个巨大的“钟摆”摆向该方向，使风阻尼器产生一种与风向相反的力量，从而减小建筑物的摇晃程度，降低强风对建筑物的影响。使用了这一装置之后，能把强风加在建筑物上的加速度降低 40% 左右，这样一来，即使遭受强风袭击，建筑内的人也基本感觉不到建筑物的摇晃。另外，风阻尼器也可以降低强震对建筑物尤其是建筑物顶部的冲击。

图 3.6 - 7　高层建筑的风阻尼器

实验3.7　用惠斯登电桥测电阻

电桥是一种用比较法测量电阻、电容或电感的仪器。通常的电桥是用电阻、电容、电感等元件或这些元件的组合组成四个桥臂的电路。根据激励电源性质的不同，电桥分为交流电桥和直流电桥两大类。惠斯登电桥是直流电桥中的一种，是测量中值电阻的重要仪器。它用比较法进行测量，即在平衡条件下，将待测电阻与标准电阻进行比较以确定其阻值，具有灵敏、精确、方便等优点。

电桥在检测技术中应用非常广泛，不仅可以测量电阻，还可以测量电容、电感、温度、压力、真空度等许多物理量。这种测量方法广泛应用于工业和科研的自动控制中。

一、实验目的

(1)了解惠斯登电桥的原理和特点。

(2)学会使用惠斯登电桥测电阻。

二、实验仪器

FQJ 型非平衡电桥、平衡指示仪(检流计)、电阻箱、待测电阻、直流稳压电源。

三、实验简介

由已知桥臂电阻 R_1、R_2、R_0 和待测桥臂电阻 R_x 组成如图 3.7－1 所示的桥式电路就是惠斯登电桥。A、B 接入直流电源，即为直流电桥；C、D 接入检流计进行测量，称为平衡电桥。本实验利用平衡直流电桥精确测量电阻。实验时，调节电阻 R_0 使检流计 $I_G=0$，即电桥达平衡状态时，桥臂电阻参数满足 $R_x=R_0\cdot R_1/R_2$。R_1，R_2 为已知值。因此实验时只需调节电阻 R_0 使检流计 $I_G=0$，并读出 R_0 值即可求得待测电阻 R_x。

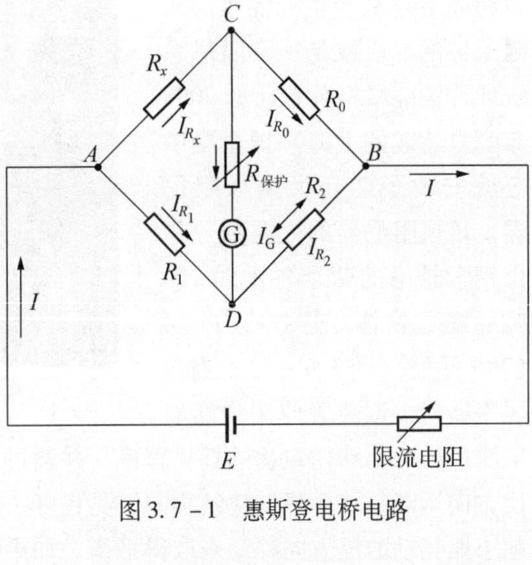

图 3.7－1　惠斯登电桥电路

四、实验原理

1. 惠斯登电桥的线路原理

把待测电阻 R_x 与另外 3 个可变电阻 R_1、R_2、R_0 连接成一个闭路的电阻四边形电路(图3.7－1)，电池 E 通过与四边形的两个相对顶端 A 和 B 相连，在另外两个相对顶端 C 和 D 之间接入检流计。这样连接的电路称为惠斯登电桥。电阻 R_1、R_2、R_0、R_x 称为"桥臂”，接入检流计的对角线 CD 称为“桥”。检流计的作用是对“桥”的两端点的电位直接进行比较。当 C、D 两点电位相等时，检流计中无电流通过，电桥达到平衡，即 $V_{AC}=V_{AD}$；$I_{R_1}=I_{R_2}$，$I_{R_0}=I_{R_x}$。可得

$$\frac{R_1}{R_2}=\frac{R_x}{R_0}$$

$$R_x=\frac{R_1}{R_2}R_0=kR_0 \tag{3.7-1}$$

式中，$k=\dfrac{R_1}{R_2}$称为比率。若 R_1、R_2、R_0（或 k 和 R_0）已知，R_x 即可由上式求出。

2. 电桥的灵敏度

公式(3.7-1)是在电桥平衡条件下的结果，而电桥是否平衡，实际上是看检流计有无偏转来判断的。而检流计的灵敏度总是有限的。如我们实验所用的检流计，指针偏转 1 格所对应的电流大约为 10^{-6} A，当通过它的电流比 10^{-7} A 还要小时，指针的偏转小于 0.1 格，我们就很难察觉出来（数字检流计小于 10^{-8} A）。假设电桥在$\dfrac{R_1}{R_2}=1$时调整到了平衡，则有 $R_x=R_0$。这时，若 R_0 改变一个量 ΔR_0，电桥就失去平衡，从而有电流 I_G 流过检流计。但如果 I_G 小到使检流计的偏转觉察不出来，我们就会认为电流还是平衡的，因而得出 $R_x=R_0+\Delta R_0$。ΔR_0 就是由于检流计灵敏度不够而带来的测量误差 ΔR_x。对此，我们引入电桥灵敏度 S 的概念，并定义为

$$S=\frac{\Delta n}{\dfrac{\Delta R_x}{R_x}} \tag{3.7-2}$$

式中，ΔR_x 是在电桥平衡后 R_x 的微小改变量（实际上待测电阻 R_x 是不变的，改变的是电阻 R_0）；Δn 是由电桥偏离平衡而引起检流计指针偏转的格数。S 越大，说明电桥越灵敏，误差也就越小。例如，S 等于一格除以 1%，也就是当 R_x 改变 1% 时（实际上是 R_0 改变 1% 时），检流计可以有 1 格的偏转。通常我们能觉察到 1/5 格的偏转，也就是说，当电桥平衡后，R_x 只要改变 0.2%，我们就可以觉察出来。这样，由电桥灵敏度的限制所带来的误差不会大于 0.2%。

如果由于检流计灵敏度不够，或通过它的电流太微弱而无法觉察出来，可以增加电源电压，微弱电流相应增大，从而使检流计指针发生较大的偏转。因此，检流计的灵敏度和电源电压的高低对电桥灵敏度都有影响。式(3.7-2)是对特定的电桥、检流计和电源电压而言的。可以证明，电桥灵敏度通用表达式为

$$S=\frac{S_1U}{(R_1+R_2+R_0+R_x)+\left(2+\dfrac{R_2}{R_1}+\dfrac{R_x}{R_0}\right)R_G} \tag{3.7-3}$$

式中，$S_1=\dfrac{\Delta n}{\Delta I_G}$为检流计灵敏度，$U$ 为电源电压。

可以证明，由于桥臂电阻所处位置的对称性，改变任一桥臂电阻得到的电桥灵敏度是相同的。在实验中，通常 R_0 是可变的，因此有

$$S = \frac{\Delta n}{\dfrac{\Delta R_0}{R_0}} \tag{3.7-4}$$

3. 电桥的测量误差估算

当在符合仪器规定的参考条件下使用时，根据 JJQ125—1986 文件规定，电桥的基本误差极限可用下式表示：

$$E_{\lim} = \pm \frac{\alpha}{100}\left(\frac{R_N}{10} + R_0\right)\cdot k \tag{3.7-5}$$

式中，α 为电桥的准确度等级；k 为缩放因子，取电桥的比率；R_0 为测量盘示值；R_N 为基准值，各有效量程的基准值应为该量程内最大值的 10 的整数幂。例如，量程为 11111.1 Ω，此量程的基准值为 10000 Ω。准确度等级 α 不但反映了电桥中各标准电阻(比率 k 和测量臂 R_0)的准确度及检流计的灵敏度，而且还与测量范围、电源电压等因素有关(请参阅本实验附录)。

一般在实验中由电桥的灵敏度引入的误差 ΔR 是这样估算的：在电桥平衡时，将 R_0 改变 ΔR_0 使检流计指针偏转的格数 $\Delta n=2$，而人的眼睛觉察到的界限是 0.2 格，所以取

$$\Delta R = 0.2 \times \frac{\Delta R_0}{2} \tag{3.7-6}$$

ΔR 反映了平衡判断中可能包含的误差。ΔR 越大，电桥越不灵敏。

测量结果的总误差可表示为

$$\sigma_R \approx \sqrt{E_{\lim}^2 + (\Delta R)^2} \tag{3.7-7}$$

五、实验过程与步骤

1. 二端法测量

①首先熟悉电桥结构(图 3.7-2)，再按仪器面板上的电路 I 连接电路元件。

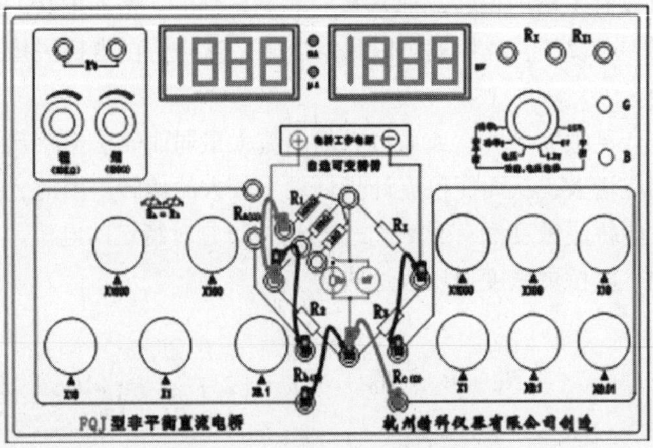

图 3.7-2 FQJ 型电桥面板图

②量程倍率设置：电桥的量程倍率可视被测电阻的大小自行设置。方法是：通过面板上的连线 R_a 和 R_b 与 R_1、R_2 两组接口来实现，如"×1"倍率，由图 3.7－2 所示 R_a 挂空、R_1 的 1000 Ω 孔用导线连接，R_b 接 R_2，"1000"盘上打"1"，其余盘均为 0；如"$\times 10^{-1}$"倍率，连接 R_1 孔的 100 Ω，$R_b = R_2 = 1000\ \Omega$；如"$\times 10^{-2}$"倍率"，连接 $R_1 = 10\ \Omega$、$R_b = R_2 = 1000\ \Omega$……由此可组成下表中不同的量程倍率。

表 3.7－1　FQJ 型非平衡电桥用作惠斯登电桥时的相关参数选择

量程倍率	有效量程(Ω)	准确度(%)	基准电阻 R_N(Ω)	电源电压(V)
$\times 10^{-2}$	10～111.111	0.5	100	5
$\times 10^{-1}$	100～1111.111	0.3	1000	5、1.3
×1	1k～11.1111k	0.2	10000	5、1.3
×10	10k～111.111k	1	100000	15
$\times 10^{2}$	100k～111.111k	2	1000000	15

③"功能、电压选择"开关置于"平衡(5 V)"或"平衡 15 V"(可按表 3.7－1 选择)，并接通电源。

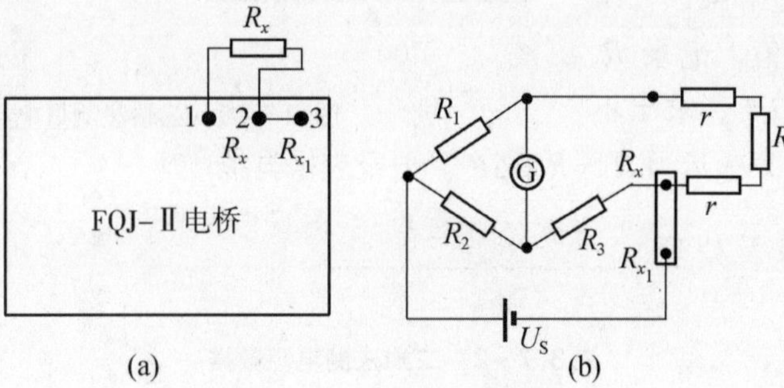

图 3.7－3　二端法测电阻电路

④按图 3.7－3 所示接上被测电阻，R_3 测量盘打到等于被测电阻的标称值除以倍率的商的数字，旋下 G、B 按钮，调节 R_3 使电桥平衡(电流表示值为 0)，则被测电阻阻值 $R_x = R_1 \cdot R_3 / R_2 = k \cdot R_3$。

⑤调节 R_3 使检流计 G 示值分别为 ±0.1 μA，记下左偏和右偏电流表示值为 ±0.1 μA 时对应的电阻 R_3 值。将测量数据记录于表 3.7－2。

2. 三端法测量(选做)

①单臂电桥采用三端法测量电阻能有效地消除引线电阻带来的测量误差，因此采用三端法可进行在线远程电阻的测量。在实验时，可用专用的电阻测试板进行模拟测试。为了验证两种测量方法导致的不同结果，可先采用二端法测量，例如取 8.2 kΩ 被测电阻接在电阻测试板(图 3.7－3)的待测电阻端。待测电阻端与电桥输入端之间跨接了相当于长度为 1000 m 远距离的导线(该导线是横截面积为 2.5 mm^2，长度为 1 km 的铜芯线，导线电阻

$r=12.5\ \Omega$)，连接好电桥，电阻测试板接上被测电阻，测试板上的“R_{x_1}”组(中、上)两端钮应短接。电桥的连接按图3.7－3a进行，将2、3两端钮短接，被测电阻接在1、3两端钮上。

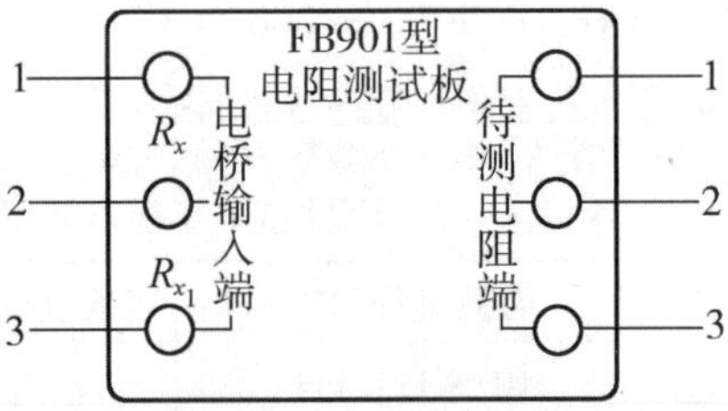

图3.7－4　电桥连接

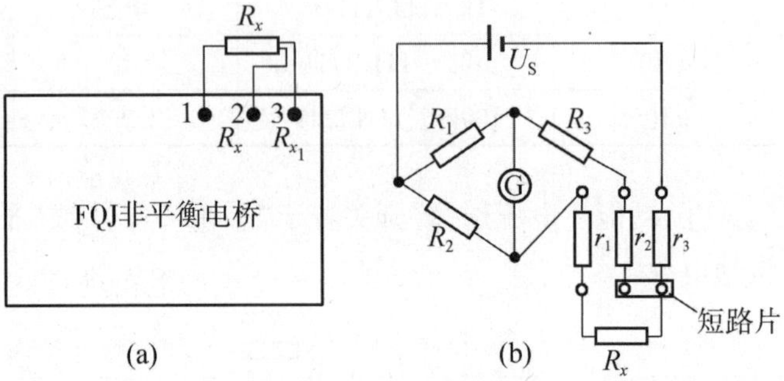

(a)　　(b)

图3.7－5　三端法测量电路

②根据电阻的大小(8.2 kΩ)调节R_1/R_2的比值，即选择合适的电桥比率，旋下G、B开关，调节测量盘使电桥处于平衡状态($I_G=0$)，并记录测量结果。即按二端法进行操作。

③进行三端法测量。接线按图3.7－5a进行，被测电阻的一端接1端钮，2端钮接被测电阻另一端的有效测试点，3端钮可用鳄鱼夹夹在2接线端钮被测电阻的外侧。电桥操作同上。

④各转盘读数之和乘以k所得的值即为R_x的值，记录R_x值。测量精度为0.2%，求出不确定度ΔR，最后结果表示为$R_x=R\pm\Delta R$。记录表格自拟。

六、数据记录及处理

表3.7－2　二端法测电阻数据

待测电阻	R_{x_1}		R_{x_2}		R_{x_3}		R_{x_4}	
电阻标称值(Ω)								
比率k								
准确度等级α								
R_0(Ω)								
平衡后将G调偏2格	左偏	右偏	左偏	右偏	左偏	右偏	左偏	右偏
ΔR_0(Ω)								
ΔR(Ω)								
$\overline{\Delta R}$(Ω)								
测量值kR_0								
$\lvert E_{\lim}\rvert$(Ω)								
$\sigma_R=\sqrt{E_{\lim}^2+(\overline{\Delta R})^2}$(Ω)								
$R_x=kR_0\pm\sigma_R$(Ω)								

思考题

1. 使电桥测量误差增大的主要因素是什么？如何提高电桥的灵敏度？结合本实验附录进行分析。

2. 为什么用电桥法测电阻较用伏安法测电阻准确？

附录　单臂电桥三端法测量特点分析

在普通的单臂电桥里，R_x 都采用二端法接入被测电阻，因此连接导线电阻、接触点电阻都与被测电阻 R_x 相串联，明显地影响测量结果，特别是在较远距离测量时，连接导线电阻更大，导致测量精度降低。而采用三端法测量，将使连接导线电阻、接触点电阻 r 分散到各桥臂、工作电源或检流计等相关支路，相对减小其对 R_x 测量结果的影响，如图 3.7－6 所示。如用三端法配合测试电阻板进行测量，更能说明其与二端法不同的地方，即利用三端法实现远程测量。

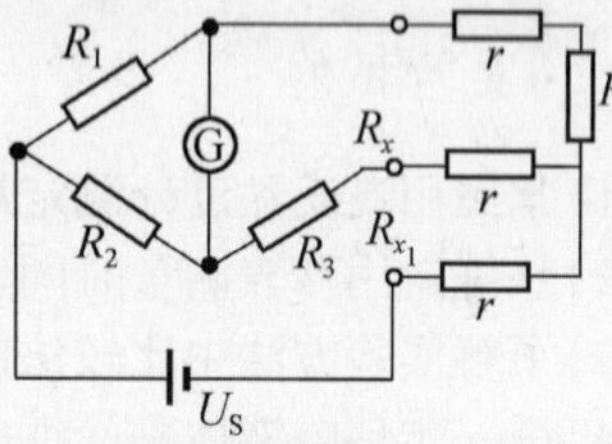

图 3.7－6

采用三端接法时，当量程倍率为“×1”时，设 $R_x=1000\ \Omega$，引线电阻 $r=4\ \Omega$，此时 $R_1=R_2=500\ \Omega$

$$R_0' = \frac{R_1\cdot(R_x+r)}{R_2} = R_x + r$$

$$= 1000\ \Omega + 4\ \Omega = 1004\ \Omega$$

$$R_0 = R_0' \cdot r = 1000\Omega\text{（接线电阻完全被抵消）}$$

如采用二端接法，则：

$$R_0 = \frac{R_1\cdot(R_x+2r)}{R_2}$$

$$= R_x + 2r = 1008\ \Omega$$

$$E = \frac{|1008-1000|}{1000}\times 100\% = 0.8\%$$

实验3.8 液体动力黏度的测量

在稳定流动的液体中，液体质元之间存在着相对运动使它们彼此间产生内摩擦力，液体的这种性质称为黏滞性。在自然界中，一切具有流动性的物质(气、液)都可用黏滞系数来描述其黏性。在实际工程和工业生产中，经常需要检测流体的黏度，以保证最佳的运行环境和产品质量，从而提高生产效益。通过测量液体的黏度，可以得到液体流变行为的数据。这对于预测产品工艺过程的工艺控制、输送性以及产品在使用时的操作性有着重要的指导价值。在血液学中，血液的黏度对疾病的治疗和诊断有一定的参考价值。因此，学习流体黏度的测定对理、工、医的同学具有较重要的意义。本实验探索用奥氏黏度计测量酒精的动力黏度，掌握一种比较测量黏度的方法与相应的实验操作。

一、实验目的

(1)掌握用奥氏黏度计测定液体动力黏度的方法；

(2)熟练运用秒表测量时间、量杯量取液体、温度计测量温度的基本操作；

(3)了解实验方法中比较法的优点；

(4)进一步理解液体黏滞性的意义。

二、实验仪器

奥氏黏度计、温度计、比重计、秒表、酒精、蒸馏水、移液管、吸球、玻璃缸、支架、胶管。

三、实验简介

测量流体黏度的方法有很多，如转桶法、落球法、振动法、毛细管法等等。本实验利用比较法，借助奥氏黏度计(图3.8－1)测量酒精的黏度。由泊肃叶定律可推导得待测流体的黏度

$$\eta_2 = \frac{\rho_2 t_2}{\rho_1 t_1}\eta_1$$

其中η_1是已知参数，为水的黏度；ρ_1、ρ_2分别为水的密度和酒精的密度，用比重计容易测得这两个物理量；t_2、t_1为相同体积(存储于奥氏黏度计P泡)的酒精和水流过细管f所需的时间。因此，比较法测量液体的黏度主要是测量时间t_2、t_1。

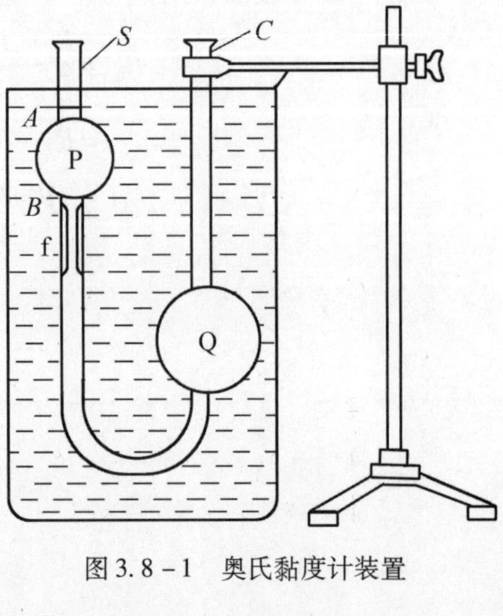

图3.8－1 奥氏黏度计装置

四、实验原理

奥氏黏度计的形状如图3.8－1所示，是一个U形玻璃管。P泡位置较高，为测定泡；Q泡

位置较低，为下储泡。P 泡上下各有一刻痕线 A 和刻痕线 B。B 下是一段截面积相等的毛细管 f。

当黏度为 η 的液体在半径为 r、长为 L 的细管 f 中定常流动时，若细管两端的压强差为 Δp，根据泊肃叶定律，流经毛细管的流量(单位时间流过 f 管一个截面的体积)为

$$\frac{V}{t}=\frac{\pi r^4\Delta p}{8\eta L} \tag{3.8-1}$$

由上式可得

$$\eta=\frac{\pi r^4\Delta p}{8VL}\cdot t \tag{3.8-2}$$

从式(3.8-2)可知，如测得 r、Δp、V、L、t 五个量，便可算出此液体在所处温度下的动力黏度 η。但这几个量中有几个是不易测得的，而且只要有一个量误差较大，就会使得 η 值很不准确。因此本实验利用奥氏黏度计，采用比较法进行测量。

实验时，常以黏度已知的蒸馏水作为比较的标准。取黏度为 η_1 的蒸馏水和黏度为 η_2 的待测液体分别注入黏度计，并使之上升到 A 处，测出两种液体从刻痕线 A 降至 B 的时间 t_1 和 t_2，两次测量中流过 AB 的体积相同，细管的半径 r、长度 L 相同，由式(3.8-2)可得

$$\begin{cases}\eta_1=\dfrac{\pi r^4\Delta p_1}{8VL}\cdot t_1\\[2ex]\eta_2=\dfrac{\pi r^4\Delta p_2}{8VL}\cdot t_2\end{cases} \tag{3.8-3}$$

据方程组(3.8-3)有

$$\frac{\eta_1}{\eta_2}=\frac{\Delta p_1}{\Delta p_2}\cdot\frac{t_1}{t_2} \tag{3.8-4}$$

设两种液体的密度分别为 ρ_1 和 ρ_2，因为在两次测量中，两种液面高度差变化相同，则压强差之比为

$$\frac{\Delta p_1}{\Delta p_2}=\frac{\rho_1 g\Delta h}{\rho_2 g\Delta h}=\frac{\rho_1}{\rho_2} \tag{3.8-5}$$

代入式(3.8-4)得

$$\eta_2=\frac{\rho_2 t_2}{\rho_1 t_1}\cdot\eta_1 \tag{3.8-6}$$

用比重计分别测出 ρ_1 和 ρ_2 值，从表3.8-1 中根据水的温度查出相应温度下的 η_1 值，则据式(3.8-6)可求得待测液体的黏度 η_2。

比重计是利用浮力原理制成的一种直接测量液体密度的器具，它的外形如图 3.8-2 所示。在玻璃管的下端装有铅粒，上半部细玻璃管内部标有分度值，每小格代表 0.005 g/cm³。比重计浸入液体中，当重力与浮力平衡时，比重计即静止地浮在液体中，这时从标尺刻度值便可直接读出液体的密度。

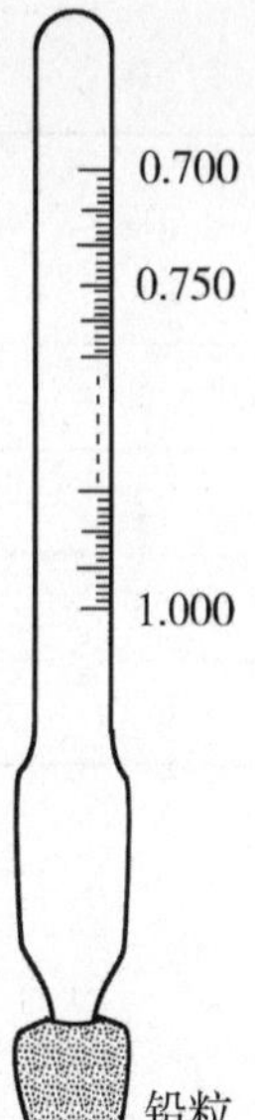

图 3.8-2 比重计

五、实验过程与步骤

①用蒸馏水清洗黏度计内部使毛细管畅通，然后按图 3.8－1 将黏度计装好浸在盛有水的玻璃缸内，让水面超过痕线 A。调整黏度计使之处于铅垂方向。将温度计悬挂在玻璃缸内。注意：拿黏度计时，不要用手同时握住两根管子，以防折断黏度计。

②用移液管将一定量的蒸馏水(一般可取 7 mL)由管口 C 注入 Q 泡。注意：取水和待测液体的用具不要混用；如已混用，每次应冲洗干净。

③用吸球将蒸馏水吸入 P 泡使其液面略高于痕线 A，然后让液体在重力作用下经毛细管 f 流下。当液面降至痕线 A 时按动秒表开始计时，液面降至痕线 B 时按停秒表，记下所需时间 t_1。然后重复测量 t_1 三次。

④将蒸馏水换成待测液体酒精，重复上述步骤②和步骤③，测量同体积的酒精流经毛细管时所用时间 t_2。重复测量三次。数据记录于表 3.8－1。

⑤每次测 t_1 和 t_2 时，记下初次和末次时玻璃缸中水的温度。用密度计分别测定蒸馏水和酒精的密度 ρ_1 和 ρ_2 值。

六、数据记录与处理

(1)实验开始时的水温：__________℃；

(2)实验结束时的水温：__________℃；

(3)水的密度 ρ_1 = __________ $g \cdot cm^{-3}$ = __________ $kg \cdot m^{-3}$；

(4)酒精的密度 ρ_2 = __________ $g \cdot cm^{-3}$ = __________ $kg \cdot m^{-3}$；

(5)水的动力黏度：η_1 = __________ Pa·s。

表 3.8－1 实验数据

次数	水流过毛细管的时间及其起止水温			酒精流过毛细管的时间及其起止水温		
	t_1(s)	Δt_1(s)	水温(℃)	t_2(s)	Δt_2(s)	水温(℃)
1						
2						
3						
平均						

$\overline{\eta_2} = \dfrac{\rho_2 \overline{t_2}}{\rho_1 \overline{t_1}} \eta_1$ = __________。

$E = \overline{\Delta \eta_2} / \overline{\eta_2} = \overline{\Delta t_2} / \overline{t_2} + \overline{\Delta t_1} / \overline{t_1}$ = __________。

$\overline{\Delta \eta_2} = E \cdot \overline{\eta_2}$ = __________。

测量结果：酒精的黏滞系数 $\eta_2 = \overline{\eta_2} \pm \overline{\Delta \eta_2}$ = __________。

注意事项：

(1)先后注入黏度计的蒸馏水与酒精体积应一致。

(2)倒入液体前，黏度计内应无残留液滴，毛细管中不能有气泡。若有气泡可用橡皮球压气把气泡赶出，应防止杂物或气泡混入液体中，不能把液体吸入橡皮管中。

(3)甩去黏度计中液滴时要轻甩，任何时候不要同时用两手捏住黏度计的两管，否则U形管容易从弯处断开。

(4)黏度计安装时应使其处于铅垂方向，勿在测量中用手接触黏度计或对着呵气，以免温度变化。

(5)从比重计中读出液体的密度时，应从液体平面所对的刻度中读出。

(6)观察黏度计中液体的液面经过 A、B 刻度时，对于同一液体前后各次观察的位置应尽可能一致，以免因玻璃管不均而引起误差。

思考题

1. 为什么要取相同体积的待测液体和蒸馏水进行测量？
2. 为什么实验过程中要将黏度计浸在水中？
3. 测量过程中为什么必须使黏度计铅垂？
4. 用比较法测量液体的动力黏度有什么好处？用式 $\eta_2 = \dfrac{\rho_2 t_2}{\rho_1 t_1} \cdot \eta_1$ 求 η 要保证哪些实验条件？

附录　不同温度下水和乙醇的黏度值

表 3.8－2　水的动力黏度值($\times 10^{-3}$ Pa·s)

T(℃)	0	1	2	3	4	5	6	7	8	9
0	1.787	1.728	1.671	1.618	1.567	1.519	1.472	1.428	1.386	1.346
10	1.307	1.271	1.235	1.202	1.169	1.139	1.109	1.081	1.053	1.027
20	1.002	0.978	0.955	0.932	0.911	0.890	0.870	0.851	0.833	0.815
30	0.798	0.781	0.765	0.749	0.734	0.719	0.705	0.691	0.678	0.665

表 3.8－3　乙醇的动力黏度值($\times 10^{-3}$ Pa·s)

T(℃)	0	5	10	15	20	25	30	35	40
η	1.793	1.623	1.466	1.332	1.200	1.096	1.003	0.914	0.834

实验3.9　分光计的调整与使用

折射率、光波长等物理量的测量通常需要测定不同光线之间的夹角，如入射与折射光线间的夹角、入射光线与衍射光线之间的夹角等。因此，如何精确测量光线偏折的角度是光学实验技术的关键内容之一。

分光计是精确测定光线偏转角的仪器，是一种较典型的光学仪器。分光计可以用于测量材料的折射率、光源的光谱，在光谱学、材料特性、偏振光、棱镜特性、光栅特性的研究中都有广泛的应用。固体折射率的测定有多种方法，本实验利用精度为1′的分光计，用最小偏向角法测量三棱镜的折射率。

一、实验目的

(1)了解分光计的构造、作用和工作原理。

(2)掌握分光计的调整和使用方法。

(3)用分光计测棱镜的折射率。

二、实验仪器

分光计、三棱镜、反射镜、汞灯。

三、实验简介

本实验的主要内容包括分光计的调整及三棱镜折射率的测量。几何光学可以证明，光束入射到正三棱镜的某一矩形侧面，当光束平行于正三棱镜的底边时，其折射率 n 与此时光线偏转角 θ_0(最小偏向角)和三棱镜顶角 φ 满足关系式

$$n = \sin\frac{1}{2}(\varphi + \theta_0)/\sin\left(\frac{1}{2}\varphi\right)$$

因此，实验过程中需要借助分光计测定最小偏向角 θ_0 和三棱镜的顶角 φ。

四、仪器介绍

1. 分光计的构造

分光计可以分为平行光管、望远镜、载物台、读数装置和底座等几个部分，实物图如图3.9－1所示。

(1)平行光管。它的作用是产生平行光。它的一端装有消色差的复合透镜，另一端装有一宽度可调的狭缝及其套管。改变狭缝和透镜的距离使狭缝恰好位于透镜的主焦面时，就能使照在狭缝上的光经过透镜后成为平行光。

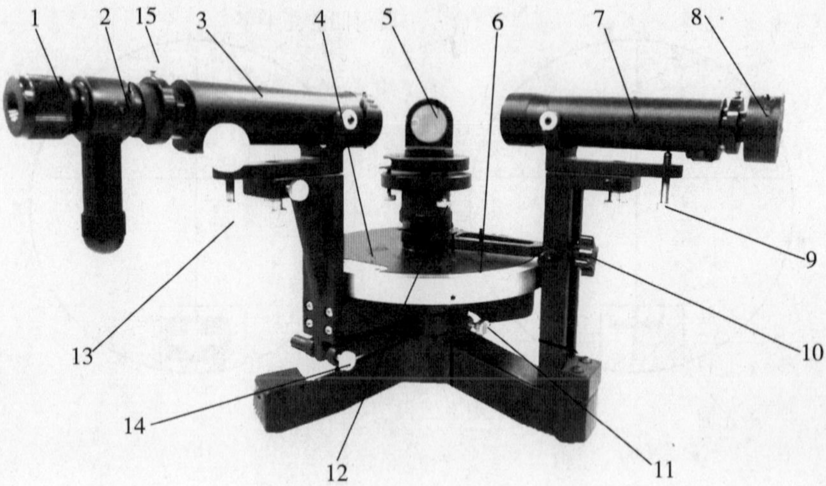

图 3.9－1　分光计

1—目镜；2—绿光灯；3—望远镜筒；4—游标盘；5—平行平面镜；6—刻度盘；7—平行光管；8—狭缝装置；9—平行光管倾斜度调节螺钉；10—游标盘螺钉；11—望远镜筒锁紧螺钉；12—载物台倾斜度调节螺钉；13—望远镜倾斜度调节螺钉；14—望远镜微调螺钉；15—望远镜筒螺钉

(2)望远镜。本实验采用的仪器是阿贝自准直望远镜。它与一般的望远镜一样具有目镜、分划板、物镜三部分，如图 3.9－2 所示。分划板上刻画的是“丰”形的准线，粘有一块45°全反射小棱镜，小棱镜紧贴分划板的一面涂有一层不透明薄膜，薄膜上刻了一个小“十”字窗口。打开小灯的电源开关，调节目镜前后位置直到在目镜视场中看到如图 3.9－3a所示的景像。小棱镜、分划板、小灯都固定于 B 筒，目镜则固定于 C 筒，物镜固定于 A 筒。C 筒可沿 B 筒前后移动，B 筒可沿 A 筒前后移动。前后移动B 筒，当分划板和十字窗位于物镜焦平面上时，则小灯发出的光经棱镜反射后，透过十字窗，经过物镜，成为平行光。平行光经载物台上的反射镜反射后再经过物镜成像在分划板上。用调焦好的目镜(即分划板已成像在观察者明视距离处)观察，便能清晰地看见十字窗的像。若望远镜光轴与反射镜面垂直，此像应位于准线的上交叉点上，如图 3.9－3b 所示。

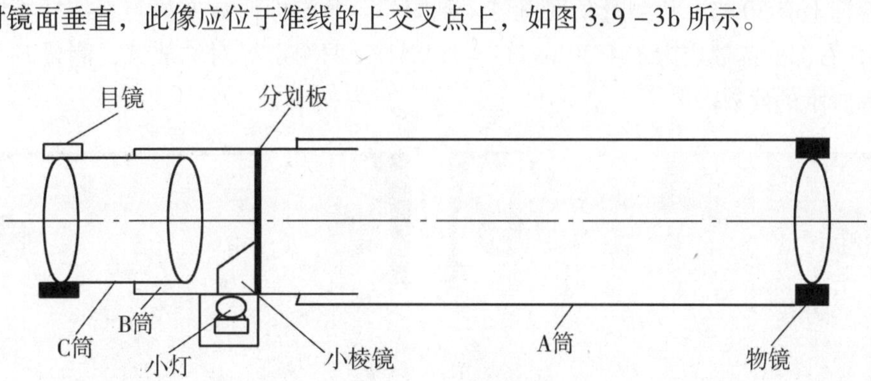

图 3.9－2　望远镜

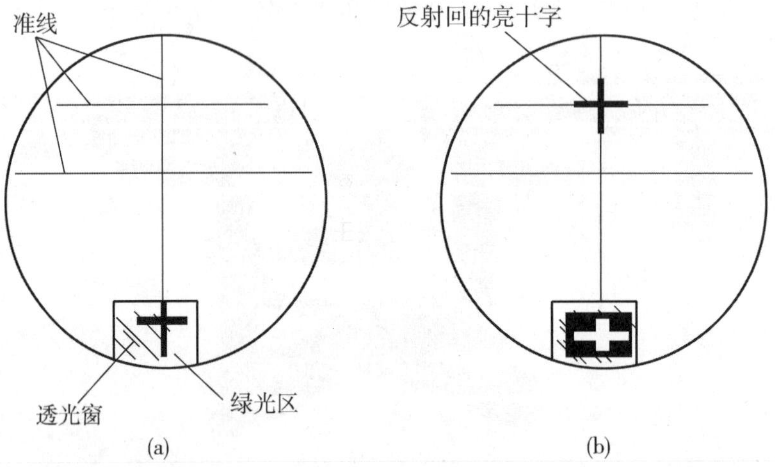

图 3.9－3　十字窗口

(3) 载物台。载物台用于放置待测物体和分光计元件，其下方有三个螺钉用来调节平台的高低与水平度，如图 3.9－4 所示。松开载物台锁紧螺钉便可调节载物台升降。

(4) 读数装置。望远镜和载物台分别与刻度盘和角游标相连，它们的相对转动角度可从读数窗中读出。读数窗有 A、B 两个，它们相隔 180°，从 A、B 两窗可分别读得望远镜转过的角度，然后取平均值。这样可消除刻度盘中心与游标中心不重合引起的偏心差。

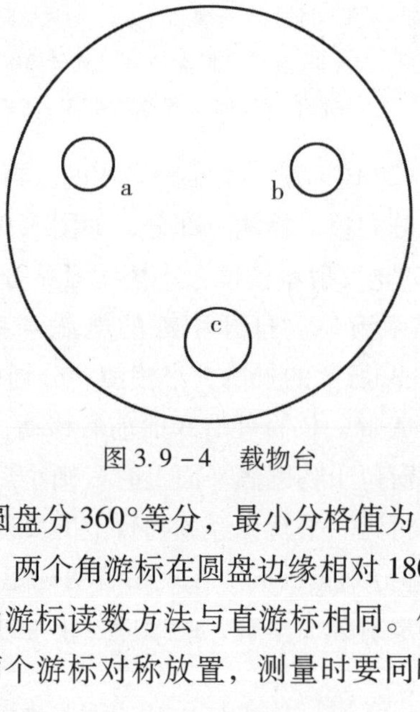

图 3.9－4　载物台

读数装置由主刻度圆盘和两个角游标组成。刻度圆盘分 360°等分，最小分格值为 30′，是分光计测角的主尺。小于半度的读数利用游标读出。两个角游标在圆盘边缘相对 180°的地方，游标上有 30 格，故测量角度值可读到“1′”。角游标读数方法与直游标相同。例如图 3.9－5 右图的读数应为 314°30′＋11′＝314°41′。两个游标对称放置，测量时要同时记下两游标所示的读数。

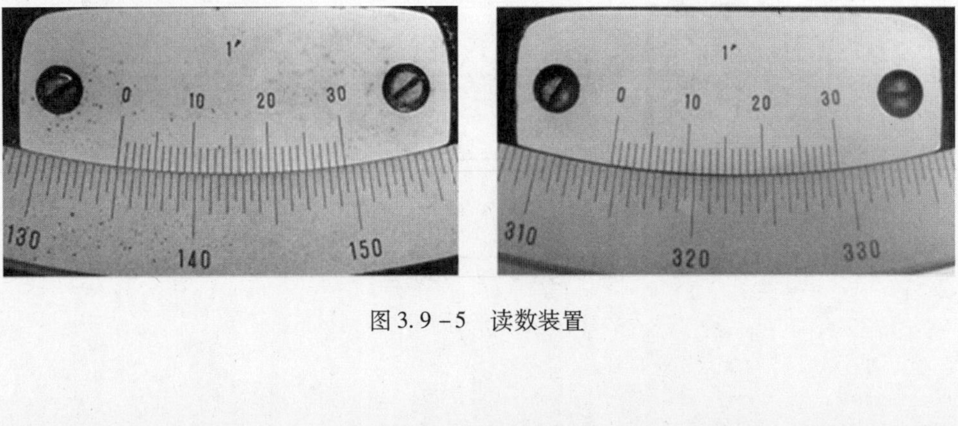

图 3.9－5　读数装置

(5)底座。底座中心有沿铅垂方向的转轴套，望远镜、刻度圆盘、游标盘、载物台可绕此轴套轴线旋转。

2. 分光计的调节要求

调节分光计的目的是为了保证测量的精确度。调节要求：

(1)望远镜调焦于无穷远，即调至适合于观察平行光。

(2)望远镜和平行光管光轴与分光计的旋转主轴垂直。

(3)使平行光管射出的光是平行光束。

五、实验原理

1. 测角原理

测量光线之间的夹角，实质是测定平行光束的方位角。如图 3.9-6 所示，A、B 分别为平行光束和在望远镜焦平面上的会聚像点。焦平面上的每一个点，都与从一定方向入射的平行光束相对应。如果望远镜的光轴绕垂直于光束 1 和 2 的转轴转动，光轴由于平行于光束 1 的方位（光轴上的会聚像点为 A）转到平行于光束 2 的方位（光轴上的会聚像点为 B），则光轴所转过的角度即是平行光束 1 与 2 之间的夹角 θ。

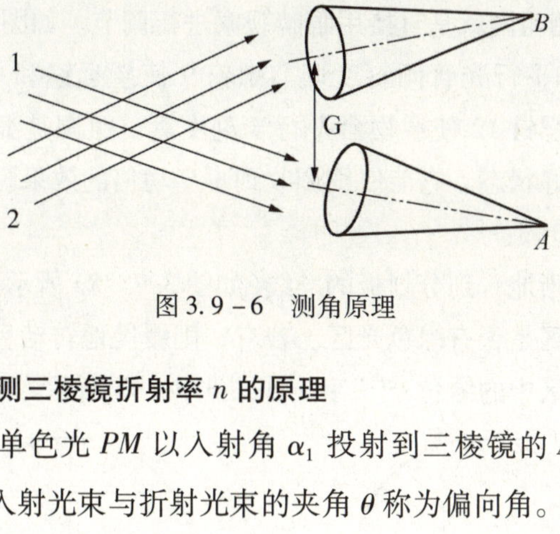

图 3.9-6　测角原理

2. 用最小偏向角法测三棱镜折射率 n 的原理

如图 3.9-7 所示，单色光 PM 以入射角 α_1 投射到三棱镜的 AB 面，经两次折射后，以 α'_2 角从 AC 面射出。入射光束与折射光束的夹角 θ 称为偏向角。显然

$$\theta = (\alpha_1 - \alpha'_1) + (\alpha'_2 - \alpha_2) = \alpha_1 + \alpha'_2 - \varphi$$

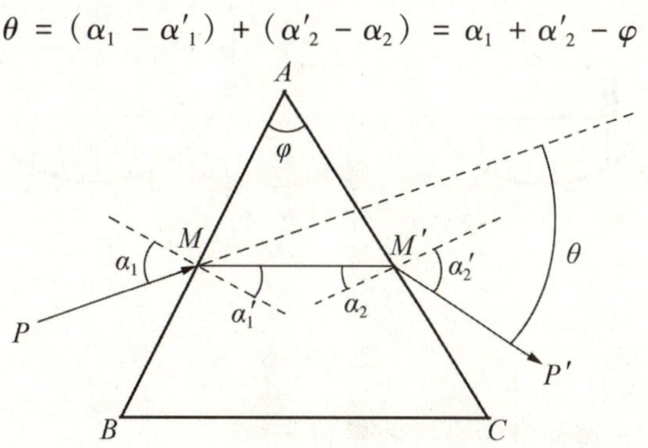

图 3.9-7　最小偏向角法测三棱镜折射率原理

式中 φ 为棱镜的顶角。

对于给定的棱镜，其顶角 φ 和折射率 n 都是已定的。从上式可见，偏向角 θ 是 α_1 的函数。用微商计算可以证明，当 $\alpha_1=\alpha_2'$，$\alpha_1'=\alpha_2$ 时，即 $MM'/\!/BC$(磨砂面)，此时 θ 值最小，称为最小偏向角，用 θ_0 表示。此时有 $\alpha_1'=\frac{\varphi}{2}$，$\alpha_1=(\varphi+\theta_0)/2$，则折射率

$$n=\frac{\sin\frac{1}{2}(\varphi+\theta_0)}{\sin\frac{1}{2}\varphi} \qquad (3.9-1)$$

棱镜的顶角 φ 由实验室给出，实验时只要测出最小偏向角 θ_0 便可由式(3.9－1)计算出棱镜的折射率 n。

六、实验过程与步骤

1. 调节分光计

调节分光计之前，参照“仪器介绍”部分并对照实物，熟悉分光计各调节螺钉和止动螺钉的位置及其作用。

(1)目测粗调。目测粗调就是直接用眼睛观察进行调节。如图3.9－1所示，调节望远镜倾斜度调节螺钉13和平行光管倾斜度调节螺钉9使望远镜和平行光管平行于刻度盘；调节载物台倾斜度调节螺钉12使载物台平行于刻度盘。粗调是细调的基础和前提，必须反复、细心地调节到最好状态。它能使细调收到事半功倍的效果。

(2)细调的要求和步骤：

①调节目镜使能清晰地看到分划板的准线(如图3.9－8a所示)。接上小灯泡电源，打开开关，观察视场下半区是否有绿色光区。若有，则缓慢地转动目镜调焦手轮直到能够清晰地看到准线和绿色光区中的绿色“十”字，如图3.9－8b所示。

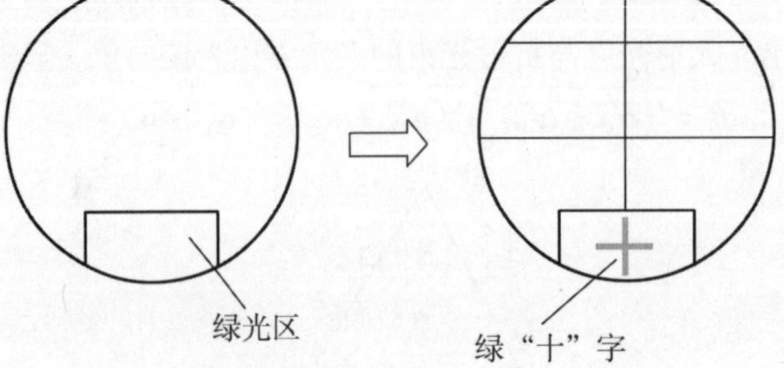

图3.9－8

②用自准法调节望远镜使其适合接收平行光。

将载物台上三条120°等分线分别与载物台下三个调节螺钉对齐，再将双面反射镜按图

3.9－9a 所示的位置放置在载物台上，松开载物台锁紧螺钉，升降载物台使反射镜的中心与望远镜轴线等高；松开游标盘止动螺钉，微微转动游标盘（连同载物台）使反射镜面正对望远镜，并适当微调望远镜倾斜度调节螺钉使之能在目镜中观察到一个反射回来的模糊亮斑（或不清晰的亮“十”字），松开望远镜调焦锁紧螺钉，前后缓慢伸缩目镜套筒 B 直到能看到清晰的亮“十”字，并与分划板的准线无视差，此时望远镜已调到适合接收平行光，再将螺钉锁紧，如图 3.9－9 所示。

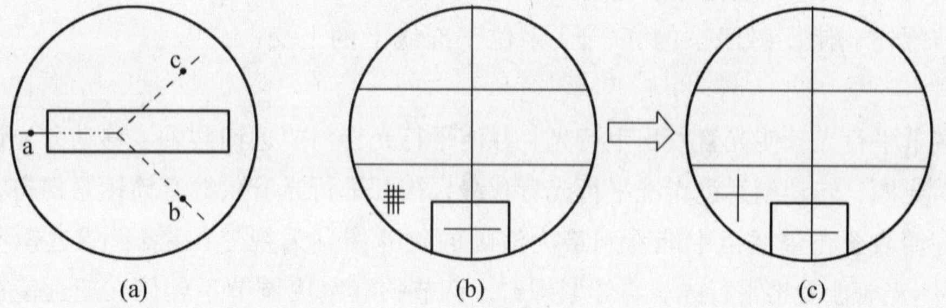

图 3.9－9

③调节望远镜的光轴垂直于分光计旋转主轴。

首先在看到清晰亮“十”字的一个面，用各半调节法（或称渐进法）将亮“十”字调至准线的上交叉点，即调节望远镜倾斜度调节螺钉使亮“十”字上升（或下降）$h/2$，调节三个载物台倾斜度调节螺钉中的 b（或 c）使亮“十”字升高（或降低）$h/2$，如图 3.9－10 所示。

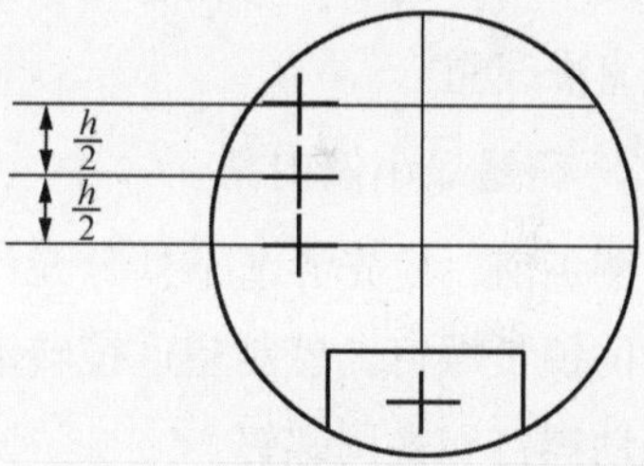

图 3.9－10

再将游标盘（连同载物台）转过 180°使反射镜的另一面对准望远镜，若此时还能在视场中看到反射回来的亮“十”字，则按上述各半调节法将亮“十”字调至准线的上交叉点。如此在两个面反复调节几次，直到两个面反射回来的亮“十”字都能与准线上交叉点重合，则望远镜的光轴垂直于分光计的旋转主轴。

若用各半调节法将反射镜的一个面反射回来的亮“十”字调到了准线上方交叉点，但转过 180°后在反射镜的另一个面却找不到反射回来的亮“十”字（对初次调整分光计者来说是经常遇到的），则应当回到已调好的面进行有目的的调节，而不应在没有看到亮“十”字的面盲目进行调节。正确方法是：将调好的一个面对准望远镜，调节望远镜的倾斜度调节螺钉使亮“十”字下移到绿色区附近，再调节载物台的调平螺钉 b 或 c 使亮“十”字重新回到准线的上交叉点。将游标盘转过 180°观察另一个面看是否能看到反射回来的亮“十”字，若有，则按各半调节法将亮“十”字调至准线的上交叉点；若无，则再重复上述的调整过程一次。应当注意，若沿同一方向做了两次调节之后仍不能在两个面观察到反射回来的亮“十”字，则应当用上述的方法做相反方向调节。

④调载物台法线平行于分光计旋转主轴。其目的是使望远镜轴线所扫描过的平面平行于载物台平面，以保证待测光学元件(如三棱镜)置于载物台后能使光学元件的光学面法线基本平行于望远镜的光轴。

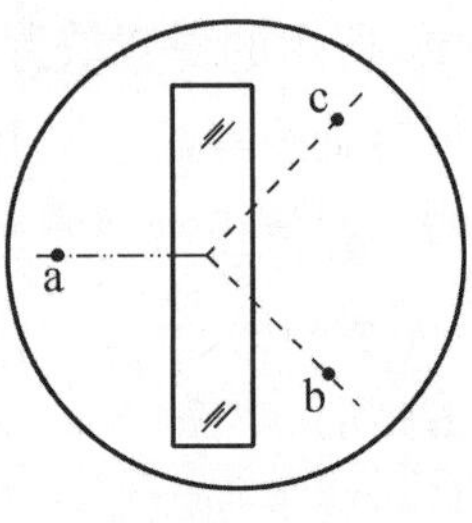

图 3.9－11

将反射镜按图 3.9－11 所示位置放置，转动游标盘使反射镜的一个面正对望远镜。此时，不管在视场中能否看到反射回来的亮“十”字(一般情况下应能看到)，均只调载物台倾斜度调节螺钉 a 使反射回来的亮“十”字位于准线上的上交叉点。

⑤调节平行光管使光管发出平行光，并使平行光管与望远镜共轴。移动分光计使平行光管正对光源，转动望远镜对准平行光管狭缝，松开平行光管狭缝套筒锁紧螺钉，前后伸缩狭缝套筒直至在望远镜中能看到最为清晰的狭缝像且无视差(注意：望远镜不能再调焦)，平行光管能发出平行光，再锁紧螺钉。调节狭缝宽度调节手轮使在望远镜视场中观察到的狭缝宽度为 1 ～2 mm。调节平行光管高低倾斜度调节螺钉使狭缝像被分划板中央水平准线平分；调节平行光管同轴调节螺钉和望远镜同轴调节螺钉使视场中的狭缝像与分划板垂直准线重合。

2. 测量最小偏向角

测量前，应先弄清下列分光计各螺钉的位置。这些螺钉包括控制望远镜与刻度盘一起转动的锁紧螺钉，控制望远镜转动的锁紧螺钉和控制望远镜微动的螺钉，控制游标盘转动的制动螺钉和微调螺钉。

按图 3.9－12 将三棱镜置于载物台，使平行光束入射三棱镜 *AC* 面(注意：应使入射角稍大些)。锁紧游标盘止动螺钉，放松望远镜止动螺钉，往偏向于 *BC* 面方向转动望远镜寻找经棱镜折射的光(即狭缝像)。找到后拧松游标锁紧螺钉，按图中所示的转动方向缓慢转动游标盘，要求所观察到的折射光线必须向入射光线方向 *OP* 移动，即沿偏向角减小的方向移动。若不能，则应沿相反方向缓慢转动游标盘。在转动过程中，若狭缝像超出视场范围，则应转动望远镜(锁紧游标盘)进行跟踪，使狭缝像一直处在视场中。当随着游标盘转动而移动

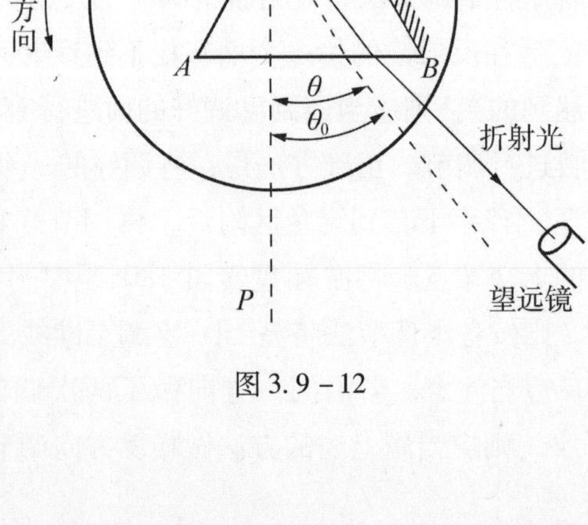

图 3.9－12

的狭缝像正要开始向反方向移动时，即为相应的折射光线最小偏向角的位置。

微调望远镜使分划板准线的竖线对准狭缝中央，记下左、右游标窗的读数 α_1 和 α_1'，即为折射光线位置读数。

锁紧控制望远镜与刻度盘一起转动的锁紧螺钉，锁紧游标盘，取下三棱镜，转动望远镜对准平行光管狭缝，并使分划板准线的竖线对准狭缝像中央，记录左、右游标的读数 α_2 和 α_2'，即为入射光线位置读数。

最小偏向角为

$$\theta_0 = \frac{|\alpha_1 - \alpha_2| + |\alpha'_1 - \alpha'_2|}{2} \tag{3.9-2}$$

3. 测三棱镜的顶角 φ（选做）

将三棱镜按图 3.9－13a 所示的位置放好。将望远镜对准三棱镜的 AB 面，按自准直法调节，找到从 AB 面反射回来的绿色亮“十”字，记录左、右游标读数 α_3 和 α_3'；再将望远镜对准 AC 面，按自准直法调节，找到从 AC 面反射回来的绿色亮“十”字，记录左、右游标读数 α_4 和 α_4'，如图 3.9－13b 所示。则 $\varphi = 180° - \beta$，

$$\beta = \frac{|\alpha_3 - \alpha_4| + |\alpha'_3 - \alpha'_4|}{2} \tag{3.9-3}$$

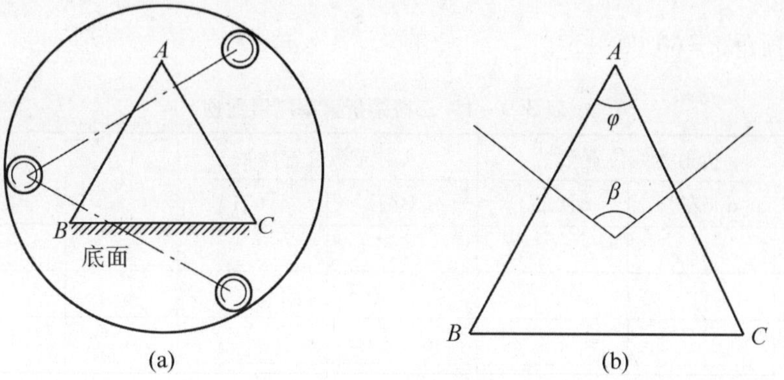

图 3.9－13　测三棱镜顶角 φ

按图 3.9－14 也可测定棱镜顶角 φ。请自行推导其测 φ 的公式和自拟测量方法。

此法比第一种测法方便，容易观察。具体采用哪种方法由实验者选择。测三棱镜顶角 φ 3 次。记录表格自己设计，写在预习报告上。

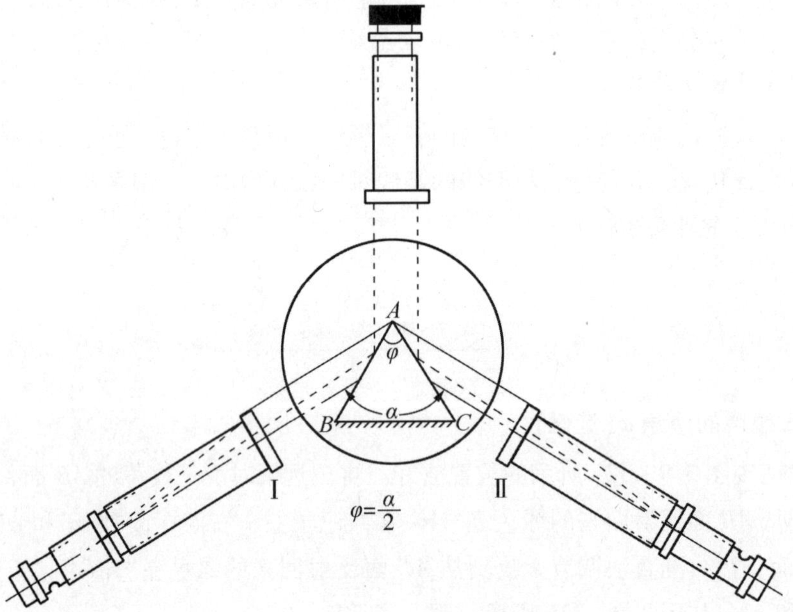

图 3.9－14　三棱镜光路

七、数据记录及处理

三棱镜顶角 $\varphi = 60°00' \pm 5'$。

表 3.9－1　三棱镜折射率测量数据

测量序数 k	折射光线位置读数		入射光线位置读数		θ_0	n	$\bar{n}$
	α_1（左）	α_1'（右）	α_2（左）	α_2'（右）			
1							
2							
3							
4							
5							
6							
7							
8							

$$\sigma_{\bar{n}} = \sqrt{\frac{\sum_{i=1}^{k}(n_i - \bar{n})^2}{k(k-1)}}, \quad n = \bar{n} \pm \sigma_{\bar{n}} = \_\_\_\_\_\_\_\_。$$

思考题

1. 调节分光计时，若反射像不清晰，能否调节目镜视度调节手轮使反射像清晰？若狭缝像不清晰，能否调节目镜视度调节手轮，或将望远镜的 B 筒拉出、推进使狭缝像清晰？若狭缝像偏高或偏低，能否调节望远镜的高低倾斜度调节螺钉？这些问题如何解决？

2. 为什么分光计要在对称位置设两个游标？只记录一个游标读数行吗？

3. 测量最小偏向角时，能否先记录入射光线的位置，再记录折射光线的位置？

第四章　综合实验部分

实验4.1　光栅的特性及光波波长的测定

光谱测量和光谱分析是研究物质成分及研究原子和分子结构的重要手段。光栅是光谱测量中的一个重要的不可缺少的色散元件，它能将光源发出的光按波长分列为谱线并有序排列。衍射光栅由大量等宽、等间距、平行排列的狭缝构成，一般可以分为两类：用透射光工作的透射光栅和用反射光工作的反射光栅。

本实验要求：理解光栅衍射的原理，了解衍射光栅的特性；掌握用衍射光栅精确测量波长的原理和方法；进一步熟悉分光计的工作原理和分光计的调节、使用方法。

一、实验目的

(1)进一步掌握分光计的构造、使用和调节方法。

(2)了解光栅特性，并利用光栅衍射法测量光波波长、角色散率和分辨本领。

二、实验仪器

分光计、低压汞灯、光栅片、平面镜。

三、实验简介

当一束白光垂直通过光栅时，光源发出的光波按波长次序展开形成一系列的谱线。谱线的衍射角 θ 与光波长 λ 及光栅常数 d 满足关系 $d\sin\theta = k\lambda$ （$k = \pm 1, \pm 2, \cdots$）。因此，在已知光栅常数 d 的条件下，只须测定 $k = \pm 1$ 级谱线的衍射角 θ，即可得到各谱线的波长 λ。所以在实验中只需测定汞灯光源通过光栅衍射时产生的各谱线($k = \pm 1$ 级)的衍射角 θ 即可间接测得汞灯蓝光和黄光的波长。实验中须借助分光计测量衍射角 θ，因此分光计的调整也是本实验的内容之一。

四、实验原理

1. 光栅常数和光栅方程

衍射光栅是由大量等宽、等间距、平行排列的狭缝构成的光学元件。用于可见光区的光栅每毫米缝数可达几百到上千条。设缝宽为 a，相邻狭缝间不透光部分的宽度为 b，则缝间距 $d = a + b$ 就称为光栅常数(图4.1－1)。

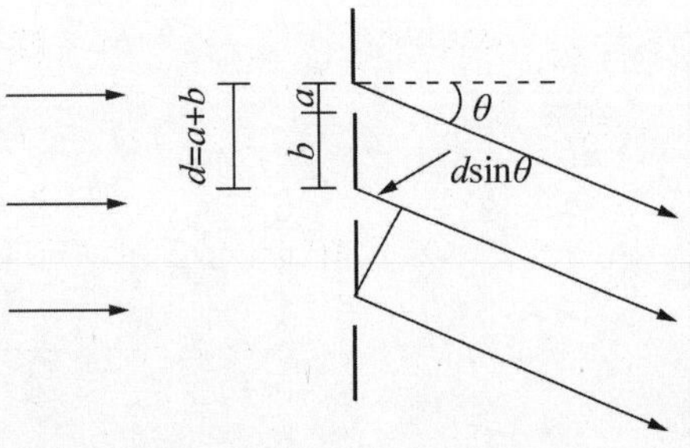

图4.1－1　衍射光栅

根据夫琅禾费衍射理论，波长为 λ 的平行光束垂直投射到光栅平面上时，光波将在每条狭缝处发生衍射，各缝的衍射光在叠加处又会产生干涉，干涉结果取决于光程差。因为光栅各狭缝间距相等，所以相邻狭缝沿 θ 方向衍射光束的光程差都是 $d\sin\theta$(图 4.1－1)。θ 是衍射光束与光栅法线的夹角，称为衍射角。

在光栅后面放置一个会聚透镜，使透镜光轴平行于光栅法线(图 4.1－2)，透镜将会使图 4.1－2 所示平面上衍射角为 θ 的光都汇聚在焦平面上的 P 点。根据多光束干涉原理，在 θ 满足下式时将产生干涉主极大，P 点为亮点：

$$d\sin\theta = k\lambda \ (k = 0, \pm 1, \pm 2, \cdots) \qquad (4.1-1)$$

式中，k 是级数，d 是光栅常数。式(4.1－1)称为光栅方程，是衍射光栅的基本公式。

由式(4.1－1)可知，$\theta=0$ 对应中央主极大，P_0 点为亮点。中央主极大两边对称排列着 ±1 级、±2 级等的主极大。实际光栅的狭缝数目很大，缝宽很小，所以当产生平行光的光源为细长的狭缝时，光栅的衍射图样将是平行排列的细锐亮线，这些亮线就是光源狭缝的衍射干涉条纹。

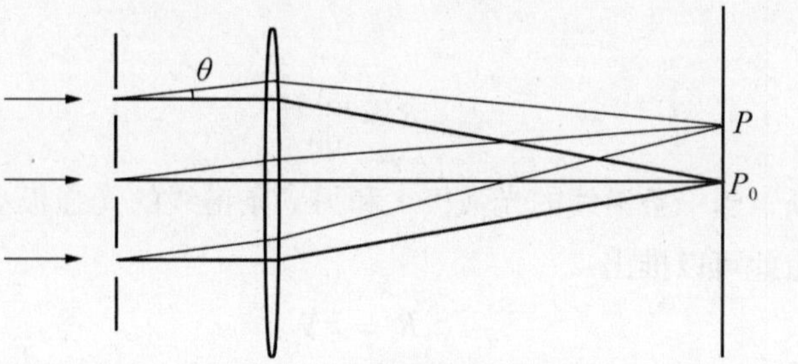

图 4.1－2　光栅衍射

2. 光栅光谱

当入射光为复色光时，由光栅方程可知，对给定常数 d 的光栅，只有在 $k=0$ 即 $\theta=0$ 时，该复色光所包含的各种波长的中央主极大重合，在透镜的焦平面上形成明亮的中央零级亮线；对 k 的其他值，各种波长的主极大都不重合，不同波长的细锐亮线出现在衍射角不同的方位。由此形成的光谱称为光栅光谱。级数 k 相同的各种波长的亮线在零级亮线的两边按短波到长波的次序对称排列形成光谱，$k=1$ 为一级光谱，$k=2$ 为二级光谱……各种波长的细锐亮线称为光谱线。图 4.1－3 即为低压汞灯的衍射光谱。如果已知光栅常数 d、级数 k，精确测定光谱线的衍射角就可以确定光波的波长；反之，也可以由已知的波长确定光栅常数。

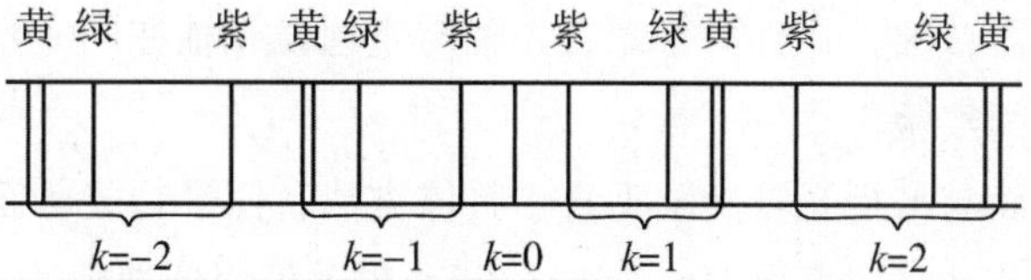

图 4.1－3　低压汞灯衍射光谱

3. 光栅的特性

角色散和分辨本领是光栅的两个重要特性。衍射光栅能将复色光按波长在透镜焦平面上分开成不同波长的谱线，说明衍射光栅有色散作用。衍射现象也使光谱线扩展为较宽的亮条纹，因而限制了光栅的分辨能力。根据理论推导，光栅的色散能力可以用角色散 D 表征：

$$D = \frac{d\theta}{d\lambda} \tag{4.1-2}$$

上式表示单位波长间隔的两条单色谱线间的角间距。将光栅方程(4.1-1) 微分就可以得到光栅的角色散

$$D = \frac{k}{d\cos\theta} \tag{4.1-3}$$

由方程(4.1-3)可知，光栅常数越小，角色散越大；光谱的级次越高，角色散越大。

分辨本领 R 表征光栅分辨光谱细节的能力。如果光栅刚刚能将 λ 和 $\lambda + d\lambda$ 两条谱线分开，则

$$R = \frac{\lambda}{d\lambda} \tag{4.1-4}$$

根据瑞利判断，当一条谱线的光强极大和另一条谱线的光强极小重合时，两条谱线刚好可以被分辨。由此可以推出

$$R = kN \tag{4.1-5}$$

式中，N 为光栅的总狭缝数，k 为光谱的级数。N 的数目很大，光栅是具有高分辨本领的光学元件。

五、实验过程与步骤

1. 调整分光计

利用光垂直入射光栅的光栅方程 $d\sin\theta = k\lambda\,(k=0, \pm1, \pm2, \cdots)$ 研究光栅特性和测量光谱必须满足：

①入射平行光必须垂直于光栅表面；

②零级两侧的光谱线等高。

为满足上述两个条件，测量前需作分光计和平面光栅的调整。测量前调节：

①分光计调节要求：平行光管产生平行光，望远镜调焦至无穷远，平行光管光轴、望远镜光轴垂直于仪器转轴，并且平行光管光轴与望远镜光轴在同一水平线上。有关分光计的调节方法，请参阅实验 3.9。

②调节光栅平面与平行光管光轴垂直。具体方法：使平行光管正对光源，调节平行光管产生平行光，调节狭缝宽度至 1～2 mm，转动望远镜使分划板的叉丝对准狭缝中央，如图 4.1-4 所示，固定望远镜。将光栅置于载物台上(图 4.1-4b)，根据目测尽可能使光

栅平面垂直平分 b、c 连线，而 a 应在光栅平面内。转动游标盘使光栅大致垂直于望远镜光轴。用自准直法严格地调节载物台下的调平螺钉 b、c（注意：不能调节望远镜的倾斜度调节螺钉）直至望远镜射出的经光栅平面反射回来的绿“十”字在图 4.1－4c 所示位置，随即固定游标盘（注意：不必把光栅转 180°）。此时光栅平面与平行光管的光轴垂直，且与仪器转轴平行。

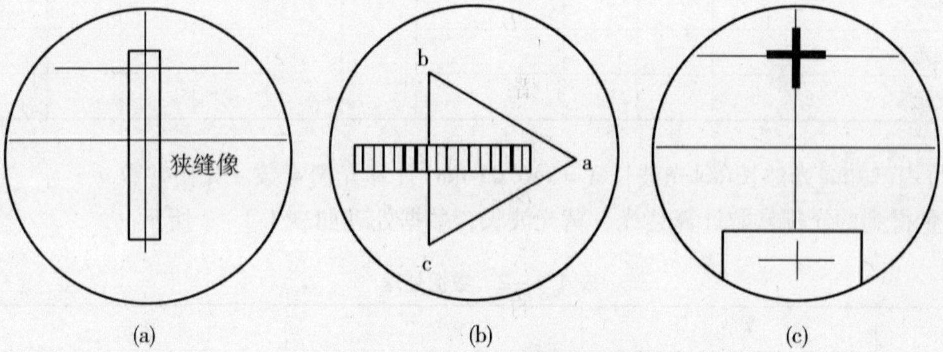

图 4.1－4　调节光栅平面

③调节零级两边谱线等高。松开望远镜的止动螺钉，转动望远镜观察正、负一级光谱线，注意观察叉丝交点是否在各条谱线的中央。如果不在中央，应调节载物台下螺钉 a 使正、负一级谱线的中央都过叉丝交点。此时两边谱线等高。

2. 用平面衍射光栅测量低压汞灯谱线波长

分光计按要求调节好之后必须固定载物台和游标盘，让望远镜只能绕主轴转动。先左、右转动望远镜全面观察光栅的衍射光谱，再开始测量各条谱线位置。测量时，可以从中央亮纹开始分别向左、右两边测量，也可以从左（右）边到右（左）边，单方向转动望远镜测量。将数据记录于表 4.1－1 中。测量完毕后，将平面光栅从载物台上拿下，但不要调乱已调好的分光计。

注意：开始测量角度 θ 之前，必须通过移动观察目镜观察一周，在确定 $k = \pm 2$ 级，对应的两条黄光谱线清晰可见的前提下才开始测量。另外，在 $k = \pm 1$ 时，同一光谱偏离 0 级的角度大小应该大致相等。在 $k = \pm 2$ 时也具有同样的特点。这一特点可用于检验光栅是否与入射光垂直。

六、测量记录和数据处理

将测量数据记录于表 4.1－1 中并利用表 4.1－2 处理数据。

表 4.1－1　测量记录（各级次每条谱线位置）

级次 k / 衍射角 θ / 谱线	-2		-1		0		1		2	
	左	右	左	右	左	右	左	右	左	右
紫光										
绿光										
黄光 1										
黄光 2										

（1）用已知绿光波长（绿光波长 $\lambda = 546.07\ \text{nm}$）计算光栅常数。光栅常数 $d =$ ____ mm。再用测量得到的光栅常数计算紫光、黄光波长，数据处理如表 4.1－2 所示。

表 4.1－2　数据处理

	黄光 1		黄光 2		紫光	
	衍射角 φ	波长 λ	衍射角 φ	波长 λ	衍射角 φ	波长 λ
-2						
-1						
1						
2						
$\overline{\lambda}$						
σ_λ						

其中衍射角 $\varphi_k = \dfrac{|\theta_{k左} - \theta_{0左}| + |\theta_{k右} - \theta_{0右}|}{2}$，$\sigma_\lambda = \sqrt{\dfrac{\sum_{i=1}^{n}(\lambda_i - \overline{\lambda})^2}{n-1}} = \sqrt{\dfrac{\sum_{i=1}^{n}\Delta\lambda_i^2}{n-1}}$。

（2）用测得的紫光、绿光的衍射角 φ 和波长计算光栅的角色散率 D，用测得的两条黄光谱线波长 λ 计算光栅的分辨本领 R。

注意事项：

（1）不得用手触摸光学仪器和光学元件的光学表面，取放光学元件时要小心，只允许接触基座或非光学表面。

（2）不要频繁开关汞灯。

思考题

1. 分光计调整的要求是什么？如何实现？

2. 如果光栅位置不正确，对测量结果有什么影响？如果平行光管的狭缝过宽，对实验有什么影响？

3. 在这个实验中都采取了哪些措施提高测量数据的准确度？

实验 4.2　超声光栅及其应用

在一定条件下，光波和高频声波在弹性介质中传播时能产生声光效应。声光效应可分为布喇格声光衍射效应和拉曼—奈斯声光衍射效应。其中拉曼—奈斯声光衍射效应是拉曼和奈斯在 1935 年发现的。他们发现，当超声波的频率较低，光波垂直于声场传播方向时，弹性介质相当于一个“平面光栅”。这种声光效应称为拉曼—奈斯声光效应。

实验室一般利用压电体的逆压电效应产生机械振动，从而产生超声波，由于压电换能器对面槽壁的反射作用，从而在液槽中形成稳定的驻波。超声驻波调制了液体的密度，使原来均匀透明的液体的折射率产生周期性。当平行光沿垂直于超声波传播方向通过液体时，会产生类似于透射光栅的效果，称之为超声光栅。本实验利用超声光栅测量声波在液体介质中的传播速度。

一、实验目的

(1) 观察超声光栅的衍射现象。

(2) 了解产生超声光栅的原理和方法，并利用超声光栅测量液体中的声速。

二、实验仪器

分光计、超声光栅仪、测微目镜、低压汞灯、光栅片、超声池。

三、实验简介

本实验利用图 4.2－1 超声光栅声速测定实验装置研究声波在液体介质中的传播速度。主要仪器包括分光计和超声声速测定仪。超声光栅衍射理论证明，超声波在介质中的声速 u 与光波波长 λ、超声波频率 ν 之间满足关系式

$$u = k\lambda f\nu / l_k$$

式中，k，f，l_k 分别为超声光栅衍射时谱线的级数($k=1，2，3，\cdots$)、分光计的焦距、谱线与 0 级明纹的距离。在实验中，当仪器调整好之后，超声波的频率 ν 可以由超声光栅仪直接读出，焦距 $f=170$ mm，λ 光波波长为已知量。因此，本实验主要测定谱线与 0 级明纹中央的距离 l_k。由于超声光栅衍射谱线间距非常小，所以谱线间距需借助测微目镜进行测量。

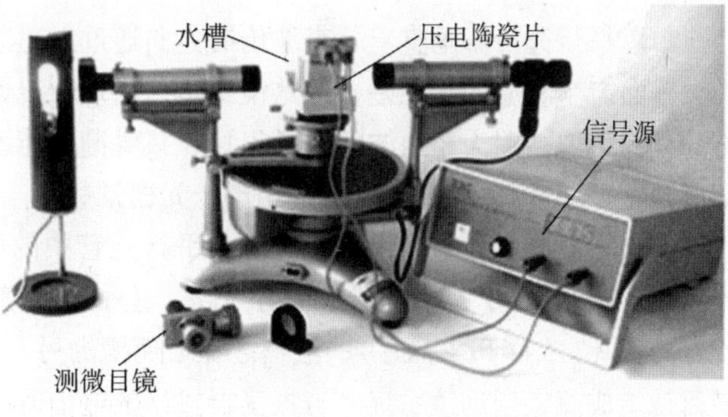

图 4.2－1　超声光栅声速测定实验装置图

四、实验原理

超声波作为一种纵波在盛有液体的玻璃槽中传播时，液体被周期性地压缩与膨胀，其密度发生周期性的变化，形成疏密波。如果它被一个反射板或液槽的一个玻璃面反射，又会反向传播。在一定条件下，前进波与反射波叠加而形成超声频率的纵向振动驻波。由于驻波的振幅可达到单一行波的两倍，加剧了波源和反射板之间液体的疏密变化。在某一时刻，纵驻波任一波节两边的质点都涌向这个节点，使节点附近成为质点密集区，而相邻的波节处成为质点稀疏区。半个周期后，这个节点附近的质点又向两边散开变为稀疏区，相邻的波节处变为密集区。在这些驻波中，稀疏作用使液体折射率减小，而压缩作用使液体折射率增大。在距离等于波长 d 的两点，液体的密度相同，折射率也相同。在 t 和 $t+\frac{T}{2}$ (T 为超声波振动周期)两时刻振幅 y、液体疏密分布和折射率 n 的变化如图 4.2－2 所示。

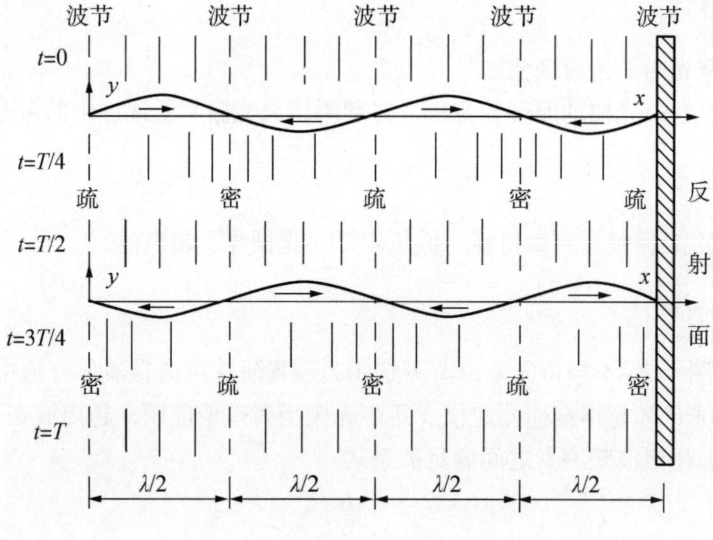

图 4.2－2

单色平行光沿着垂直于超声波传播方向通过上述液体时，因折射率周期性变化使光波的波阵面产生相应的相位差，经透镜聚焦，出现干涉条纹。这种现象与平行光通过平面光栅的情况相似。因为超声波的波长很短，只要槽宽能维持平面波，槽中液体就相当于一个衍射光栅。图 4.2－2 中的波长即相当于光栅常数 d。

在调好的分光计上，由单色光源、平行光管中的可调狭缝 S 和汇聚透镜 L_1 组成平行光系统。图 4.2－3 为超声光栅衍射光路。让平行光管射出的平行光束垂直通过装有锆钛酸铅陶瓷片(或称 PZT 晶片)的液槽。在玻璃槽的另一侧用自准直望远镜中的物镜 L_2 和测微目镜组成测微望远镜系统。若振荡器输出的电信号使 PZT 晶片发生超声共振，且在液槽中形成稳定的超声驻波，则从测微目镜中即可观察到衍射光谱。衍射光谱中亮条纹位置满足光栅方程

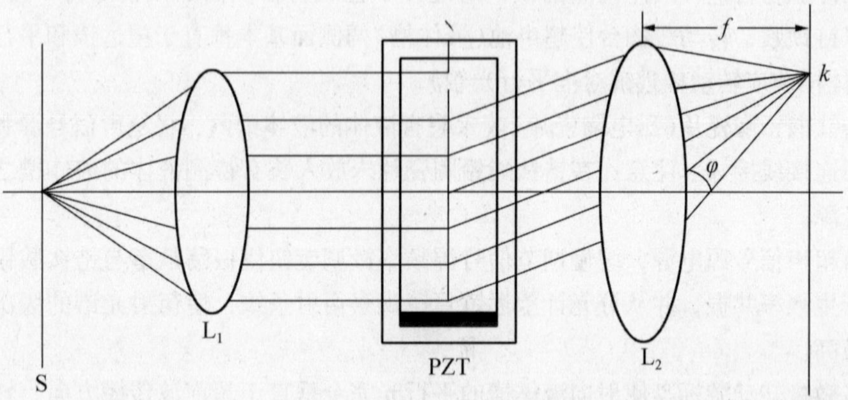

图 4.2-3　超声光栅衍射光路

$$d\sin\varphi_k = k\lambda \ (k = 0, \pm 1, \pm 2, \cdots)$$

当 φ_k 很小时，有

$$\sin\varphi_k = \frac{l_k}{f} \quad (\sin\varphi_k \approx \tan\varphi_k) \tag{4.2-1}$$

式中，l_k 为衍射光谱零级至 k 级的距离，f 为望远镜物镜的焦距。根据光栅方程可求得超声波的波长(即超声光栅的光栅常数)为

$$d = \frac{k\lambda}{\sin\varphi_k} = \frac{k\lambda f}{l_k} \tag{4.2-2}$$

从而可以求得超声波在液体中的传播速度 u：

$$u = d\nu = \frac{k\lambda f\nu}{l_k} \tag{4.2-3}$$

也可以表示为

$$u = \frac{\lambda f\nu}{\Delta l_k} \tag{4.2-4}$$

式中，ν 为超声共振驻波频率(由信号源频率计读出，12 MHz 左右)，Δl_k 为同一色光相邻级次条纹间距。

五、实验过程与步骤

1. 实验准备：分光计的调节

分光计调节要求：平行光管产生平行光，望远镜调焦于无穷远；平行光管光轴、望远镜光轴垂直于仪器转轴，并使平行光管光轴与望远镜光轴在同一水平线上。有关分光计的调节方法，请参阅实验 3.9。

2. 利用超声光栅测量超声波在液体中的传播速度

①将待测液体注入液体槽内，液面高度以液体槽侧面的液体高度刻线为准，将液体槽

座卡在分光计载物台上，液体槽座的缺口对准并卡住载物台侧面的锁紧螺钉，放置平衡，并将锁紧螺钉锁紧，转动载物台使超声池(液体槽)两侧面基本垂直于望远镜和平行光管的光轴(放液体槽前应转动望远镜对准平行光管)。

②将锆钛酸铅陶瓷片(压电陶瓷片)放入装有液体的液体槽内，将超声信号源和压电陶瓷片的高频连接线接好。注意：在锆钛酸铅陶瓷片未放入装有待测液体的液体槽之前，禁止开启信号源。

③开启超声信号源电源，缓慢调节信号源频率微调旋钮使振荡频率与锆钛酸铅陶瓷片固有频率产生频率共振，并从分光计望远镜目镜观察衍射条纹，使衍射光谱的级次最多且谱线亮度最高。

④左右微微转动游标盘使射向液体槽的平行光完全垂直于超声波传播方向。转动游标盘时，应同时从望远镜目镜中观察衍射光谱左右级次亮度及对称性，直到从目镜中观察到稳定而清晰的左右各三四级的衍射条纹为止。此时应锁紧分光计的游标盘、载物台和望远镜。

⑤取下望远镜的阿贝目镜，换上测微目镜，调节目镜使能清晰地观察分划板，如图4.2-4所示。在望远镜套筒中前后伸缩测微目镜使能清晰地观察到衍射条纹。转动测微目镜的读数轮，全面观察各级衍射条纹，再从左边(或右边)最远的一条谱线开始向右边(或左边)测量各级次每条谱线的位置，直至右边(或左边)最远的一条谱线。所测量的谱线位置坐标值等于分划板读数(mm 整数值)与读数轮的读数(0.01 mm×格数)之和。为了消除螺杆空程影响，测量时读数轮必须单向转动。将测量数据记录于表4.2-1中。

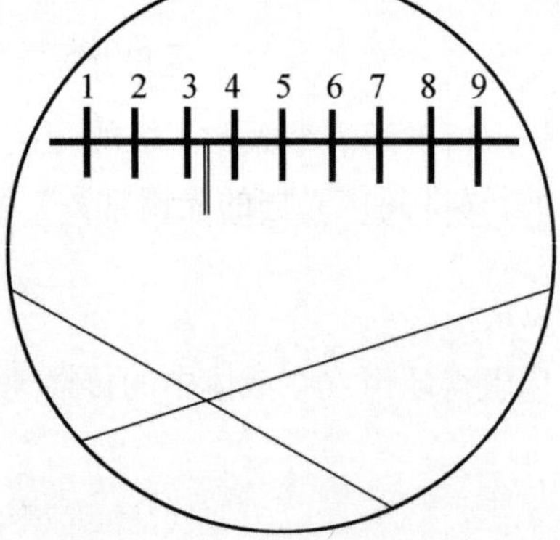

图4.2-4 目镜视场

⑥测量完毕后应关闭信号发生器电源，将锆钛酸铅陶瓷片拿离液体槽并用洁净布擦干。不要将锆钛酸铅陶瓷片长时间浸泡在液体槽内。

注意：在形成稳定的超声光栅之后，调节水槽与入射光的垂直度，当水槽与入射光垂直时，可以看到最多的清晰彩色条纹，且同一级次的相同光谱的亮度大致相同。

六、测量记录与数据处理

(1)测微目镜中衍射条纹位置的读数：

表 4.2－1　数据记录表

光谱＼级次 k	-2	-1	0	1	2
紫光					
绿光					
黄光					

(2)计算各色光相邻级次条纹平均间距及测量的声速值。

望远镜焦距 $f=170.0$ mm，信号源频率 $\nu=$ ________ $\times 10^6$ Hz，测得声速的平均值 $\overline{u}=$ ________。

表 4.2－2　数据处理表

光谱	Δl_{-2}(mm)	Δl_{-1}(mm)	Δl_1(mm)	Δl_2(mm)	$\overline{\Delta l}$(mm)	声速 u(m/s)
紫光						
绿光						
黄光						

计算声速 u 时，光波波长取实验 4.1 的测量结果。其中 $\lambda_{黄}$ 为两条黄光谱线波长的平均值。

附录　测微目镜的使用方法

测微目镜外形结构如图 4.2－5 所示，它的主要部件包括目镜、分划板、物镜及测量系统。在目镜的焦平面上固定不动地装着刻有从 0 到 9 mm 标尺的分划板，一格的分划值为 1 mm。在这块分划板的前面，在允许间隙(0.02～0.05 mm)范围内装着第二块玻璃分划板，在其朝向目镜的一边刻有相交的二根长线。调节目镜，实验者可以在目镜内看到如图 4.2－6 所示图像。分划板 2 可以沿读数鼓轮 4 的测微螺钉的轴心移动，当旋转读数鼓轮 4 时，分划板 2 随着移动。读数鼓轮的测微螺钉的螺距等于 1 mm，而不动的分划板 1 的分划值也等于 1 mm，所以读数鼓轮转动一周，分划板 2 的长线就相对分划板 1 移动一格，这样根据不动的分划板 1 便可以读出读数鼓轮的整转数 x_1。读数鼓轮分成 100 格，而测微螺钉的螺距等于 1 mm，因而读数鼓轮转动一格便为 0.01 mm。全部读数 x 等于分划板 1 上的读数 x_1 加上读数鼓轮上的读数 x_2，即 $x=x_1+0.01\times x_2$。

图 4.2-5 测微目镜的结构

1—测微目镜组；2—镜筒锁紧螺钉；3—物镜组；4—读数鼓轮

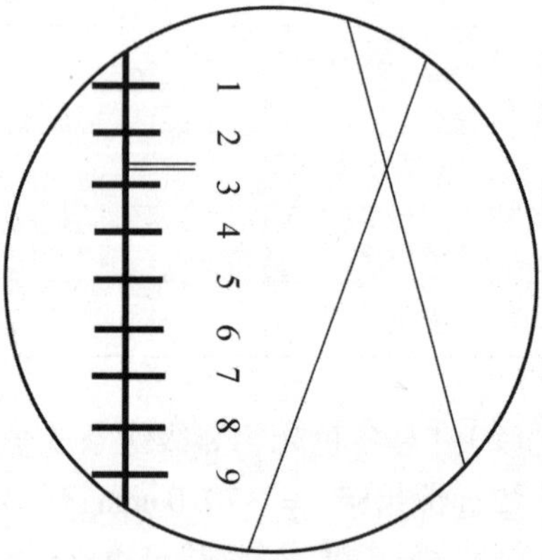

图 4.2-6 目镜视场

例 若在目镜视场内看到测量基线处于标尺刻线 2 和 3 之间(如图 4.2-7a 所示)，而读数鼓轮上的读数如图 4.2-7b 所示，即读数鼓轮的整转数为 $x_1=2$，读数鼓轮上的读数 $x_2=64.5\times0.01=0.645$ mm，则测微目镜的全部读数为 $2+0.645=2.645$ mm。

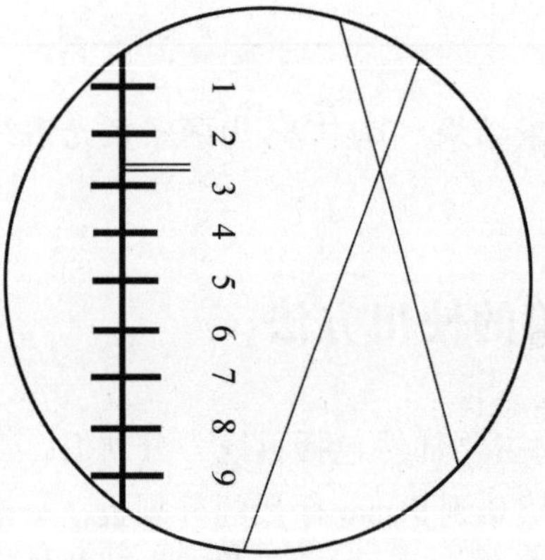

(a) 目镜视场

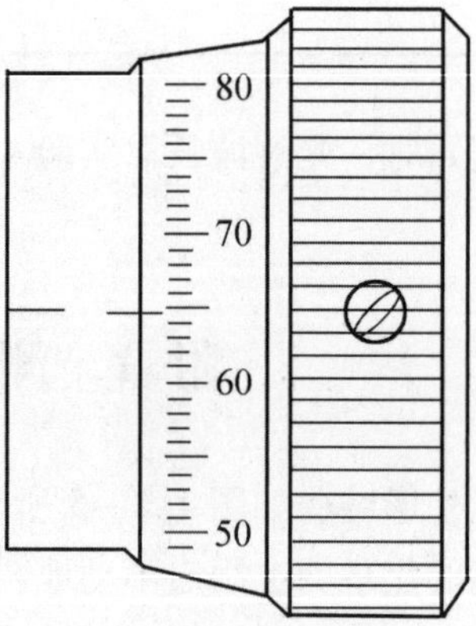

(b) 读数鼓轮

图 4.2-7 目镜读数示例

实验4.3　椭偏法测量薄膜的厚度和折射率

近代科学技术的各个领域对不同种类和厚度薄膜的应用及其物理性能的研究日益广泛，如折射率和消光系数等参数是集成电路制造工艺中非常重要的物理量。快速、高效和精确地测量薄膜的光学参数非常重要。在实际工作中可以利用各种传统的方法测定薄膜光学参数，如布儒斯特角法测介质膜的折射率、干涉法测膜厚、椭圆偏振法(椭偏法)测折射率和膜厚等。其中，椭圆偏振法具有测量精度高、灵敏度高、非破坏性等优点，被广泛应用于半导体物理、光学、医学、生物学等诸多领域。

目前椭圆偏振测膜厚是一种测量纳米级薄膜厚度和薄膜折射率的先进技术，同时也是研究固体表面特性的重要工具。因此，椭圆偏振测量实验成为培养新工科学生思维能力和动手能力的重要实验项目之一。

一、实验目的

(1)了解椭圆偏振法的基本原理；

(2)学会用椭圆偏振法测量纳米级薄膜的厚度和折射率。

二、实验仪器

TPY-1型椭圆偏振测厚仪、计算机、待测样品。

三、实验简介

本实验利用TPY-1型椭圆偏振测厚仪(图4.3-1)研究偏振光入射薄膜时，其反射光的偏振状态(偏振光分量的振幅比和相位差)随薄膜折射率和厚度的变化而变化。偏振光在介质界面反射时，反射偏振光可分为平行于入射面的p分量和垂直入射面的s分量，通常用椭偏参量(Ψ、Δ)来描述薄膜两个表面反射偏振光中p、s分量的振幅关系及相位关系。光学理论证明，椭偏参量(Ψ、Δ)与折射率n、厚度d和光束的入射角φ_1等的关系可写成

$$\tan\Psi e^{i\Delta} = f(n_1, n, n_3, \varphi_1, d, \lambda)$$

本实验中n_1，n_3，λ为已知量，分别为薄膜上、下表面介质的折射率和入射光波长，i为虚数单位。所以只要能获得椭偏参量(Ψ, Δ)，就有可能计算得到薄膜的折射率n和厚度d。实验中椭偏参量(Ψ, Δ)是通过椭偏仪测量入射光束的起偏角量P、反射光束的检偏角量A及入射角φ_1得到的，即本实验的主要内容是测量入射光束的起偏角量P、反射光束的检偏角量A及入射角φ_1。

图 4.3－1　TPY－1 型椭圆偏振测厚仪

1—接收机构；2—检偏机构；3—装卡机构；4—起偏机构；5—光源机构；6—主体机构

四、仪器介绍

1. 椭偏仪的用途

椭圆偏振测厚仪(简称椭偏仪)是集光、机、电于一体的精密测量仪器，主要用于固体表面薄膜厚度和折射率以及金属膜复折射率的测量。此外，还可以用于研究固体表面及其膜层的光学特性，在半导体、金属材料、光学、化学、生物学及医学领域有广泛的应用。

2. 椭偏仪结构

TPY－1 型椭圆偏振测厚仪主要由光源机构、起偏机构、检偏机构、接收机构、主机机构和装卡机构共六部分组成，如图 4.3－1 所示。

(1)光源机构。光源机构主要由长 150 mm、功率 0.8 mW、波长为 632.8 nm 的氦氖激光器等组成。

(2)起偏机构。起偏机构主要由偏振片、1/4 波片及读数机构等组成。

①偏振片置于偏振套筒中，通过回转机构可以实现 0°～180°范围内的转动，从而使入射到其上的自然光(非偏振激光)变成线偏振光出射。

②1/4 波片的调节是通过旋转波片镜筒组中的回转手轮实现，使 λ 射到波片上的线偏振光变成椭圆偏振光(波片位置出厂时已调节好，用户无须调节)。

③读数机构由大圆刻度盘及游标盘组成。大圆刻度盘外圆周被均分为 360 份，游标盘最小刻度为 0.05°，通过起偏机构可测得精度为 0.05°的起偏角 P。

(3) 检偏机构。检偏机构主要由偏振片、回转机构和读数机构等组成，其结构形式、作用等同于起偏机构。通过检偏机构可测出精度为 0.05°的检偏角 A。

（4）接收机构。接收机构主要由光电倍增管、支架、底板及检偏刻度盘和游标尺等组成。光电倍增管采用侧窗式，型号为 CR114。

（5）主体机构。主体机构主要由大刻度盘、上回转托盘、下回转托盘及箱体等组成。

①下回转托盘通过立轴下挡圈固定在大刻度盘上的下悬立轴上，其上固定光源机构和起偏机构，故下回转托盘可绕大刻度盘上的下悬立轴回转。

②上回转托盘通过立轴上挡圈固定在大刻度盘上的下悬立轴上，其上固定检偏机构和接收机构，故上回转托盘可绕大刻度盘上的下悬立轴回转。

③大刻度盘通过三个支柱固定在箱体上，其上固定装卡机构以装、卡被测样品。大刻度盘上表面的外边缘刻有两段 30°～90°的刻线，每刻度值为 1°，起偏、检偏悬臂游标尺上均匀刻有 20 格刻线，故入射角读数精度为 0.05°。

④箱体由上面板、底板及底脚等组成。

（6）装卡机构。装卡机构主要由样品架、调整架、光阑机构等组成。

①样品架可以夹持直径 $\phi 10\sim14$，厚度≤3 mm 的被测样品。

②调整架可对被夹持的样品作上下俯仰、左右偏摆、前后移动的三维调节（均以正对着被测样品表面方向观察）。

③光阑机构置于被测样品表面，限制其他杂散光进入。光阑机构可前后移动以方便被测样品的装、卡。

（7）光学系统。仪器的光学系统包括光源、接收器、偏振片、1/4 波片。

3. 仪器使用及注意事项

（1）激光光源点亮后会发出较强的激光，对人眼会造成一定的伤害，故在使用中绝对禁止直视光源。

（2）仪器在使用过程中各部件会产生热量，为了能够更有效地使用仪器，工作时应尽可能选择在阴凉、通风好的地方，以免影响仪器的使用寿命。

（3）长时间不使用时，应将仪器置于防尘、隔热、相对湿度 <70% 的环境。

五、实验原理

椭偏法测量的基本思路为：起偏器产生的线偏振光经取向一定的 1/4 波片后成为特殊的椭圆偏振光，投射到待测样品表面时，只要起偏器取适当的透光方向，被测样品表面反射出来的将是线偏振光。根据偏振光在反射前后的偏振状态变化，包括振幅和相位的变化，便可确定样品表面的许多光学特性。

1. 椭偏法基本方程的推导

根据光学理论，光的电矢量可分解为两个分量，即在入射面内的 p 分量及垂直于入射面的 s 分量。当一束光入射于透明、各向同性、折射率为 n、厚度为 d 的薄膜样品时，光在薄膜两个界面上会有多次的反射和折射，总反射光束将是许多反射光束干涉的结果。由

多光束干涉的理论，得 p 分量和 s 分量的总反射系数

$$\begin{cases} R_p = \dfrac{r_{1p} + r_{2p}e^{-2\delta i}}{1 + r_{1p}r_{2p}e^{-2\delta i}}, \\ R_s = \dfrac{r_{1s} + r_{2s}e^{-2\delta i}}{1 + r_{1s}r_{2s}e^{-2\delta i}}, \end{cases} \tag{4.3-1}$$

其中

$$2\delta = \frac{4\pi}{\lambda} dn\cos\varphi_2 \tag{4.3-2}$$

2δ 是相邻两反射光束之间的相位差，λ 为光在真空中的波长，φ_2 为入射光在薄膜界面的折射角。光束在反射前后的偏振状态的变化可以用总反射系数比 R_p/R_s 来描述。在椭圆偏振法中，用椭偏参量 Ψ 和 Δ 来描述反射系数比，它们与总反射系数的关系被定义为

$$\tan\Psi e^{\Delta i} = \frac{R_p}{R_s} = \frac{(r_{1p} + r_{2p}e^{-2\delta i})(1 + r_{1s}r_{2s}e^{-2\delta i})}{(1 + r_{1p}r_{2p}e^{-2\delta i})(r_{1s} + r_{2s}e^{-2\delta i})}$$
$$= f(n_1, n, n_3, \varphi_1, d, \lambda) \tag{4.3-3}$$

式(4.3-3)称为椭偏方程。在 λ，φ_1，n_1，n_3 确定的条件下，Ψ 和 Δ 只是薄膜厚度 d 和折射率 n 的函数。也就是说，只要测量出 Ψ 和 Δ，原则上应能解出 d 和 n。事实上，从式(4.3-3)却无法解析出 $d=(\Psi, \Delta)$ 和 $n=(\Psi, \Delta)$ 的具体形式。因此，只能先按以上各式用计算机求解出在入射光波长为 λ，入射角为 φ_1，环境介质和衬底的折射率分别为 n_1、n_3 等条件下 $(\Psi, \Delta)\sim(d, n)$ 的关系图表。一般是先测出某一薄膜的 Ψ 和 Δ 后，再由计算机找出相应的 d 和 n 的值。

2. Ψ 和 Δ 的测量

方程(4.3-3)也表明，参量 $\Psi(0\leqslant\Psi\leqslant\pi/2)$ 与反射前后的 p、s 分量的振幅比有关，参量 $\Delta(0\leqslant\Delta\leqslant2\pi)$ 与反射前后 p，s 分量的相位差有关。测量样品 Ψ 和 Δ 的方法主要有光度法和消光法。本节介绍用椭偏消光法确定 Ψ 和 Δ 的基本原理。

设入射光束和反射光束电矢量的 p 分量和 s 分量分别为 E_{ip}，E_{is}，E_{rp}，E_{rs}，则有

$$\begin{cases} R_p = E_{rp}/E_{ip} \\ R_s = E_{rs}/E_{is} \end{cases} \tag{4.3-4}$$

于是

$$\tan\Psi e^{\Delta i} = \frac{E_{rp}/E_{rs}}{E_{ip}/E_{is}} \tag{4.3-5}$$

为了使 Ψ 和 Δ 成为比较容易测量的物理量，要求入射光与反射光满足以下两个条件：

①入射光束满足

$$|E_{ip}| = |E_{is}| \tag{4.3-6}$$

②反射光束为线偏振光，也就是令反射光两分量的相位差为 0 或π。

满足上述两个条件时，有

$$\begin{cases} \tan\Psi = \pm \dfrac{|E_{rp}|}{|E_{rs}|} \\ \Delta = (\beta_{rp} - \beta_{rs}) - (\beta_{ip} - \beta_{is}) \\ \beta_{rp} - \beta_{rs} = 0 \text{ 或 } \pi \end{cases} \tag{4.3-7}$$

其中β_{rp}，β_{rs}，β_{ip}，β_{is}分别是入射光束和反射光束的 p 分量和 s 分量的相位。

图 4.3－2 是本实验原理的示意图。在图中的坐标系中，x 轴和 x'轴均在入射面内且分别与入射光束或反射光束的传播方向垂直，而 y 和 y'轴则垂直于入射面。起偏器和检偏器的透光轴 t 和 t'与 x 轴或 x'轴的夹角分别为 P 和 A。通过理论分析，只须让 1/4 波片的光轴 f 与 x 轴的夹角为$\pi/4$ 即可在 1/4 波片后面得到所需条件$|E_{ip}| = |E_{is}|$的特殊椭圆偏振入射光束。

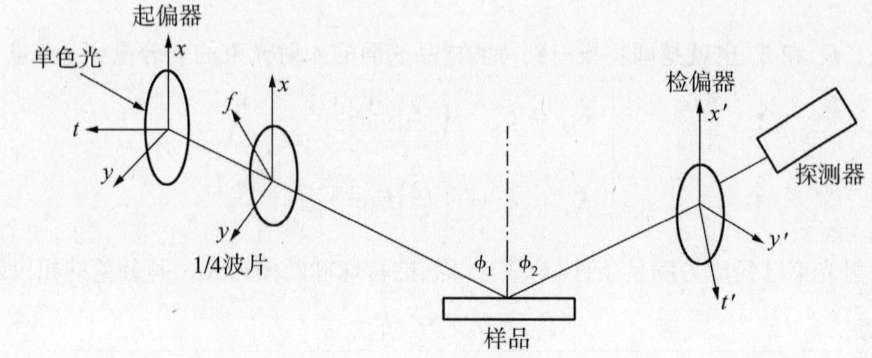

图 4.3－2　实验原理 ϕ

图 4.3－3a 中的 E_0 代表经方位角为 P 的起偏器出射的线偏振光。当它投射到快轴与 x 轴的夹角为$\pi/4$ 的 1/4 波片时，将在波片的快轴 f 和慢轴 s 上分解为

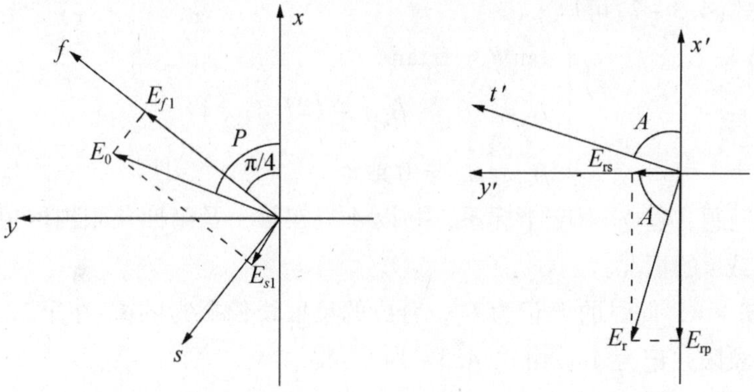

(a) 1/4波片快轴的取向　　(b) 检偏器透光轴的取向

图 4.3－3

$$E_{f1} = E_0\cos\left(P - \frac{\pi}{4}\right)$$

$$E_{s1} = \sin\left(P - \frac{\pi}{4}\right) \tag{4.3-8}$$

通过1/4 波片后，E_f 将比 E_s 超前 $\pi/2$，于是在1/4 波片后应该有

$$E_{f2} = E_0\cos\left(P - \frac{\pi}{4}\right) e^{i\frac{\pi}{2}}$$

$$E_{s2} = E_0\sin\left(P - \frac{\pi}{4}\right) \tag{4.3-9}$$

把这两个分量分别在 x 轴及 y 轴上投影并再合成为 E_x 和 E_y，便得到

$$\begin{cases} E_x = \left(\dfrac{\sqrt{2}}{2}\right)E_0 e^{i\left(P+\frac{\pi}{4}\right)} \\ E_y = \left(\dfrac{\sqrt{2}}{2}\right)E_0 e^{i\left(\frac{3\pi}{4}-P\right)} \end{cases} \tag{4.3-10}$$

可见，E_x 和 E_y 也就是即将投射到待测样品表面的入射光束的 p 分量和 s 分量，即

$$\begin{cases} E_{ip} = E_x = \left(\dfrac{\sqrt{2}}{2}\right)E_0 e^{i\left(P+\frac{\pi}{4}\right)} \\ E_{is} = E_y = \left(\dfrac{\sqrt{2}}{2}\right)E_0 e^{i\left(\frac{3\pi}{4}-P\right)} \end{cases} \tag{4.3-11}$$

显然，入射光束已经成为满足条件 $|E_{ip}| = |E_{is}|$ 的特殊椭圆偏振光，其分量的相位差为

$$(\beta_{ip} - \beta_{is}) = 2P - \frac{\pi}{2} \tag{4.3-12}$$

由图4.3-3b 可以看出，当检偏器的透光轴 t' 与合成的反射偏振光束的电矢量 $\boldsymbol{E}_r$ 垂直时，即反射光在检偏器后消光时，有

$$\frac{|E_{rp}|}{|E_{rs}|} = \tan A \tag{4.3-13}$$

这样，由式(4.3-7)可得

$$\begin{cases} \tan\Psi = \pm\tan A \\ \Delta = (\beta_{rp} - \beta_{rs}) - \left(2P - \dfrac{\pi}{2}\right) \\ \beta_{rp} - \beta_{rs} = 0 \text{ 或 } \pi \end{cases} \tag{4.3-14}$$

为了简化问题，建立 $x'Oy'$ 坐标系，并设 A 只在第一及第四象限内取值。下面分别讨论 $\beta_{rp} - \beta_{rs} = 0$ 或 π 的情况。

(1) $\beta_{rp} - \beta_{rs} = \pi$，此时的 P 记为 P_1，合成的反射线偏振光的 $\boldsymbol{E}_r$ 在第二及第四象限里，于是 A 在第一象限并记为 A_1。由式(4.3-14)可得

$$\begin{cases} \Psi = A_1 \\ \Delta = \dfrac{3\pi}{2} - 2P_1 \end{cases} \tag{4.3-15}$$

(2) $\beta_{rp} - \beta_{rs} = 0$，此时的 P 记为 P_2，合成的反射偏振光的 $\boldsymbol{E}_r$ 在第一及第三象限里，于

是 A 在第四象限并记为 A_2。由式(4.3－14)可得

$$\begin{cases} \Psi = -A_2 \\ \Delta = \frac{\pi}{2} - 2P_2 \end{cases} \tag{4.3-16}$$

从方程组(4.3－15)和方程组(4.3－16)可得到(P_1，A_1)和(P_2，A_2)的关系为

$$\begin{cases} A_1 = -A_2 \\ P_1 = P_2 + \frac{\pi}{2} \end{cases} \tag{4.3-17}$$

因此，在图4.3－2中只要使1/4波片的快轴 f 与 x 轴的夹角为π/4，然后测出检偏器后消光时起偏器、检偏器方位角(P_1，A_1)或(P_2，A_2)，便可按方程组(4.3－15)或方程组(4.3－16)求出(Ψ，Δ)，从而完成总反射系数比的测量。用仪器配备的软件或借助已经算好的(Ψ，Δ)～(d，n)的关系图表即可查出待测薄膜的厚度 d 和折射率 n。

六、实验过程与步骤

1. 熟悉仪器

参照“仪器介绍”部分熟悉仪器的结构和使用方法。

2. 测量样品(二氧化硅)的厚度和折射率

(1)仪器准备：

①首先开启主机电源点亮氦氖激光器(预热30 min后再测量为宜)，然后将电控箱调节旋钮逆时针调至不能旋转，连接好主机与电控箱间的各种数据线，开启电控箱电源。

②装卡被测样品。

③选定入射角(如60°)，调节起偏机构悬臂和检偏机构悬臂使经样品表面反射后的激光束刚好通过检偏器入光口。

④将起偏器与检偏器的刻度值分别旋调至0点。

⑤顺时针旋转电控箱调节旋钮将读数调到150 V左右。

(2)实验测量：

①逆时针缓慢转动检偏器调节旋钮，同时观察电压表表头。当指针指示下降到一个相对最小值时，停止转动旋钮，记下此时检偏刻度盘的数值(读数方法类似于游标卡尺)。此角度即为第一个检偏消光角，称为检偏角 A_1。

②顺时针缓慢转动起偏器调节旋钮，同时观察电压表表头(可适当调高电控箱的电压)，当指针再次下降到一个相对最小值时，停止转动手轮，记下此时起偏刻度盘的数值。此角即为第一个起偏消光角，称为起偏角 P_1。

③重复上述步骤多次后(可根据实验要求精度确定)，将多组测量值(P，A)分别平均，代入公式计算，得出相应的 Ψ、Δ 值。根据(Ψ，Δ)～(n，d)的关系求出 n 和 d。将以上测量数据记录于表4.3－1中。

七、数据记录与处理

(1)实验数据：

表4.3-1 检偏角与起偏角实验数据

入射角								
测量次数	1	2	3	4	5	6	7	8
检偏角 A_1								
起偏角 P_1								
入射角								
测量次数	1	2	3	4	5	6	7	8
检偏角 A_1								
起偏角 P_1								
入射角								
测量次数	1	2	3	4	5	6	7	8
检偏角 A_1								
起偏角 P_1								

(2)计算薄膜的真实厚度。由理论分析可知，样品的一组(Ψ, Δ)只能求得一个膜厚周期内的厚度值，要测量膜厚超过一个周期的真实厚度，常采用改变入射角或波长的方法得到多组(Ψ_i, Δ_i)，真实膜厚 d 再由下式解得

$$d = m_1D_1 + d_1 = m_2D_2 + d_2 = \cdots = m_iD_i + d_i \quad (m_1, m_2, m_3, \cdots \in \mathbf{Z}^+)$$

式中，D_1，D_2，D_3…为膜厚周期数，d_1，d_2，d_3…分别为不同测量条件时所对应一个周期内的厚度值。

此时，将测得的(P_1，A_1)和(P_2，A_2)加上测量时对应的入射角度 φ 分别代入方程组(4.3-15)、(4.3-16)以及公式(4.3-3)就能求出真实的薄膜厚度。

(3)也可以将实验数据输入到仪器配置的软件中计算折射率和厚度。

实验 4.4　PN 结正向电压温度特性研究

常用的温度传感器有热电偶、测温电阻器和热敏电阻等。这些温度传感器既有各自的优点，也有各自的不足之处。如热电偶适用温度范围宽，但灵敏度低、线性差且需要参考温度；热敏电阻灵敏度高，热响应快，体积小，缺点是线性较差，对于仪表的校准和调节很不方便；测温电阻如铂电阻有精度高、线性好的优点，但是灵敏度低且价格较贵。而 PN 结温度传感器具有灵敏度高、线性好、热响应快和体积小、轻便等特点，尤其是在温度数字化、温度控制以及用微机进行温度实时信号处理等方面优于其他传感器，所以它的应用越来越广泛。

一、实验目的

(1)了解 PN 结正向电压随温度变化的基本规律。

(2)在恒流供电条件下，测绘 PN 结正向电压随温度变化的关系图线，并由此确定 PN 结的测温灵敏度和被测 PN 结材料的禁带宽度。

二、实验仪器

PN 结正向特性综合实验仪、DH－SJ5 温度传感器实验装置。

三、实验简介

由 P 型半导体和 N 型半导体相互接触形成的空间电荷区，称为 PN 结。当外加电场与 PN 结空间电荷区的内建电场方向相反时，外电场削弱内建电场，使 PN 结导通，此时加在 PN 结上的电压称为正向电压 V_F(图 4.4－1)。本实验研究 PN 结上的正向电压随温度变化的关系。根据半导体理论，当以温度 $t=0$℃时的正向电压 V_{F0} 为基准时，其他温度下的正向电压 V_F 满足

$$V_F - V_{F0} = -\frac{k\ln(C/I_F)}{q}t$$

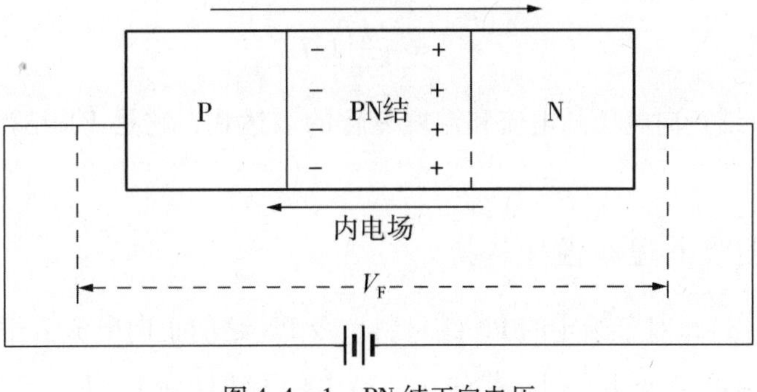

图 4.4－1　PN 结正向电压

式中，C，q 分别为与 PN 结有关的参量、载流子的电荷量，当 PN 结制好后，两者均为常数；k，I_F 分别为玻尔兹曼常数、正向电流。实验中正向电流 I_F 采用恒流源。即 $V_F - V_{F0}$ 与温度 t 成正比，比例系数

$$S = \frac{k\ln(C/I_F)}{q}$$

称为温度传感器的灵敏度系数。因此通过测量不同温度下的 V_F 值即可得到 PN 结作为温度传感器的灵敏度系数 S。在半导体理论中，温度 $T = 0\text{K}$ 时，载流子从价带顶跳到导带底所需的能量称为禁带宽度。禁带宽度

$$E_{g0} = q(V_{F0} + 273.2S)$$

因此通过测定 $t = 0℃$ 时的正向电压 V_{F0} 及灵敏度系数 S 即可间接测出禁带宽度。

四、实验原理

1. PN 结温度传感器的基本方程

根据半导体理论，理想 PN 结的正向电流 I_F 和正向电压 V_F 存在如下近似关系式：

$$I_F = I_n e^{\frac{qV_F}{kT}} \tag{4.4-1}$$

式中：q 为电子的电量；T 为热力学温度；I_n 为反向饱和电流，它是一个和 PN 结材料的禁带宽度以及温度等有关的系数。

可以证明：

$$I_n = CT^{\gamma} e^{\frac{qV_{g0}}{kT}} \tag{4.4-2}$$

式中：C 是与 PN 结的结面积、掺杂浓度等有关的常数；k 为玻尔兹曼常数；γ 在一定温度范围内也是常数；V_{g0} 为热力学温度 0K 时 PN 结材料的导带底与价带顶的电势差。对于给定的 PN 结，V_{g0} 是一个定值。

将式(4.4-2)代入式(4.4-1)，两边取对数，整理后可得

$$V_F = V_{g0} - \left(\frac{k}{q}\ln\frac{C}{I_F}\right)T - \frac{kT}{q}\ln T^{\gamma} = V_1 + V_{nr} \tag{4.4-3}$$

其中

$$V_1 = V_{g0} - \left(\frac{k}{q}\ln\frac{C}{I_F}\right)T \tag{4.4-4}$$

$$V_{nr} = -\frac{kT}{q}\ln T^{\gamma} \tag{4.4-5}$$

式(4.4-3)是 PN 结正向电压随电流和温度变化的表达式，它是 PN 结温度传感器的基本方程。

五、PN 结测温原理和温标转换

根据式(4.4-3)，对于给定的 PN 结材料，令 PN 结的正向电流 I_F 恒定不变，则正向电压 V_F 只随温度变化而变化。但是式(4.4-3)中除了线性项 V_1 外，还包含非线性项 V_{nr}。

实验和理论证明，在温度变化范围不大时，V_{nr}远小于 V_1。对于通常的硅 PN 结来说，在 $-50\sim150$℃的温度区间内，其非线性误差仍然很小。但当温度变化范围增大时，V_F 温度响应的非线性误差将有所增加。

综上所述，对给定的 PN 结材料，在允许的温度变化范围内，在恒流供电(I_F 不变)条件下，PN 结的正向电压 V_F 对温度的依赖关系取决于线性项 V_1，正向电压 V_F 几乎随温度升高而线性下降，即

$$V_F = V_{g0} - \left(\frac{k}{q}\ln\frac{C}{I_F}\right)T \tag{4.4-6}$$

上式是 PN 结测温的依据。

式(4.4-6)中的温度 T 是热力学温度，在实际使用中会有不便之处，为此有必要进行温标转换，即确定 PN 结正向电压增量 ΔV[温度为 t(℃)时的正向电压与 0℃时的正向电压比较]与用摄氏温度表示的温度之间的关系。

设热力学温度为 T 时 PN 结的正向电压为 V_F。根据热力学温度和摄氏温度的转换关系，

$$T = 273.2 + t$$

令 V_F 在 0℃时的值为 V_{F0}，则在 T 时 V_F 值为

$$V_F = V_{F0} + \Delta V \tag{4.4-7}$$

将式(4.4-7)代入式(4.4-6)，有

$$V_{F0} + \Delta V = V_{g0} - \left(\frac{k}{q}\ln\frac{C}{I_F}\times 273.2\right) - \left(\frac{k}{q}\ln\frac{C}{I_F}\right)t \tag{4.4-8}$$

$t=0$℃时，令 $\Delta V=0$，则有

$$V_{F0} = V_{g0} - \left(\frac{k}{q}\ln\frac{C}{I_F}\right)\times 273.2 \tag{4.4-9}$$

对于其他温度 t，则有

$$\Delta V = -\left(\frac{k}{q}\ln\frac{C}{I_F}\right)t \tag{4.4-10}$$

定义 $S=\frac{k}{q}\ln\frac{\mathrm{C}}{\mathrm{I}_F}$为 PN 结温度传感器灵敏度，则有

$$\Delta V = S\cdot t \quad 或 \quad t = -\frac{\Delta V}{S} \tag{4.4-11}$$

式(4.4-11)为 PN 结温度传感器在摄氏温标下的测量原理公式。实验时，若从室温环境开始测量，则灵敏度的计算式应为 $S=-\Delta V/\Delta t$。

2. 测量 PN 结材料的禁带宽度

PN 结材料的禁带宽度 E_{g0}定义为电子的电量 q 与热力学温度 0K 时 PN 结材料的导带底和价带顶的电势差 V_{g0}的乘积，即 $E_{g0}=qV_{g0}$。根据式(4.4-4)有

$$V_{g0} = V_F + \left(\frac{k}{q}\ln\frac{C}{I_F}\right)T = V_F + S\cdot T \tag{4.4-12}$$

当 $t=0$℃时，$T=273.2$ K，$V_F=V_{F0}$，有

$$V_{g0} = V_{F0} + 273.2S \tag{4.4-13}$$

所以

$$E_{g0} = qV_{g0} = q(V_{F0} + 273.2S) \tag{4.4-14}$$

公式(4.4－14)即为禁带宽度的计算公式。

六、实验过程与步骤

1. 熟悉仪器结构及其使用方法

实验仪器结构及其连接方式如图4.4－2及图4.4－3所示(使用说明参见附录)。

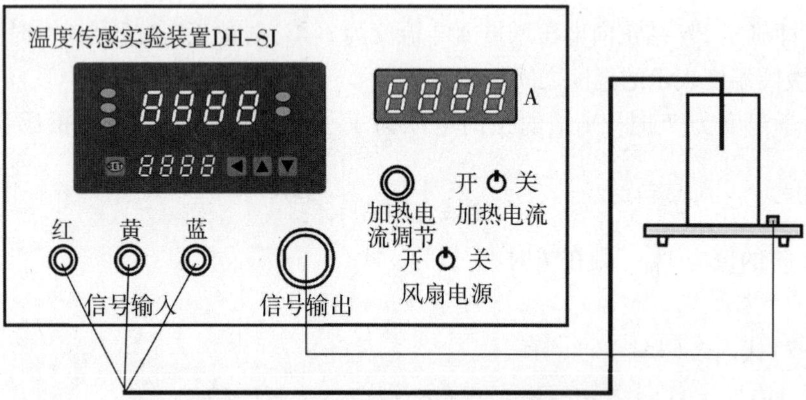

图4.4－2　DH－SJ温度传感器实验装置及其连接

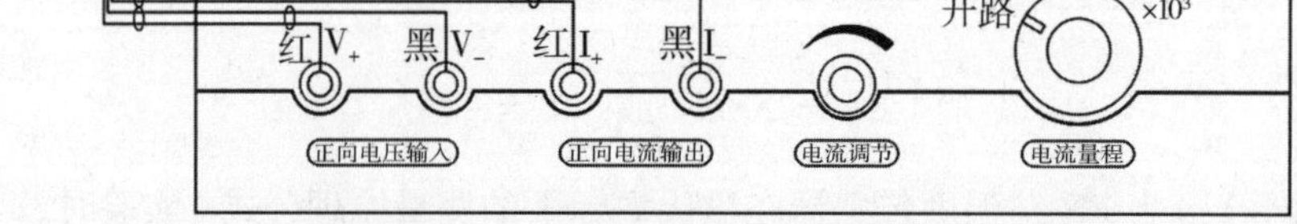

图4.4－3　PN结正向特性综合实验仪与PN结的连接

实验前，将DH－SJ型温度传感器实验装置上的“加热电流”开关置于“关”位置，将“风扇电流”开关置“关”于位置，接上加热电源线。插好Pt100温度传感器和PN结温度传感器。两者连接均为直插式。PN结引出线分别插入PN结正向特性综合试验仪上的V_+、V_-和I_+、I_-。注意插头的颜色和插孔的位置。打开电源开关，温度传感器实验装置上将

显示出室温 t_r，记录起始温度 t_r。

注意：Pt100 的插头与对应的温控仪上的插座颜色相连接，红→红；黄→黄；蓝→蓝。

警告：在做实验时或做完实验后，禁止手触传感器的钢质护套，以免烫伤。

2. 测量同一温度下正向电压随正向电流的变化关系，绘制伏安特性曲线(选做)

①在实验前先将仪器通电预热 10 min 保证仪器工作的稳定性，以室温为基准测量整个伏安特性实验的数据。

②将 PN 结正向特性综合试验仪上的电流量程置于“×1”档，调节电流调节旋钮，观察对应的 V_F 值读数的变化。可以按照数据记录表 4.4-1 的 V_F 值来调节设定电流值。如果电流表显示值达到 1000，可以改用大一档量程。记录一系列电压、电流值于表 4.4-1。由于采用了高精确度的微电流源，这种测量方法可以减小测量误差。

注意：整个实验过程都是在室温下测量的。实际的 V_F 值的起、终点和间隔值可根据实际情况微调。

3. 在同一恒定正向电流条件下，测绘 PN 结正向压降随温度的变化曲线，确定其灵敏度，估算被测 PN 结材料的禁带宽度

①选择合适的正向电流 I_F 并保持不变。一般选小于 100 μA 的值(本实验选择 80 μA)以减少自身热效应。

②将 DH-SJ 型温度传感器实验装置上的“加热电流”开关置于“开”位置，设置目标温度，选择合适的加热电流。在实验时间允许的情况下，加热电流可以取得小一点，如在 0.3～0.6 A 之间。

③记录对应的 V_F 和 t 于表 4.4-2。为了更准确地记数，可以根据 V_F 的变化记录 t 的变化。

注意：在整个实验过程中，正向电流 I_F 应保持不变。设定的温度不宜过高，必须控制在 120℃以内。

七、数据记录与处理

表 4.4-1　同一温度下正向电压与正向电流的关系　　T = ________℃

序号	1	2	3	4	5	6	7	8
V_F(V)	0.350	0.360	0.370	0.380	0.390	0.400	0.410	0.420
I_F(μA)								
序号	9	10	11	12	13	14	15	16
V_F(V)	0.430	0.440	0.450	0.460	0.470	0.480	0.490	0.500
I_F(μA)								
序号	17	18	19	20	21	22	23	24
V_F(V)	0.510	0.520	0.530	0.540	0.550	0.560	0.570	0.580
I_F(μA)								

(1)以公式 $I_F = Ae^{BV_F}$ 的正向电流 I_F 和正向压降 V_F 为变量，根据表 4.4－1 测得的数据，以 V_F 为 x 轴数据，I_F 为 y 轴数据，用 Excel 拟合参数 A、B，再由 $A = I_n$ 估算出反向饱和电流；由 $B = q/kT$ 求出玻尔兹曼常数 k = ________。

表 4.4－2 同一 I_F 下，正向电压与温度的关系 I_F = ________ μA

序号	1	2	3	4	5	6	7	8
t(℃)								
V_F(V)								
序号	9	10	11	12	13	14	15	16
t(℃)								
V_F(V)								
序号	17	18	19	20	21	22	23	24
t(℃)								
V_F(V)								

(2)根据表4.4－2 实验数据求被测 PN 结正向压降随温度变化的灵敏度 S。以 t 为横坐标，V_F 为纵坐标，作 $V_F - t$ 曲线，其斜率为 S。这里的 t 单位为℃。可求出：传感器灵敏度 S = ________ mV/℃；V_{g0} = ________ V(273.15℃)。

(3)估算被测 PN 结材料的禁带宽度。将实验所得的结果代入 $E_{g0} = qV_{g0}$ = ________ eV，与公认值 $E_{g0} = 1.21\text{eV}$ 比较，并求相对误差。

思考题

1. 测量 V_{F0} 的目的何在？为什么实验要求绘 $\Delta V - t$ 图线，而不是绘 $V_F - T$ 图线？
2. 根据 PN 结的 $\Delta V - t$ 图线，试设计一个简单的晶体管温度计。

附录 PN 结正向压降温度特性实验组合仪使用说明

一、温控表的使用方法

温度的测量以 Pt100 作为温度传感器，温控表内部使用 PID 控制温度，其相应的参数可以修改。温控表的使用操作方法见图 4.4－4。

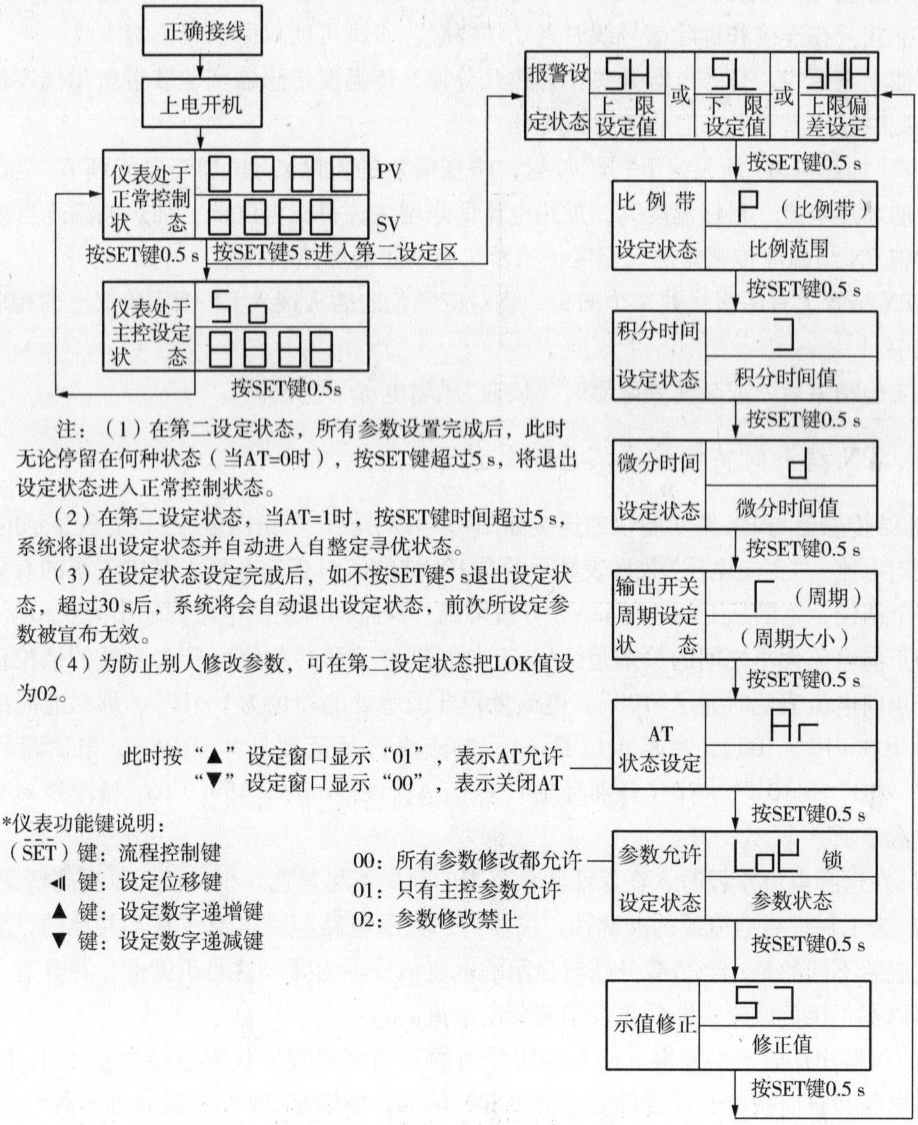

图 4.4－4　温控仪的使用方法

附加说明：

(1)主控设定状态时，只要按“SET”键和组合使用三个方向功能键，调整好需要的温度即可，再按“SET”键即可返回正常的控制显示状态。

(2)第二设定状态一般情况下不需要更改，也不建议自行更改。如确需更改，长按“SET”键 5 s，即可进入设置菜单。

二、DH－SJ 温度传感器实验装置的使用

①将铂电阻传感器插入温度传感器实验装置的加热炉孔中。

②将控温“加热电流”开关置于“关”位置，接上加热电源线和信号传输线。两者连接均为直插式。在连接和拆除信号线时，动作要轻，否则可能拉断引线影响实验。

③插上电源线，打开电源开关，预热几分钟，待温度传感器实验装置所示温度值稳定之后，此时显示室温 t_r，记录起始温度 t_r。

④将“加热电流”开关置于“开”位置，根据需要的温度转动“加热电流调节”电位器选择合适的加热电流。目标温度高，加热电流适当增大；目标温度低，加热电流适当减小。

⑤将 PN 结温度传感器插入温度传感器实验装置的加热炉孔中。

⑥PN 结管上有两组线共 4 个插头，将对应颜色的插头接入 PN 结实验仪上的相应颜色的插孔中。

⑦实验结束后，或者需要降温时，接通“风扇电源”开关即可。

三、PN 结正向特性综合实验仪的使用

PN 结传感器与 PN 结实验仪的连接如图 4.4-2 所示。“正向电流”数显表显示的是 PN 结的正向电流，“正向电压”数显表显示的是 PN 结的实时正向电压。微电流源的有效量程分为 4 个档位，范围从 1 nA ～1 mA，分段可调。开路档时正向电流源输出为 0。电流量程档位与正向电流大小之间的关系是：I = 正向电流表显示的数值 × 开关所处的档位值。例如，若正向电流表此时显示“100”，电流量程开关所处的档位为“×10”，那么此时的正向电流 $I = 100 \times 10 = 1000$，注意单位是 nA。电流表显示范围是 0 ～ 1999，电流量程档位“×1”“×10”“$\times 10^2$”“$\times 10^3$”分别对应 1.999 μA，19.99 μA，199.9 μA，1.999 mA。

注意事项：

(1) 在选择电流量程时，在保证测量范围的前提下尽量选择小档位，以提高精度。

(2) 为了保证微电流源的准确性，仪器内部显示电路与微电流源是不共地的，所以与常规电流源不同的是：当负载开路时显示的电流信号不为零。这是正常的，并且有一个好处：可以在不接负载时就能预先设定需要的电流。

(3) 仪器出厂时已经校准。请不要用普通的万用表或其他仪器直接测量或比对 PN 结的正向电压和正向微电流，否则会得到失准的结果，原因是 PN 结实验时处于高阻状态。

(4) 仪器的电压表电压量程仅为 2 V，请不要超量程使用或测量其他未知电压。

(5) 仪器的连接线要注意使用，有插口方向的要对齐插拔，插拔时不可用力过猛。

(6) 加热装置温升不应超过 120℃，否则将造成仪器老化或故障。

(7) 使用完毕后，一定要切断电源，并存放于干燥、无灰尘、无腐蚀性气体的室内。

实验4.5 光电效应与普朗克常量的测定

1887年赫兹通过实验发现，光射到金属表面时会有电子从金属表面逸出。这一现象称为光电效应现象。光电效应现象不能用经典的物理理论解释，给当时的物理学家提出了新的问题。1990年普朗克提出了辐射能量不连续的量子观点。1905年爱因斯坦提出了光电效应方程。1915年密立根对光电效应进行了定量研究，并精确测量出普朗克常数 h。爱因斯坦和密立根分别于1921年和1923年获得了诺贝尔奖。光电效应实验对于认识光的本质及早期量子理论的发展具有划时代的意义，并对后来物理学的发展产生深远的影响。

一、实验目的

(1)了解光电效应原理及其规律。

(2)了解验证爱因斯坦光电效应方程的基本方法。

(3)通过光电管的弱电流特性，测出不同频率下的截止电压，求出普朗克常数。

二、实验仪器

高压汞灯、有色玻璃滤波片、光阑、普朗克常数测定仪(ZKY-GD-4型)。

三、实验简介

根据爱因斯坦光电效应方程，频率为 ν 的光束照射到金属电极，金属电极会产生动能为 $m\nu^2/2 = h\nu - W_k$ 的光电子。W_k 是逸出功，h 是普朗克常数。

将光电管接入电路，如图4.5-1所示，A为光电管阳极，K为光电管阴极，光束照射到K极产生的电子到达A极，由此产生的电流为光电流。在光电管两端加正向电压，即A端接电源正极，K端接电源负极，随着电压增大，光电流逐渐增大直至达到饱和。若加反向电压，电压增大，光电流逐渐减小到0，即灵敏检流计的电流为0。此时加在A、K电极的电压称为截止电压 U_0，其满足 $U_0 = (h\nu - W_k)/e$，e 为电子电量。因此，通过测量不同光频率作用下(实验中选择不同颜色的滤波片)的截止电压即可拟合出直线的斜率 h/e，从而间接测量出普朗克常数 h。

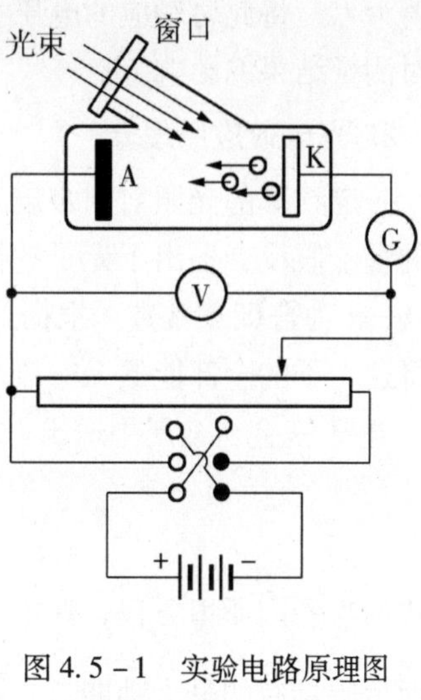

图4.5-1 实验电路原理图

普朗克常数测定仪如图4.5-2所示，是利用图4.5-1原理制造的仪器。选择仪器配备不同孔径的光阑和滤波片还可以研究光强与光电流、光电流与入射光频率 ν 之间的关系。

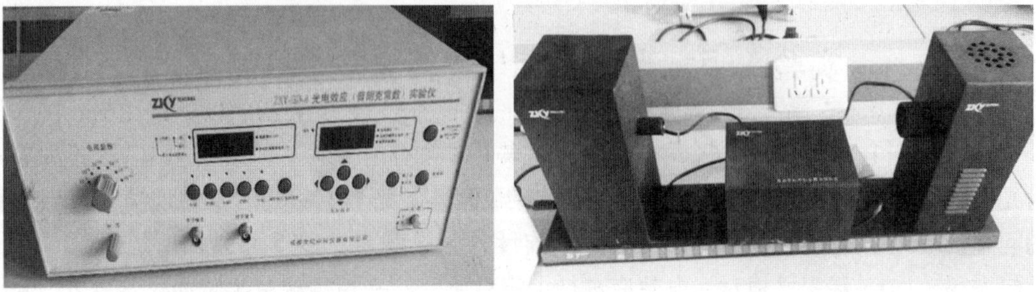

(a) 光电流测量设备　　(b) 光电流产生设备

图 4.5－2　ZKY－GD－4 型普朗克常数测量仪

四、实验原理

1. 测量电路原理

实验仪器采用了新型结构的光电管，其电路原理如图 4.5－1 所示。由于其特殊结构，光不能直接照射到阳极，由阴极反射照到阳极的光也很少，加上采用新型的阴、阳极材料及制造工艺，使得阳极反向电流大大降低，暗电流水平也很低。

本实验采用零电流法或补偿法测量截止电压。零电流法是直接将各谱线照射下测得的电流为零时对应的电压 U_{AK} 的绝对值作为截止电压 U_0。此法的前提是阳极反向电流、暗电流和本底电流都很小。用零电流法测得的截止电压与真实值相差很小，且各谱线的截止电压都相差 ΔU，对 $U_0-\nu$ 曲线的斜率无大的影响，因此对 h 的测量也不会产生大的影响。补偿法是调节电压 U_{AK} 使电流为零后，保持 U_{AK} 不变，遮挡汞灯光源，此时测得的电流 I_0 为电压接近截止电压时的暗电流和本底电流。重新让汞灯照射光电管，调节电压 U'_{AK} 使电流值为 I_0，将此时对应的电压 U'_{AK} 的绝对值作为截止电压 U_0。此法可补偿暗电流和本底电流对测量结果的影响。

2. 光电效应原理

一定频率的光照射到金属表面可以使电子从金属表面逸出。1905 年爱因斯坦根据普朗克的量子假设，提出了光子的概念。他认为光是一群微粒流；频率为 ν 的光子具有能量 $\varepsilon=h\nu$，h 为普朗克常数。根据这一理论，当金属中的电子吸收一个频率为 ν 的光子时，便获得这光子的全部能量 $h\nu$。如果这一能量大于电子摆脱金属表面的约束所需要的逸出功 W_K，电子就会从金属中逸出。按照能量守恒定理有

$$h\nu=\frac{1}{2}mv_m^2+W_K \tag{4.5-1}$$

上式称为爱因斯坦方程，其中 m 和 v_m 是光电子的质量和最大速度，$\frac{1}{2}mv_m^2$ 是光电子逸出表面后所具有的最大动能。它说明光子能量 $h\nu$ 小于 W_K 时，电子不能逸出金属表面，因而没有光电效应产生。产生光电效应的入射光最低频率 $\nu_0=W_K/h$，称为光电效应的极限频率(又称红限)。不同的金属材料有不同的逸出功，因而 ν_0 也是不同的。

在实验中将采用“截止电压”进行测量并求出普朗克常数 h。实验电路原理如图 4.5－1 所示。

当单色光入射到光电管的阴极 K 上时，如有光电子逸出，则当阳极 A 接正极、阴极 K 接负极时，光电子就被加速；而当 K 加正电势，A 加负电势时，光电子就被减速。当 A、K 之间所加电压(U)足够大时，光电流达到饱和值 I_m；当 $U \leqslant -U_0$，并满足方程

$$eU_0 = \frac{1}{2}mv_m^2 \tag{4.5-2}$$

时，光电流将为零，此时的 U_0 称为截止电压。光电流与所加电压的关系如图 4.5－3 所示。将式(4.5－2)代入式(4.5－1)可得

$$U_0 = \frac{h}{e}\nu - \frac{W_K}{e} \tag{4.5-3}$$

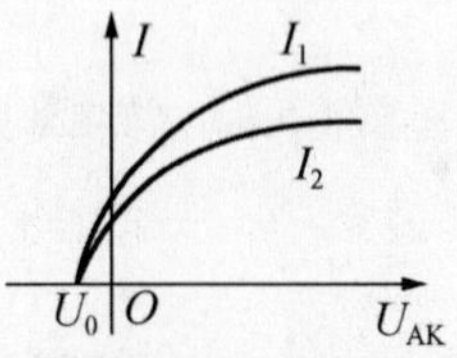

(a) 同一频率不同光强时光电管的伏安特性曲线

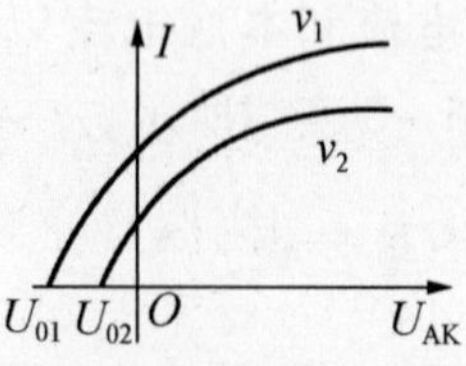

(b) 不同频率时光电管的伏安特性曲线

图 4.5－3　光电流与外加电压的关系

它表示 U_0 与 ν 间存在线性关系，其斜率等于 h/e，因而可以从对 U_0 与 ν 的数据分析中求出普朗克常数 h。

实验时测得的是 U_0 与导线和阴极间的正向接触电势 U_c 之差 U_0'，即 $U_0' = U_0 - U_c$。将此式代入式(4.5－3)，有

$$U_0' = \frac{h}{e}\nu - \left(U_c + \frac{W_K}{e}\right) \tag{4.5-4}$$

由于 U_c 是不随 ν 变化的常量，所以 U_0' 与 ν 间也是线性关系，如图 4.5－4 所示。测量不同频率光的 U_0' 值，可求得此线性关系的斜率 b。由于 $b = \frac{h}{e} = \frac{\Delta U_0}{\Delta \nu}$，所以

$$h = be \tag{4.5-5}$$

即从测得的数据求出斜率 b，b 乘以电子电荷 e($e = 1.602 \times 10^{-19}$C)可求出普朗克常数。

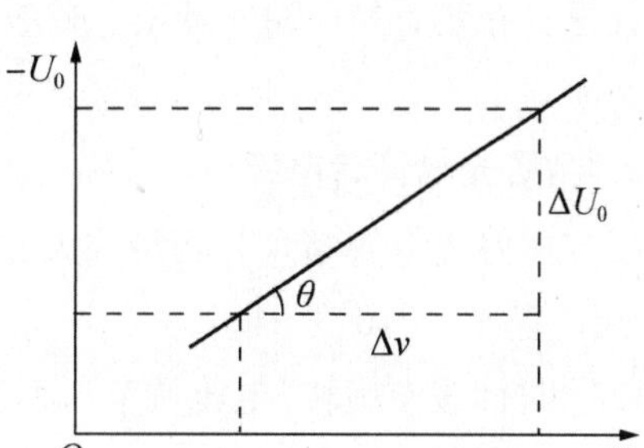

图 4.5－4　$U_0'-\nu$ 曲线图

3. 影响测量结果的因素

由光电效应测定普朗克常数 h 需要排除一些干扰才能获得一定精度的可以重复的结果。主要干扰因素有：

(1)暗电流和本底电流。光电管在没有受到光照时也会产生电流，称为暗电流。它由热电流、漏电流两部分组成。本底电流是周围杂散光射入光电管所致，它们都随外加电压的变化而变化，故排除暗电流和本底电流的影响是十分必要的。

(2)反向电流。由于制作光电管时阳极 A 上往往溅有阴极材料，所以当光射到 A 上或杂散光漫射到 A 上时，阳极 A 也往往有光电子发射。此外，阴极发射的光电子也可能被 A 的表面所反射。当 A 加负电势，K 加正电势时，对阴极 K 上发射的光电子而言起了减速作用，而对阳极 A 发射或反射的光电子而言起了加速作用，使阳极 A 发出的光电子也到达阴极 K，形成反向电流。这样实测的光电流应为阴极电流、暗电流和本底电流以及反向电流之和，如图 4.5－5 实线所示。

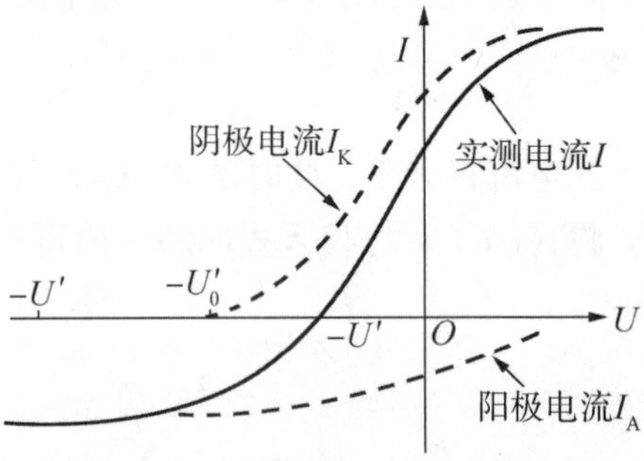

图 4.5－5 光电效应的 $I-U$ 曲线

五、实验过程与步骤

1. 测试前准备

①熟悉仪器结构(图 4.5－2)，将测试仪及汞灯电源接通，预热 20 min。

②把汞灯及光电管暗盒用遮光盖罩上，将汞灯暗盒光输出口对准光电管暗盒光输入口，调整光电管与汞灯距离约为 40cm 并保持不变。

③用专用连接线将光电管暗盒电压输入端与测试仪电压输出端(后面板上)连接起来(红→红，蓝→蓝)。

④调零操作方法：将“电流量程”选择开关置于所选档位，仪器在充分预热后进行测试前调零。调零时，将“调零/测量”切换开关切换到“调零”档位，旋转“电流调零”旋钮使电流指示为“000”。调节好后，将“调零/测量”切换开关切换到“测量”档位即可进行实验。

注意：在进行每一组实验前，必须按照上述的调零方法进行调零，否则会影响实验准确度。

2. 测量光电管暗电流

①连接好光电管暗盒与测量放大器之间的屏蔽电缆、地线和阳极电源线。将测量放大器“倍率”置于“$\times10^{-6}$”档。

②顺时针缓慢旋转“电压调节”旋钮，适当改变“电压量程”和“电压极性”开关。在无光照射的情况下，记录不同电压下相应电流值[电流值＝倍率×电表读数(μA)]。此时所得的电流即为光电管的暗电流。

3. 普朗克常数的测量

①实验电路原理如图 4.5－1 所示。

②将电压选择按键置于－2～0 V 档，将仪器按照前面方法调零，将直径 4 mm 的光阑

及 365.0 nm 的滤波片装在光电管暗盒光输入口上。

③从低到高调节电压，用零电流法或补偿法测量该波长对应的 U_0，并将数据记录于表4.5－1中。

④依次换上 404.7 nm，435.8 nm，546.1nm，577.0 nm 的滤波片，重复以上测量步骤，将数据记录于表4.5－1中。

4. 测光电管的伏安特性曲线

①用遮光盖罩在窗口上，选择"伏安特性测试/截止电压测试"为"伏安测试"状态，"电流量程"开关应选择"10^{-10}"档，重新调零。将直径为4 mm的光阑及435.8 nm的滤波片装在光电管暗盒光输入口上。

②将"手动/自动"模式切换到"自动"状态。将测量的最大范围调至－1～50 V(起始电压和终止电压)，自动步长为1 V。此时电流表左边的指示灯闪烁，表示系统处于自动测量扫描状态。按任一存储区按键，仪器先将原存储数据清除，等待约30 s，仪器会自动按1 V步长扫描，并显示、存储相应的电压、电流值。

③扫描完成后，仪器自动进入数据查询状态。此时查询指示灯亮，显示区显示扫描起始电压和电流值。用电压调节键改变电压值，查询对应的电流值，并将数据记录于表4.5－2中。按"查询"键，查询指示灯灭，系统回复到扫描范围设置状态，以便进行下一次测量。

5. 自行设计研究光强与光电流关系的实验

注意事项：在仪器的使用过程中，汞灯不宜直接照射光电管，也不宜长时间连续照射加有光阑和滤波片的光电管，否则将减少光电管的使用寿命。实验完成后，应用光电管暗盒盖遮住光电管暗盒光入射口存放。

六、数据记录与处理

表4.5－1　$U_0-\nu$ 关系

光阑孔 ϕ = ________ mm

波长 λ_i(nm)	365.0	404.7	435.8	546.1	577.0
频率 ν_i(10^{14} Hz)	8.214	7.408	6.879	5.490	5.196
截止电压 U_0(V)					

可用以下三种方法之一处理表4.5－1的实验数据，得出 $U_0-\nu$ 直线的斜率 b。

(1)根据线性回归理论，$U_0-\nu$ 直线的斜率 b 的最佳拟合值为

$$b = \frac{\bar{\nu}\cdot\overline{U_0} - \overline{\nu\cdot U_0}}{\bar{\nu}^2 - \overline{\nu^2}}$$

式中：$\bar{\nu}=\frac{1}{n}\sum_{i=1}^{n}\nu_i$ 表示频率 ν 的平均值；$\overline{\nu^2}=\frac{1}{n}\sum_{i=1}^{n}\nu_i^2$ 表示频率 ν 的平方的平均值；$\overline{U_0}=\frac{1}{n}\sum_{i=1}^{n}U_{0i}$

表示截止电压 U_0 的平均值；$\overline{\nu \cdot U_0}=\frac{1}{n}\sum_{i=1}^{n}(\nu_i \cdot U_{0i})$ 表示频率 ν 与截止电压 U_0 的乘积的平均值。

(2) 根据 $b=\frac{\Delta U_0}{\Delta \nu}=\frac{U_{0m}-U_{0n}}{\nu_m-\nu_n}$，可用逐差法从表4.5－1的四组数据中求出两个 b，将其平均值作为所求 b 的数值。

(3) 可用表4.5－1数据在坐标纸上作 $U_0-\nu$ 直线，由图求出直线斜率 b。求出直线斜率 b 后，可用 $h=eb$ 求出普朗克常数，并与 h 的公认值 h_0 比较求出相对误差 $E=\frac{h-h_0}{h_0}$，式中 $e=1.602\times10^{-19}\mathrm{C}$，$h_0=6.626\times10^{-34}\mathrm{J\cdot S}$。

表4.5－2　$U-I$ 关系、自动测量、电流量程

$\lambda=$ ________；$L=$ ________

U(V)																		
I(10^{-10}A) $\phi=2$ mm																		
I(10^{-10}A) $\phi=4$ mm																		

根据表4.5－2的数据用直角坐标纸作出 $U-I$ 关系曲线。

附　录

一、高压汞灯谱线

表4.5－3　高压汞灯线状光谱

波长(nm)	频率(10^{14}Hz)	颜色	波长(nm)	频率(10^{14}Hz)	颜色
579.1	5.197	黄	435.8	6.882	蓝
577.0	5.198	黄	404.7	7.410	紫
546.1	5.498	绿	365.0	8.216	近紫外

二、ZKY－GD－4 光电效应实验仪

1. 仪器结构组成

ZKY－GD－4 光电效应实验仪（普朗克常数测量仪）如图 4.5－2 所示。仪器由汞灯及电源、滤波片、光阑、光电管、测试仪（含光电管电源和微电流放大器）构成，仪器结构如图4.5－6 所示。

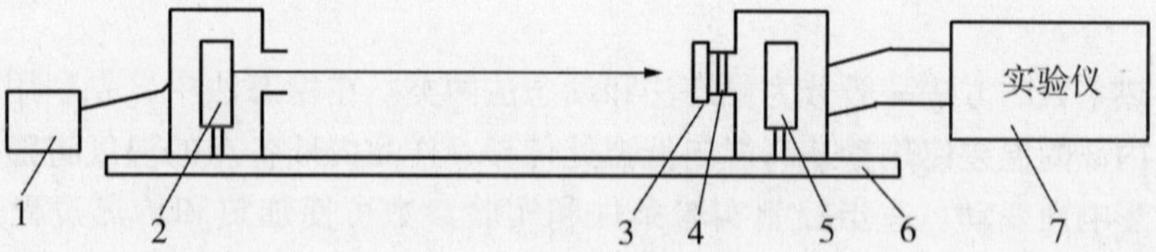

图 4.5－6　光电效应实验仪结构

1—汞灯电源；2—汞灯；3—滤波片；4—光阑；5—光电管；6—基座；7—实验仪

2. 仪器参数

光阑：3 片，直径 2 mm、4 mm、8 mm。

汞灯：可用谱线 365.0 nm、404.7 nm、435.8 nm、546.1 nm、577.0 nm、579.0 nm。

滤波片：5 片，透射波长 365.0 nm、404.7 nm、435.8 nm、546.1 nm、577.0 nm。

光电管：阳极为镍圈，阴极为银－氧－钾（Ag－O－K），光谱响应范围 320～700 nm。

暗电流：$I \leqslant 2 \times 10^{-12}$ A（-2 V$\leqslant U_{AK} \leqslant$0 V）。

光电管电源：2 档，－2～0 V，－2～+50 V，三位半数显，稳定度≤0.1%。

微电流放大器：6 档，10^{-8}～10^{-13} A，分辨率 10^{-13} A，三位半数显，稳定度≤0.2%。

实验 4.6 固体导热系数的测量(平板稳态法)

导热系数是反映材料导热性能的物理量。它不仅是评价材料物理性能的参量之一，而且是材料应用和设计时的重要参量。这个参数在加热器、散热器、传热管道设计、房屋设计等工程实践中都要涉及。实践表明，材料的导热系数不仅与材料成分和结构有密切关系，而且受温度、压力等变化的影响明显。导热系数的测量对材料的应用和研究都有重要的意义。

测量导热系数的方法一般分为稳态法和动态法两类。在稳态法中，先利用热源对样品加热，样品内部的温差使热量从高温向低温处传导，样品内部各点的温度将随加热快慢和传热快慢的影响而变动。适当控制实验条件和实验参数可使加热和传热过程达到平衡状态，则待测样品内部可以形成稳定的温度分布，根据这一温度分布就可以计算出材料的导热系数。

一、实验目的

(1)学习用稳态法测量不良导体和金属导体的导热系数。

(2)学习用物体散热速率求热传导速率的方法。

二、实验仪器

导热系数测定仪、游标卡尺、待测样品等。

三、实验简介

本实验利用导热系数测定仪(图 4.6－1)测定材料的导热系数 λ。平板稳态法测量导热系数 λ 的理论公式为

$$\lambda = mc\frac{\Delta T}{\Delta t}\cdot\frac{2H_B}{T_1 - T_2}\cdot\frac{D_P + 4H_P}{D_P + 2H_P}\cdot\frac{1}{\pi D_B^2}$$

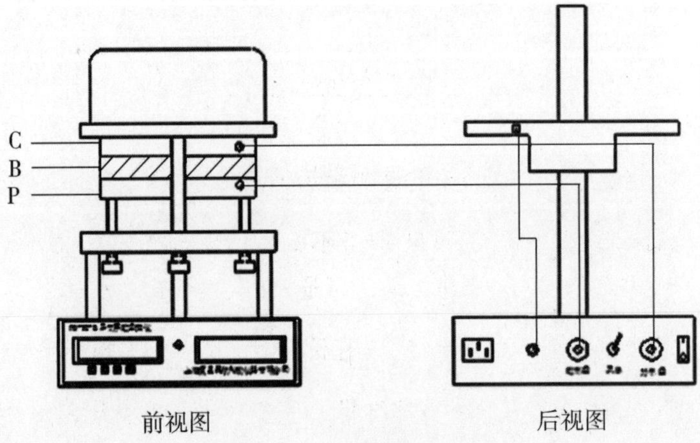

图 4.6－1 导热系数测定仪

式中，m，c，D_P，H_P 为已知量，分别为散热盘 P 的质量、比热容、直径和厚度；D_B，H_B 为待测圆盘材料的直径和厚度，可用游标卡尺测量；T_1，T_2 为达到稳定状态时，发热盘 C 和散热盘 P 的温度，可用温度传感器直接读出；$\Delta T/\Delta t$ 为停止加热后，系统的散热速率，也就是本实验测量过程的关键参量。

四、实验原理

热传导是在物体内部(包括固体、液体、气体)或在相互接触的物体之间热量传递的一种形式。设通过物体横截面积 S 传递的热流量(在单位时间内通过物体横截面积 S 传导的热量)为$\frac{\mathrm{d}Q}{\mathrm{d}t}$，热传导的基本规律遵从傅立叶导热方程

$$\frac{\mathrm{d}Q}{\mathrm{d}t} = -\lambda S \frac{\mathrm{d}T}{\mathrm{d}x} \tag{4.6-1}$$

式中：热流量$\frac{\mathrm{d}Q}{\mathrm{d}t}$的单位为 W，负号表示热流量沿温度降低的方向传递；$\frac{\mathrm{d}T}{\mathrm{d}x}$为温度梯度(温度沿热流方向的空间变化率)，单位 K/m；λ 为导热系数，单位为 W/m·K，是表征材料热传导性能的物理量，其物理意义是在温度梯度为 1 K/m 时通过物体单位横截面积所传递的热流量。

根据傅立叶导热方程，当物体热传导达到平衡状态，在物体内部取两个与热传导方向垂直，彼此相距 H，温度分别为 T_1、T_2 的平行平面(设 $T_1 > T_2$)，若平面的面积为 S，材料导热系数为 λ，则热传导所传递的热流量

$$\frac{\Delta Q}{\Delta t} = \lambda S \frac{T_1 - T_2}{H} \tag{4.6-2}$$

在支架上先放上圆铜盘 P，在 P 的上面放上待测样品 B(圆盘形的不良导体)，再把带发热器的圆铜盘 C 放在 B 上。发热器通电后，热量从 C 盘传到 B 盘，再传到 P 盘。由于 C、P 盘都是良导体，其温度即可以分别代表 B 盘上下表面温度 T_1、T_2。T_1 和 T_2 分别由插入 C、P 盘边缘的温度传感器测量。如果测量圆盘 B 的直径为 D_B，厚度为 H_B，则式(4.6-2)可以表示为

$$\frac{\Delta Q}{\Delta t} = \frac{\pi \lambda D_B^2 (T_1 - T_2)}{4H_B} \tag{4.6-3}$$

根据式(4.6-3)，测量导热系数的关键是测量热传导的热流量(亦即热传导速率)$\frac{\Delta Q}{\Delta t}$。

当热传导达到稳定状态时，T_1 和 T_2 的值不变，于是通过 B 盘上表面的热流量与由圆铜盘 P 向周围环境散热的热流量相等，因此可通过铜盘 P 在稳定温度 T_2 时的散热速率来求出热流量(热传导速率)$\frac{\Delta Q}{\Delta t}$。实验方法是在读得稳定时的 T_1 和 T_2 后，将 B 盘(待测物体)移去，而使盘 C 的底面与铜盘 P 直接接触。当盘 P 的温度上升到高于稳定时的 T_2 值若干摄氏度后，再将圆盘 C 移开让铜盘 P 自然冷却。观察其温度 T 随时间 t 的变化情况，然

后由此求出铜盘 P 在温度为 T_2 时的冷却速率$\left.\frac{\Delta T}{\Delta t}\right|_{T=T_2}$，则圆盘 P 在 T_2 温度时的散热速率为

$$\frac{\Delta Q}{\Delta t}=mc\left.\frac{\Delta T}{\Delta t}\right|_{T=T_2}$$

式中，m 为圆盘 P 的质量，c 为圆盘 P 材料的比热容。

要注意，这样求出来的$\frac{\Delta T}{\Delta t}$是圆盘 P 全部表面暴露在空气中时的冷却速率，其散热表面积为 $2\times\frac{\pi D_{\mathrm{P}}^2}{4}+\pi D_{\mathrm{P}}H_{\mathrm{P}}$（其中 D_{P}、H_{P} 分别为圆盘 P 的直径和厚度）。然而，在观察测试样品的稳态传热时，P 盘的上表面是被样品覆盖着的。考虑到物体的冷却速率与它的表面积成正比，则稳态时圆盘 P 的散热速率表达式为

$$\frac{\Delta Q}{\Delta t}=mc\frac{\Delta T}{\Delta t}\cdot\frac{\frac{\pi D_{\mathrm{P}}^2}{4}+\pi D_{\mathrm{P}}H_{\mathrm{P}}}{2\cdot\frac{\pi D_{\mathrm{P}}^2}{4}+\pi D_{\mathrm{P}}H_{\mathrm{P}}} \tag{4.6-4}$$

$$=mc\frac{\Delta T}{\Delta t}\cdot\frac{D_{\mathrm{P}}+4H_{\mathrm{P}}}{2D_{\mathrm{P}}+4H_{\mathrm{P}}}$$

式(4.6-3)是 B 盘的热传导速率表达式，式(4.6-4)是 P 盘在温度为 T_2 时的散热速率表达式。在稳定的热传导平衡状态下，B 盘的热传导速率等于 P 盘的散热速率，于是有

$$\frac{\pi\lambda D_{\mathrm{B}}^2(T_1-T_2)}{4H_{\mathrm{B}}}=mc\frac{\Delta T}{\Delta t}\cdot\frac{D_{\mathrm{P}}+4H_{\mathrm{P}}}{2D_{\mathrm{P}}+4H_{\mathrm{P}}}$$

整理后得

$$\lambda=mc\frac{\Delta T}{\Delta t}\cdot\frac{2H_{\mathrm{B}}}{T_1-T_2}\cdot\frac{D_{\mathrm{P}}+4H_{\mathrm{P}}}{D_{\mathrm{P}}+2H_{\mathrm{P}}}\cdot\frac{1}{\pi D_{\mathrm{B}}^2} \tag{4.6-5}$$

若实验采用温差热电偶测温，仪器直接读出的是对应于 T_1、T_2 的温差热电势 V_{T_1} 和 V_{T_2}。可以通过查表将 V_{T_1}、V_{T_2}转换成 T_1、T_2 值，也可以直接用读出的 V_{T_1}、V_{T_2}值代替 T_1、T_2 计算 λ。当用热电偶的温差热电势代替温度 T 计算导热系数 λ 时，式(4.6-5)变为

$$\lambda=mc\frac{\Delta V}{\Delta t}\cdot\frac{2H_{\mathrm{B}}}{V_{T_1}-V_{T_2}}\cdot\frac{D_{\mathrm{P}}+4H_{\mathrm{P}}}{D_{\mathrm{P}}+2H_{\mathrm{P}}}\cdot\frac{1}{\pi D_{\mathrm{B}}^2} \tag{4.6-6}$$

五、实验过程与步骤

1. 熟悉仪器结构及其使用方法

仪器结构如图 4.6-1 所示。

2. 测量不良导体的导热系数

①用游标卡尺测量待测样品的直径 D_{B} 和厚度 H_{B}，各在不同位置测量 5 次；用游标卡尺测量散热盘 P 的直径 D_{P} 和厚度 H_{P}，各在不同的位置测量 5 次。散热盘 P 的质量 m 按照样品标定的数据记录。将测量数据分别记录于表 4.6-1、表 4.6-2 中。

②按照图 4.6－1 所示插好加热盘的电源插头；再将 2 根连接线的一端与机壳相连，另一有传感器端插在加热盘和散热盘小孔中。要求传感器完全插入小孔中，并在传感器上抹一些硅油或者导热硅脂，以确保传感器与加热盘和散热盘接触良好。在安放加热盘和散热盘时，还应注意使放置传感器的小孔上下对齐。

注意：加热盘和散热盘两个传感器要一一对应，不可互换。

③安装好温度传感器后测温。接上导热系数测定仪的电源，开启电源后，当左边表头转换至“b ==·=”时，用户可以设定控制温度。设置完成按“确定”键，加热盘即开始加热。右边显示散热盘的当前温度。

④加热盘的温度上升到设定温度时，开始记录散热盘的温度，可每隔一分钟记录一次，数据记录于表 4.6－3。待 10 min 或更长的时间后加热盘和散热盘的温度值基本不变，则可以认为加热盘温度已经达到稳定状态。

⑤按复位键停止加热，取走样品，调节三个螺栓使加热盘和散热盘接触良好，再设定温度到 80℃，加快散热盘的温度上升，当散热盘温度上升到高于稳态时的 T_2 值 20℃左右即止。

⑥移去加热盘，让散热盘在风扇作用下冷却，每隔 10s（或者 30s）记录一次散热盘的温度，记录数据于表 4.6－4 中。根据临近 T_2 值的温度数据计算冷却速率 $\left.\frac{\Delta T}{\Delta t}\right|_{T=T_2}$；也可以根据记录数据作冷却曲线，作曲线在 T_2 点的切线，根据切线斜率计算冷却速率。

3. 测量金属导体的导热系数

①用游标卡尺测量待测样品的直径和厚度，选取不同的位置各测 5 次。

②安装测试样品。先将两块树脂圆环套在金属圆筒两端，并在金属圆筒两端涂上导热硅脂，然后把圆柱体金属铝（待测样品）置于加热圆盘 C 和散热圆盘 P 之间，调节 P 盘下方的三颗螺钉使金属圆筒与加热盘 C 和散热盘 P 紧密接触。

③按照“测量不良导体的导热系数”的实验内容③、④、⑤、⑥的方法测量金属导体在稳定热传导状态下样品上下表面的温度 T_1 和 T_2、散热盘 P 的散热速率。

六、数据记录与处理

表 4.6－1　散热盘 P

$m =$ ________ $\times 10^{-3}$ kg，$c = 385$ J/(K·kg)

次数 i	1	2	3	4	5	平均值
$D_P(10^{-2}$ m)						
$H_P(10^{-2}$ m)						

表 4.6－2　橡胶盘（样品）B

次数 i	1	2	3	4	5	平均值
$D_B(10^{-2}$ m)						
$H_B(10^{-2}$ m)						

表 4.6-3 稳态时 T_1、T_2 值（每隔 60 s 读一组测量值）

次数 i	1	2	3	4	5	6	7	8	9	10	平均值
T_1											
T_2											

表 4.6-4 P 盘散热速率（每隔 60 s 读一组测量值）

次数 i	1	2	3	4	5	6	7	8	9	10	平均值
T											
$\frac{\Delta T}{\Delta t}$(℃/s)											

$\frac{\Delta T}{\Delta t}$的平均值$\overline{\frac{\Delta T}{\Delta t}}$ = ______。

根据 $\lambda = mc\frac{\Delta T}{\Delta t}\cdot\frac{2H_B}{T_1 - T_2}\cdot\frac{D_P + 4H_P}{D_P + 2H_P}\cdot\frac{1}{\pi D_B^2}$ 计算测量样品的导热系数 λ。

表 4.6-5 良导体的导热系数测量 散热盘 P 数据

m = ______ $\times 10^{-3}$ kg, c = 385 J/(K·kg)

次数 i	1	2	3	4	5	平均值
$D_P(10^{-2}$ m)						
$H_P(10^{-2}$ m)						

表 4.6-6 良导体的导热系数测量（铝样品 B）

次数 i	1	2	3	4	5	平均值
$D_B(10^{-2}$ m)						
$H_B(10^{-2}$ m)						

表 4.6-7 良导体的导热系数测量时 T_1、T_2 值（每隔 60 s 读一组测量值）

次数 i	1	2	3	4	5	6	7	8	9	10	平均值
T_1											
T_2											

表4.6-8　良导体的导热系数测量　p盘散热速率(每隔60 s读一组测量值)

次数 i	1	2	3	4	5	6	7	8	9	10	平均值
T											
$\frac{\Delta T}{\Delta t}$(℃/s)											

$\frac{\Delta T}{\Delta t}$的平均值$\overline{\frac{\Delta T}{\Delta t}}$ = ________。

根据 $\lambda = mc\frac{\Delta T}{\Delta t}\cdot\frac{2H_B}{T_1 - T_2}\cdot\frac{D_P + 4H_P}{D_P + 2H_P}\cdot\frac{1}{\pi D_B^2}$ 计算测量样品的导热系数 λ。

思考题

应用稳态法是否可以测量良导体的导热系数？如可以，对实验样品有什么要求？实验方法与测不良导体有什么区别？

实验4.7 双光栅测量微弱振动的位移

在电磁波的传播过程中，由于光源和接收器之间相对运动，使得接收器收到的光波频率不同于光源发出的光波频率的现象称为多普勒效应，由此产生的频率变化称为多普勒频移。如果移动光栅相对于静止光栅运动，使激光束垂直通过这样的双光栅便可以产生光的多普勒效应。将具有频移量和没有频移量的两束光直接平行叠加可以获得光拍，检测光拍信号可以精确测量微弱振动的位移。这种利用机械位移信号转化为光电信号的方法，即光栅式位移测量技术，在长度与角度的数字化测量、运动比较测量、数控机床、应力分析等方面有着非常广泛的应用。因此，本实验的探索内容也是新工科专业的基础之一。

一、实验目的

(1)了解利用光的多普勒频移形成光拍的原理及测量光拍拍频的方法。

(2)学会精确测量微弱振动位移的一种方法。

(3)应用双光栅微弱振动测量仪测量音叉振动的微振幅。

二、实验仪器

FB505 型双光栅仪、双踪示波器。

三、实验简介

图4.7－1是FB505型双光栅仪，在支架3上固定有静止光栅(相位光栅)，音叉上固定光栅2(相位光栅)。当音叉振动时，光栅2跟随音叉发生振动，称为动光栅。本实验利用双光栅仪测量音叉振动的微弱位移。实验时，音叉振动带动光栅振动，光栅振动方向垂直于激光入射方向。由于光栅振动，光栅的衍射光产生多普勒频移，频移量与衍射级数和光栅振动速度有关。调节仪器使动光栅的一级衍射光与静光栅的一级衍射光叠加，由光电池1检测二束衍射光叠加的拍频 $F_{拍}$ 信号，并由示波器显示拍频信号图像(波数)。由光栅的振动速度和拍频 $F_{拍}$ 与动光栅的频移量关系分析，可以得到动光栅的位移

$$A = \int_0^{T/2} F_{拍}\,\mathrm{d}t/2n_\theta$$

式中，$2n_\theta$ 为光栅密度(由实验仪器给出)，$\int_0^{T/2} F_{拍}\,\mathrm{d}t$ 为可由示波器读出的波数。因此，实验只需由示波器读出波数即可测出音叉(动光栅)的位移。

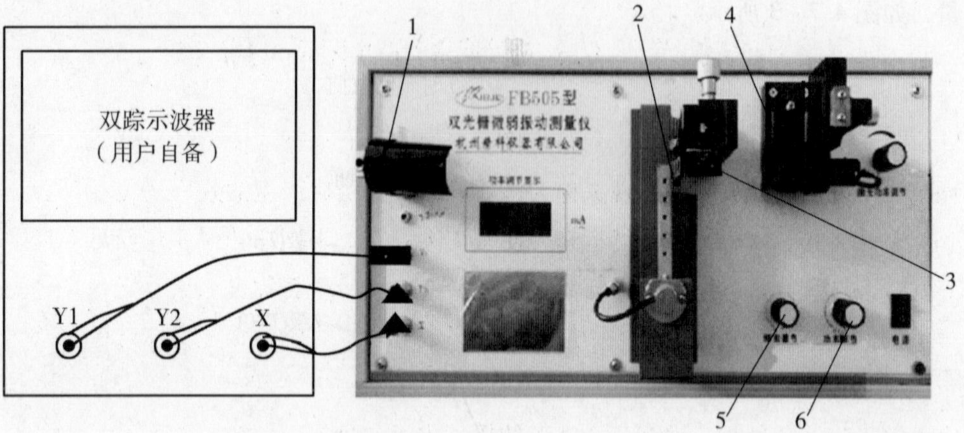

图 4.7－1　FB505 型双光栅仪

1—光电池；2—动、静光栅；3—光栅调节支架；4—激光及其支架；5—频率调节旋钮；6—功率调节旋钮

四、实验原理

1. 移动光学相位光栅的多普勒频移

所谓相位光栅，是指对单色光的光学性能（折射率）具有空间周期结构的光栅。当光入射于这种光栅时只改变出射光的相位，而不影响其振幅。当激光平面波垂直入射到相位光栅上时，由于相位光栅上不同的光密和光疏媒质部分对光波的相位延迟作用，使入射的平面波变成出射时的摺曲波阵面，如图 4.7－2 所示。

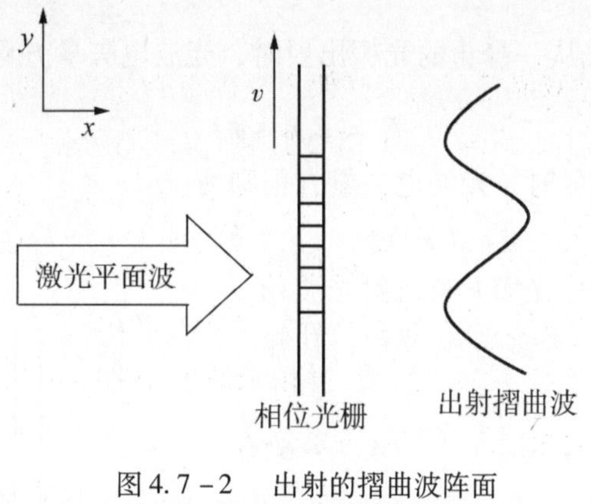

图 4.7－2　出射的摺曲波阵面

由于光栅上单缝自身的衍射作用和缝之间的干涉作用，通过光栅后光的强度出现周期性的变化。在远场，我们可以用光栅衍射方程来表示主极大位置：

$$d\sin\theta = \pm k\lambda \qquad (k = 0, 1, 2, \cdots) \tag{4.7-1}$$

式中，整数 k 为主极大级数，d 为光栅常数，θ 为衍射角，λ 为光波波长。

如果光栅在 y 方向以速度 v 移动，则从光栅出射的光的波阵面也以速度 v 在 y 方向移动。因此，在不同时刻，对应于同一级的衍射，它从光栅出射时，在 y 方向也有一个 vt 的位移量，如图4.7－3所示。

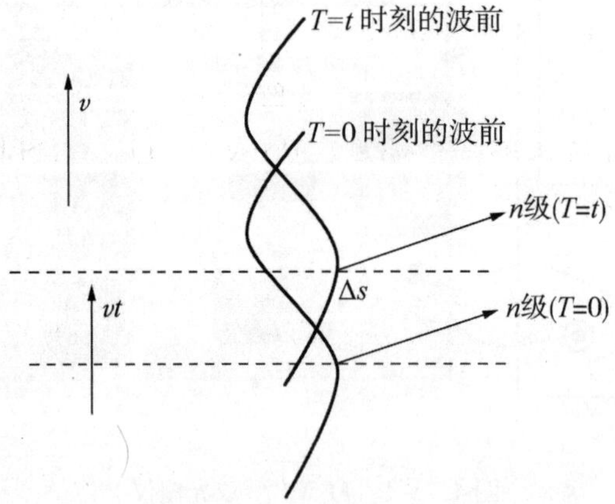

图4.7－3 衍射光线在y方向上的位移量

这个位移量对应于出射光波相位的变化量为$\Delta\phi(t)$：

$$\Delta\phi(t) = \frac{2\pi}{\lambda}\Delta s = \frac{2\pi}{\lambda}vt\sin\theta \tag{4.7-2}$$

把式(4.7－1)代入式(4.7－2)得

$$\begin{aligned}\Delta\phi(t) &= \frac{2\pi}{\lambda}vt\frac{k\lambda}{d}\\ &= k2\pi\frac{v}{d}t = k\omega_d t\end{aligned} \tag{4.7-3}$$

式中，$\omega_d = 2\pi\frac{v}{d}$。若激光从一静止的光栅出射时，光波电矢量方程为

$$E = E_0\cos\omega_0 t \tag{4.7-4}$$

而激光从相应移动光栅出射时，光波电矢量方程则为

$$E = E_0\cos[\omega_0 t + \Delta\phi(t)] = E_0\cos[(\omega_0 + k\omega_d)t] \tag{4.7-5}$$

显而易见，移动的相位光栅k级衍射光波相对于静止的相位光栅有一个多普勒频移，其频率为

$$\omega_D = \omega_0 + k\omega_d \tag{4.7-6}$$

如图4.7－4所示。

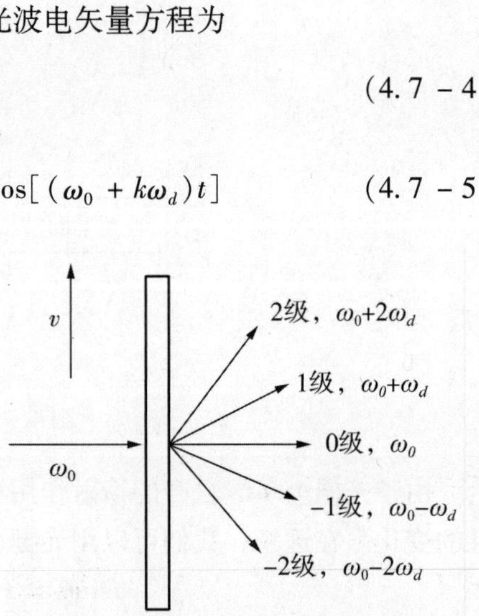

图4.7－4 动光栅

2. 光拍的获得与检测

光频率很高，为了在光频ω_D中检测出多普勒频移量，必须采用“拍”的方法，即要把已频移的和未频移的光束互相平行叠加，以形成光拍。由于拍频较低，容易测得，通过拍频即可检

测出多普勒频移量。

本实验形成光拍的方法是采用两片完全相同的光栅平行紧贴，片 B 静止，片 A 相对移动。激光通过双光栅后所形成的衍射光即为两种以上光束的平行叠加。其形成的第 k 级衍射光波的多普勒频移如图 4.7-5 所示。

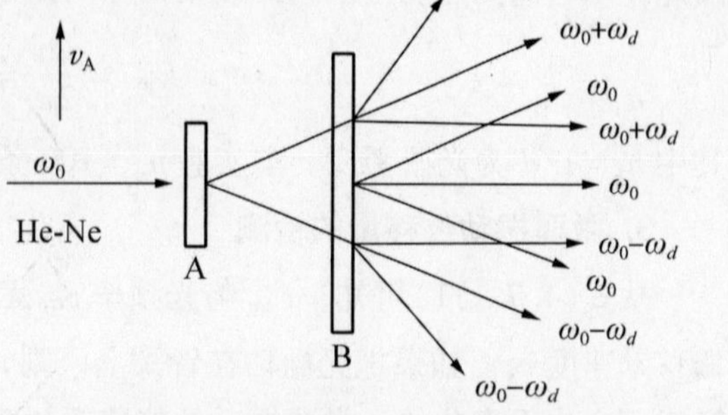

图 4.7-5 k 级衍射光波的多普勒频移

光栅 A 按速度 v_A 移动，起频移作用，而光栅 B 静止不动，只起衍射作用，故通过双光栅后射出的衍射光包含了两种以上不同频率成分而又平行的光束。由于双光栅紧贴，激光束具有一定宽度，故该光束能平行叠加，这样直接而又简单地形成了光拍，如图 4.7-6 所示。

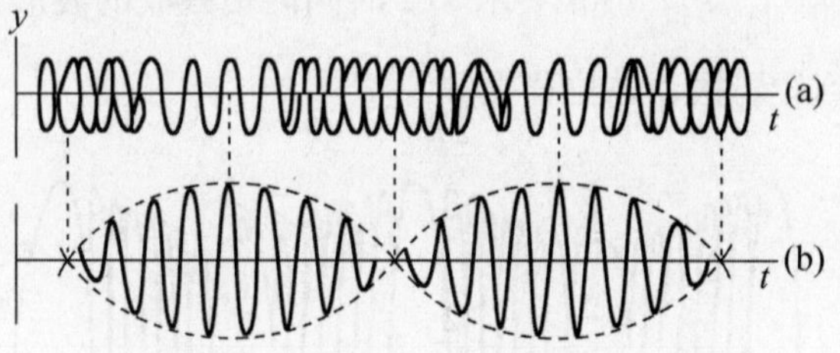

图 4.7-6 频差较小的两列光波叠加形成光拍

激光经过双光栅形成衍射光叠加成光拍信号，光拍信号进入光电检测器后，其输出电流可由下述关系求得。设光束 1 的电矢量为

$$E_1 = E_{10}\cos(\omega_0 t + \varphi_1) \tag{4.7-7}$$

光束 2 的电矢量为

$$E_2 = E_{20}\cos[(\omega_0 + \omega_d)t + \varphi_2] \tag{4.7-8}$$

取 $k=1$，则光电流

$$\begin{aligned} I &= \xi(E_1 + E_2)^2 \\ &= \xi\{E_{10}^2\cos^2(\omega_0 t + \varphi_1) + E_{20}^2\cos^2[(\omega_0 + \omega_d)t + \varphi_2] + \\ &\quad E_{10}E_{20}\cos[(\omega_0 + \omega_d - \omega_0)t + (\varphi_2 - \varphi_1)] + \\ &\quad E_{10}E_{20}\cos[(\omega_0 + \omega_d + \omega_0)t + (\varphi_2 + \varphi_1)]\} \end{aligned} \tag{4.7-9}$$

其中 ξ 为光电转换常数。

因光波频率 ω_0 甚高，在式(4.7-9)第一、二、四项中，光电检测器无法跟上反应，式(4.7-9)第三项即为拍频信号，因为频率较低，光电检测器能作出相应的响应，其光电流为

$$i_S = \xi\{E_{10}E_{20}\cos[\omega_d t + (\varphi_2 - \varphi_1)]\} \tag{4.7-10}$$

因此，光电探测器能检测到的光拍信号的频率就是拍频 $F_{拍}$：

$$F_{拍} = \frac{\omega_d}{2\pi} = \frac{v_A}{d} = v_A n_\theta \tag{4.7-11}$$

其中 $n_\theta = 1/d$ 为光栅密度。本实验 $n_\theta = 100$ 条/mm。

3. 微弱振动位移量的检测

从式(4.7-11)可知，$F_{拍}$ 与光频率 ω_0 无关，且当光栅密度 n_θ 为常数时，只正比于光栅移动速度 v_A。如果把光栅粘在音叉上，则 v_A 是周期性变化。所以光拍信号频率 $F_{拍}$ 也是随时间变化而变化的，微弱振动的位移振幅为

$$\begin{aligned} A &= \frac{1}{2}\int_0^{T/2} v(t)\,\mathrm{d}t \\ &= \frac{1}{2}\int_0^{T/2} \frac{F_{拍}(t)}{n_\theta}\mathrm{d}t = \frac{1}{2n_\theta}\int_0^{T/2} F_{拍}(t)\,\mathrm{d}t \end{aligned} \tag{4.7-12}$$

式中 T 为音叉振动周期，$\int_0^{T/2} F_{拍}(t)\,\mathrm{d}t$ 表示 $T/2$ 时间内拍频波的波形数。所以，只要测得拍频波的波形数就可得到较弱振动的位移振幅。

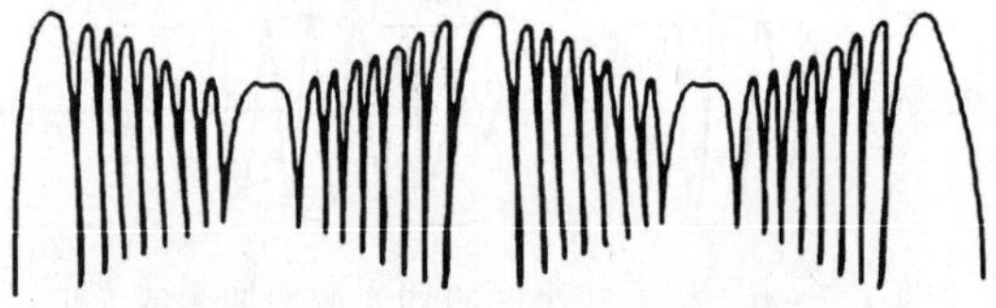

图 4.7-7 示波器显示拍频波形

波形数由完整波形数、波的首数、波的尾数三部分组成。根据示波器上显示计算为

$$波形数 = 整数波形数 + \frac{a}{l} + \frac{b}{l} \tag{4.7-13}$$

式中，a、b 分别为波群的首部和尾部的长度，l 为一个完整波形的平均长度。

五、实验过程与步骤

①复习示波器的使用方法，熟悉双踪示波器的使用方法。

②将示波器的 Y_1、Y_2、X 外触发器接至双光栅微弱振动测量仪的 Y_1、Y_2、X 的输出插座上，开启各自的电源。(仪器结构及接线如图 4.7-1 所示)。

③几何光路调整。调节激光器固定架使红色激光通过静光栅、动光栅，并让某一级衍射光正好落入光电池前的小孔内。

④音叉谐振调节。先调节“功率”旋钮使输出功率约为 45 mA，调节“频率”粗调旋钮使频率约为 508 Hz，然后调节“频率”细调旋钮使音叉谐振。调节时可用耳朵试听，找出调节方向。如音叉谐振太强烈，将“功率”旋钮向小钟点方向转动使在示波器上看到的 $T/2$ 内光拍的波数最多。记录此时音叉振动频率、屏上完整波的个数、不足一个完整波形的首数

及尾数值以及对应该处完整波形的振幅值。

⑤测出外力驱动音叉时的谐振曲线。固定“功率”旋钮位置，在音叉谐振点附近小心调节“频率”旋钮，测出音叉的振动频率与对应的信号振幅大小。频率间隔可以取 0.1 Hz，选 8 个点，分别测出对应的波的个数，数据记录于表 4.7－1。由振幅公式 $A=\frac{N}{2n_\theta}$（N 为示波器上半个周期内的波数）计算出各自的振幅 A。

⑥使音叉在谐振附近的某一频率下振动。输出功率由 10 mA 开始，每隔 10 mA 测量出每一信号输出功率作用下的音叉振幅，测出音叉功率和音叉振幅的关系。将数据记录于表 4.7－2。

六、数据记录与处理

(1) 音叉谐振频率 $f=$ ________。

(2) 音叉在谐振点时作微弱振动的位移振幅 $A=$ ________。

表 4.7－1　振幅随频率的变化

$I=$ ________ mA

频率				（谐振频率）			
波形数							
振幅							

表 4.7－2　音叉功率与振幅的关系

$f=$ ________ Hz

功率(mA)	10	20	30	40	50	60	70
波形数							
振幅							

(3) 在坐标纸上画出在谐振频率下音叉的功率－振幅曲线。

(4) 在坐标纸上画出在一定功率驱动下音叉的频率－振幅曲线。

注意事项：

(1) 激光器功率一般调节到中部即可，不需要经常调节。

(2) 在示波器荧光屏上数拍频波的波数时，最好待波形稳定后进行。

思考题

1. 作外力驱动音叉谐振曲线时，为什么要固定信号功率？
2. 本实验测量方法有何优点？测量微振动位移的灵敏度是多少？

附录 FB505型双光栅仪参数及结构说明

实验仪器：激光源、信号发生器、频率计(上述仪器已集成在测量仪箱内)。

激光器：λ =635 nm，0～30 mW。

信号发生器：120～950 Hz，0.1 Hz微调，0～650 mW输出。

频率计：(1～999.9 Hz) ±0.1 Hz。

音叉谐振频率：500 Hz左右。

光栅常数 $d=\frac{1}{100}$ mm。双光栅微弱振动测量仪面板结构如图4.7－8所示。

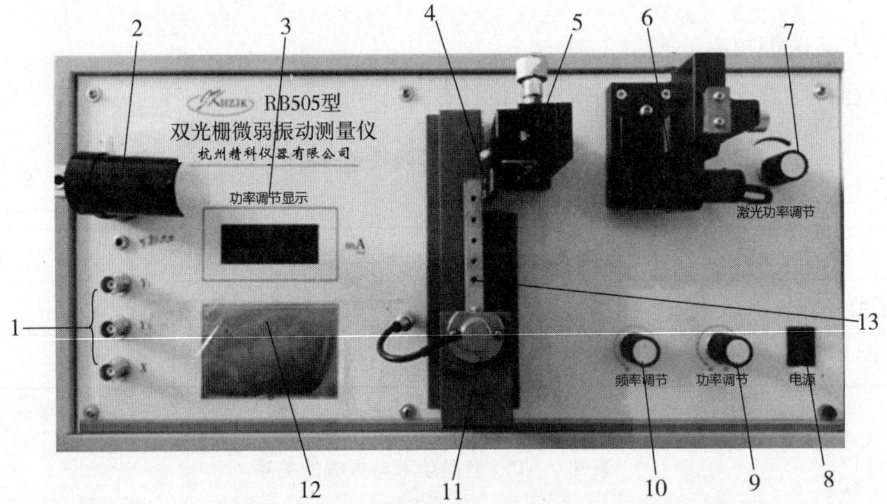

图4.7－8 双光栅微弱振动测量仪面板结构

1—拍频电信号输出；2—光电池；3—功率显示；4—动、静光栅；5—光栅调节支架；6—激光及其支架；7—激光功率调节旋钮；8—电源开关；9—功率调节旋钮；10—频率调节旋钮；11—喇叭；12—频率显示；13—音叉

实验 4.8　交流电桥综合设计性实验

交流电桥是一种比较式测量仪器，在电测技术中占有重要地位。它主要用于交流等效电阻及其时间常数、电容及其介质损耗、自感及其线圈品质因数和互感等电学参数的精密测量，也可用于非电学参数变换为相应电学参数的精密测量。

常用的交流电桥分为阻抗比电桥和变压器电桥两大类。习惯上一般称阻抗比电桥为交流电桥。交流电桥的线路虽然和直流单电桥线路具有相似的结构形式，但因为它的四个臂是阻抗，所以它的平衡条件、线路的组成以及实现平衡的调整过程都比直流电桥复杂。

一、实验目的

(1)学习用交流电桥测电容、电感及其损耗的方法；
(2)掌握交流电桥的特点和平衡的调节方法；
(3)连接消侧音电路，用两套消侧音电路分别作为电话的两端，实现电话通信。

二、实验仪器

FB305A 型交流电桥实验仪、电阻箱、固定电阻、半导体收音机、耳机。

三、实验简介

交流电桥是阻抗比电桥(图 4.8－1)，通常用这种电桥来测量电容或电感。当电桥平衡时，其桥臂阻抗满足比例关系。因为桥臂阻抗为复数，所以要使交流电桥平衡，必须同时满足幅值平衡条件 $Z_1 \cdot Z_3 = Z_2 \cdot Z_4$ 和幅角平衡条件 $\phi_1 + \phi_3 = \phi_2 + \phi_4$，其中 Z_1，Z_3，Z_2，Z_4，ϕ_1，ϕ_3；ϕ_2，ϕ_4 分别为图 4.8－1 电桥中相应桥臂阻抗的幅值和幅角。因此，必须按照幅值条件和幅角条件来设计和调节交流电桥。本实验的内容是在了解交流电桥原理的基础上，设计简单的交流电桥来测量电容或电感。

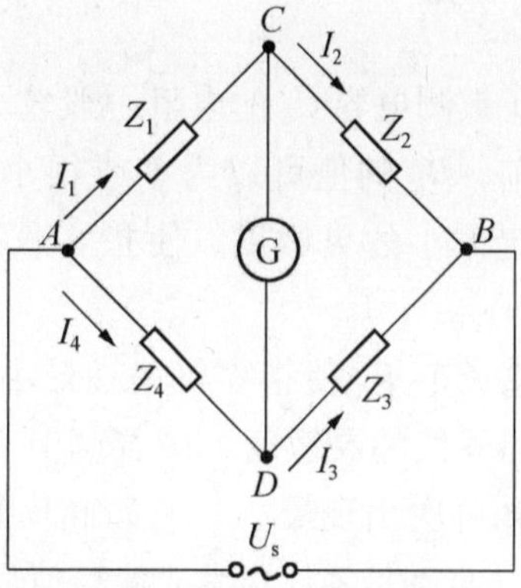

图 4.8－1　交流电桥原理图

四、仪器介绍

图 4.8－2 为 FB305A 型交流电桥实验仪的面板。实验仪包含了交流电桥所需的所有部件，包括三个独立的电阻桥臂(R_B 电阻箱、R_n 电阻箱、R_A 电阻箱)、标准电容 C_n、标准电感 L_n、被测电容 C_{x1} 和 C_{x2}、两个被测电感 L_{x1} 和 L_{x2}、被测电阻 R_{x1} 和 R_{x2} 及信号源和交流指零仪。仪器的正中是双重叠套的菱形接线区：黑色的菱形外圈是臂比电桥的接线区，而

红色菱形是臂乘电桥的接线区。图形清晰简捷，学生均可以方便地完成所需电路的接线，一般情况下不会发生接线交错的情况，方便学生检查线路的连接。只有在做“臂乘”电桥时，才引入 R_B 与 R_n 的一次交叉。交流指零仪有足够大的放大倍数，因此具有很高的灵敏度。将这些开放式模块化的元部件配以高质量的专用接插线就可以自己动手组成不同类型的交流电桥，非常适合于教学实验。例如，串联电容电桥测定电容的操作方法：

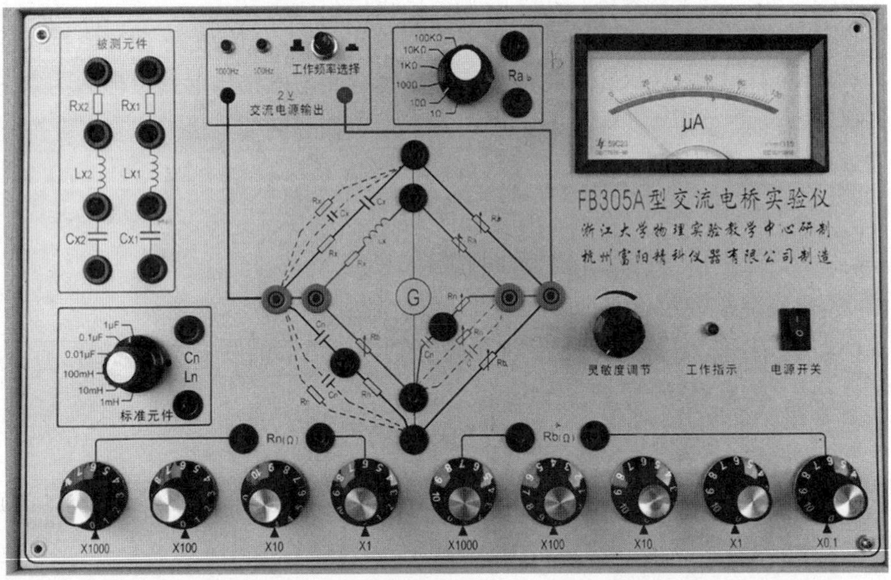

图 4.8－2　FB305A 型交流电桥实验仪面板

①被测电容 C_x 的电阻一般较小，因此，测量前，R_n 的值可以为零或很小的值，设定一定大小的灵敏度，使指零仪有一定的偏转。

②调节 R_B 使指零仪偏转最小，再适当加大指零仪的灵敏度，接着调节 R_n 使指零仪偏转再次出现最小……如此反复调节 R_B 和 R_n，直到指零仪指零或偏转值最小为止。

③有效数字的设定：为了使 C_x 有四位有效数字，R_B 需要显示四位以上的有效数字。可参考表 4.8－1 中的数据设置。其余类型的电桥可以参照图 4.8－3 的接线与设定值进行，此处不再赘述。

表 4.8－1

C_x(μF)	C_n(μF)	R_A(Ω)
10—100	1	100
	0.1	10
	0.01	1
1—10	1	1000
	0.1	100
	0.01	10
0.1—1	1	10000
	0.1	1000
	0.01	100
	0.1	10000
	0.01	1000

五、实验原理

常用的交流电桥分为阻抗比电桥和变压器电桥两大类。本实验中交流电桥指的是阻抗比电桥，其电路原理如图4.8－1所示。交流电桥的电路和直流单电桥电路具有同样的结构形式，但交流电桥的四个桥臂不仅可以是电阻，还可以是电阻、电感、电容等元件或它们的组合。交流电桥采用交流电供电。交流平衡指示仪的种类很多，本实验采用高灵敏度的电子放大式指示仪，有足够的灵敏度。指示仪指零时，电桥达到平衡。

调节电桥各臂阻抗使电桥平衡(即$\vec{I}_0=0$，则CD两点的电位相等，这时有

$$\frac{\vec{Z}_1}{\vec{Z}_2}=\frac{\vec{Z}_4}{\vec{Z}_3} \tag{4.8－1}$$

式(4.8－1)就是交流电桥的平衡条件。将各阻抗用复数形式表示有

$$\frac{Z_1 e^{i\varphi_1}}{Z_2 e^{i\varphi_2}}=\frac{Z_4 e^{i\varphi_4}}{Z_3 e^{i\varphi_3}}$$

即要使电桥平衡，必须使下列方程组成立

$$\begin{cases} Z_1 \cdot Z_3 = Z_2 \cdot Z_4 \\ \varphi_1+\varphi_3=\varphi_2+\varphi_4 \end{cases} \tag{4.8－2}$$

方程组(4.8－2)是平衡条件的另一种表现形式。可见，交流电桥的平衡必须同时满足两个条件：一是相对桥臂上阻抗幅模的乘积相等；二是相对桥臂上阻抗幅角之和相等。方程组(4.8－2)说明，交流电桥必须按照一定的方式配置桥臂阻抗，否则有可能无法使电桥平衡。下面将介绍几种常用的交流电桥。

1. 测量损耗小的电容电桥(串联电容电桥)

图4.8－3a电路为用来测量损耗小的电容的电桥。被测电容C_x接到电桥的第一臂，它的损耗以等效串联电阻R_x表示，称为串联电容电桥。在电桥中，与被测电容相比较的标准电容C_n接入相邻的第四臂，同时与C_n串联一个可变电阻R_n。桥的另外两臂为纯电阻R_A及R_B。当电桥调到平衡时：

$$R_x=\frac{R_A}{R_B}R_n \tag{4.8－3}$$

$$C_x=\frac{R_B}{R_A}C_n \tag{4.8－4}$$

被测电容的损耗因数D为

$$D=\omega C_x R_x=\omega C_n R_n \tag{4.8－5}$$

由此可知，要使电桥达到平衡，必须同时满足式(4.8－3)和式(4.8－4)，因此需至少调节两个参数。如果改变R_n和C_n，便可以单独调节且互不影响地使电容电桥达到平衡。但通常标准电容是做成固定的，因此C_n不能连续可变。这时我们可以调节R_B/R_A比值使

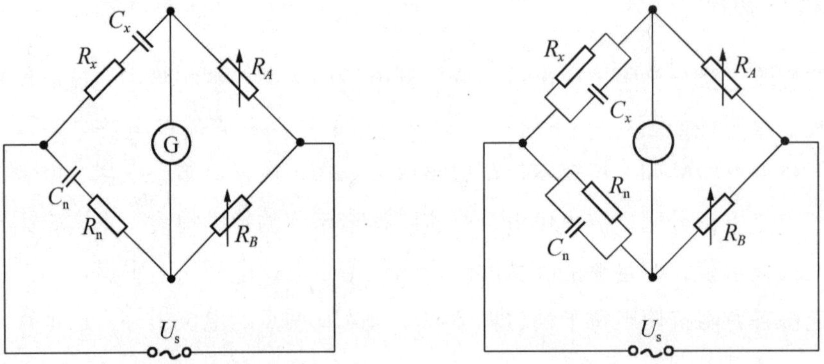

(a) 串联电容电桥　　(b) 并联电容电桥

图 4.8－3

式(4.8－4)得到满足。但调节 R_B/R_A 的比值时又影响到式(4.8－3)的平衡。因此，要使电桥同时满足两个平衡条件，必须反复调节 R_n 和 R_B/R_A 等参数才能实现。

2. 测量损耗大的电容电桥(并联电容电桥)

假如被测电容的损耗大，用上述电桥测量时，与标准电容相串联的电阻 R_n 必须很大，这将会降低电桥的灵敏度。因此当被测电容的损耗大时，宜采用图 4.8－3b 所示的电容电桥电路进行测量，它的特点是标准电容 C_n 与电阻 R_n 是彼此并联的。根据电桥的平衡条件可以写成

$$R_B \cdot \left(\frac{1}{\frac{1}{R_n} + j\omega C_n} \right) = R_A \cdot \left(\frac{1}{\frac{1}{R_x} + j\omega C_x} \right)$$

整理后可得

$$C_x = \frac{R_B}{R_A} C_n \tag{4.8-6}$$

$$R_x = \frac{R_A}{R_B} R_n \tag{4.8-7}$$

其损耗因数为

$$D = \frac{1}{\omega C_x R_x} = \frac{1}{\omega C_n R_n} \tag{4.8-8}$$

交流电桥测量电容根据需要还有一些其他形式，可参看有关的书籍。

3. 测量高 Q 值电感的电感电桥(海氏电桥)

实际的电感线圈一般不是纯电感，除了电抗 $X_L = \omega L$ 外，还有等效电阻 R。两者之比称为电感线圈的品质因数 Q，即

$$Q = \frac{\omega L}{R} \tag{4.8-9}$$

测量高 Q 值的电感电桥(海氏电桥)的原理电路如图 4.8－4 所示，称为海氏电桥。电桥平

衡时，根据平衡条件可得

$$(R_x + j\omega L_x)\cdot\left(R_n + \frac{1}{j\omega C_n}\right) = R_A R_B \tag{4.8-10}$$

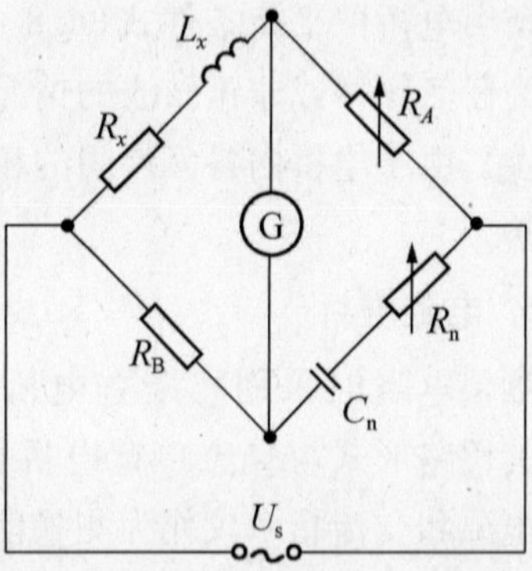

图 4.8－4　海氏电桥

整理得

$$L_x = R_B R_A \frac{C}{1 + (\omega C_n R_n)^2} \tag{4.8-11}$$

$$R_x = R_A R_B \frac{R_n(\omega C_n)^2}{1 + (\omega C_n R_n)^2} \tag{4.8-12}$$

由式(4.8－11)、式(4.8－12)可知，海氏电桥的平衡条件与频率有关。因此，在应用这种电桥时，如需改用外接电源供电，必须使电源的频率与该电桥说明书上规定的电源频率相符，而且电源波形必须是正弦波，否则谐波频率会影响测量的精度。

用海氏电桥测量时，其 Q 值为

$$Q = \frac{\omega L_x}{R_x} = \frac{1}{\omega C_n R_n} \tag{4.8-13}$$

由式(4.8－13)可知，被测电感 Q 值越小，则要求标准电容 C_n 的值越大，但一般标准电容的容量不太大。此外，若被测电感的 Q 值过小，则海氏电桥标准电容的桥臂中所串联的 R_n 必须很大。但当电桥中某个桥臂阻抗数值过大时，将会影响电桥的灵敏度。可见，海氏电桥电路适合测 Q 值较大的电感参数，而在测量 $Q<10$ 的电感元件的参数时，则须用低 Q 值电感的电桥电路测量。

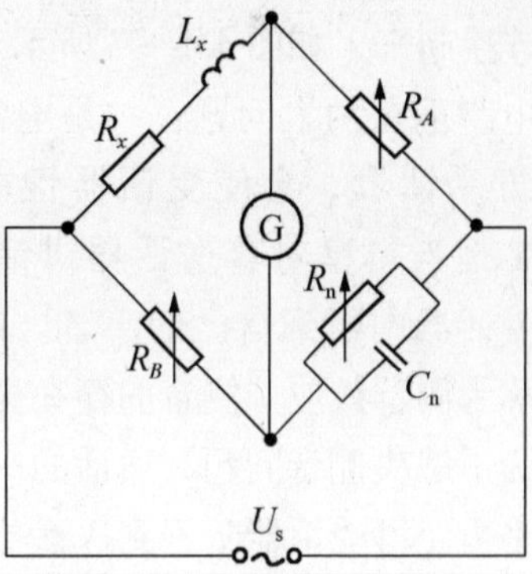

图 4.8－5　麦克斯韦电桥

4. 测量低 Q 值电感的电感电桥(麦克斯韦电桥)

测量低 Q 值电感的电桥电路原理如图 4.8－5 所示。该电桥又称为麦克斯韦电桥。这种电桥与前面介绍的测量高 Q 值电感的电桥电路有所不同：标准电容桥臂中的 C_n 和可变电阻 R_n 是并联的。在电桥平衡时，有

$$(R_x + j\omega L_x)\left(\frac{1}{1/R_n + j\omega C_n}\right) = R_A R_B \tag{4.8-14}$$

相应的测量结果为

$$L_x = R_A R_B C_n \tag{4.8-15}$$

$$R_x = R_A R_B \frac{1}{R_n} = R_A R_B Y_n \tag{4.8-16}$$

被测对象的品质因数

$$Q = \frac{\omega L_x}{R_x} = \omega R_n C_n \tag{4.8-17}$$

麦克斯韦电桥的平衡条件式(4.8－15)、式(4.8－16)表明，它的平衡与频率无关，即在电源为任何频率或非正弦波的情况下，电桥都能平衡，所以该电桥的应用范围较广。但是实际上，由于电桥内各元件间的相互影响，所以交流电桥的测量频率对测量精度仍有一定的影响。

5. 电阻电桥

测量电阻时采用惠斯登电桥，如图4.8－6所示。其桥路形式与直流单臂电桥相同，只是这里用交流电源和交流指示仪作为测量信号。

当电桥平衡时，C、D两点等电位，则：

$$R_x = \frac{R_A}{R_B}R_n \qquad (4.8-18)$$

由于采用交流电源和交流电阻作为桥臂，所以测量一些残余电抗较大的电阻时不易平衡，这时可改用直流电桥进行测量。

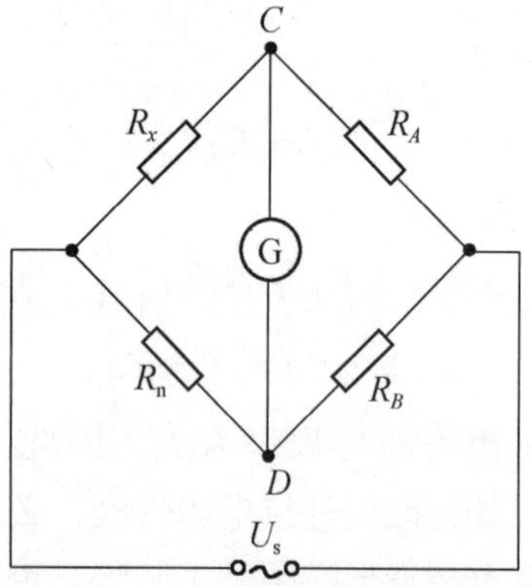

图4.8－6 交流电桥测电阻

6. 交流电桥的应用——消侧音电路

实现通话最简单、经济的电路是用一对导线将通话双方的送话器和受话器连接起来，如图4.8－7所示。但这种电路存在两大问题：一是电流通过双方受话器，会使受话器性能变差；二是当自己对着送话器讲话时，能从受话器中听到自己的声音。这种现象称为侧音效应。侧音的存在会引起听觉疲劳而听不清对方讲话，因此不利于通话。

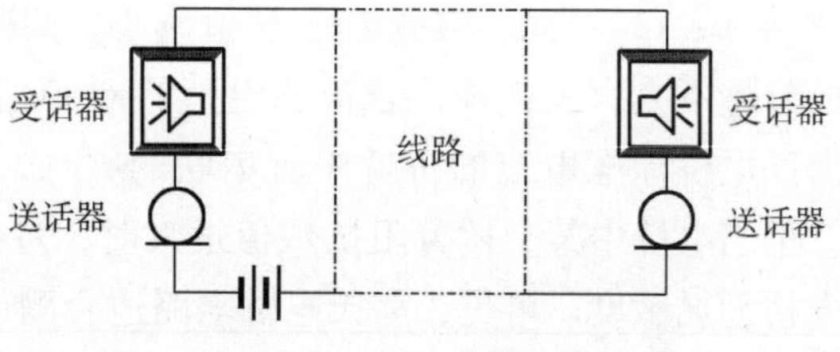

图4.8－7 简单双向通话电路

为了解决侧音问题，通话的一方可采用图4.8－8所示电路。调节平衡阻抗，可以使电桥平衡使得受话器听不到送话器的声音，即讲话人听不到自己的声音，达到消侧音的目的。在本实验中假设电路阻抗由电阻构成，实验的任务就是选择平衡阻抗，给出消侧音效果最好时电路元件的参数。用两套消侧音电路可实现电话通信，如图4.8－9所示。

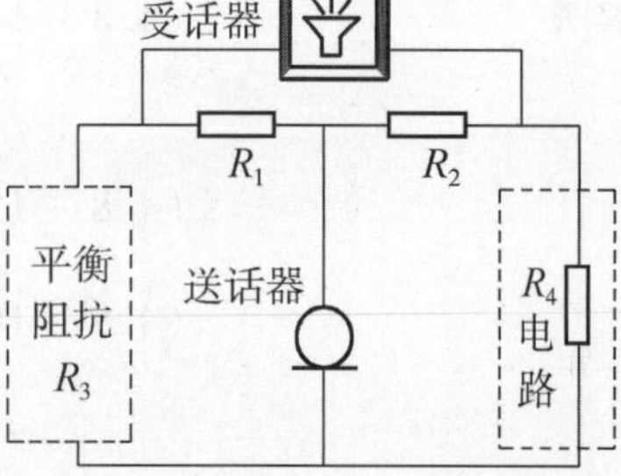

图4.8－8 消侧音电路

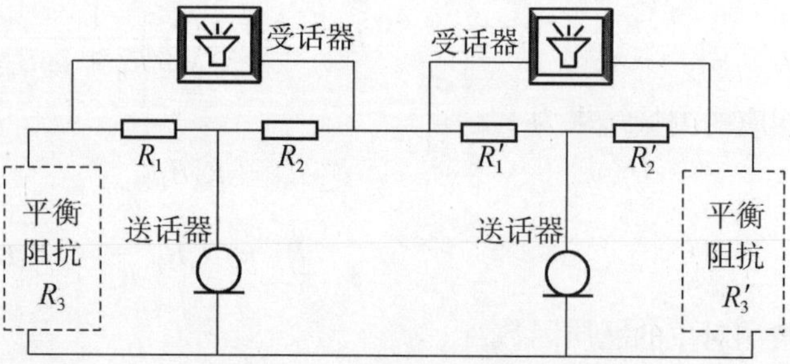

图4.8－9 具有消侧音的双向通话电路

六、实验过程与步骤

①熟悉仪器。实验前应充分掌握实验原理，熟悉仪器面板及其操作（仪器面板如图4.8－2所示），接线前应明确桥路的形式，错误的桥路可能导致较大的测量误差，甚至无法测量。

②测量电容。根据实验原理使用合适的桥路分别测量两个待测电容（C_{x1}、C_{x2}）及其损耗电阻，并计算损耗。

③测量电感。根据实验原理使用合适的桥路分别测量两个待测电感（L_{x1}、L_{x2}）及其损耗电阻，并计算电感的Q值。

④测量电阻。用交流电桥测量两个待测电阻的阻值，并与直流电桥的测量结果相比较。

⑤消侧音。按图4.8－8所示的电路图连接消侧音电路，测出平衡阻抗R_3，并根据图4.8－9用两套消侧音电路实现电话通信。

⑥其他桥路实验。交流电桥还有其他形式，有兴趣的读者可以自己进行实验。仪器的配置可以支持完成这些实验。

七、数据记录与处理

数据记录表格请读者自行设计。

按式（4.8－6）～（4.8－8）和式（4.8－11）～（4.8－13）处理数据，并分析出现误差的原因。

思考题

1. 交流电桥的桥臂是否可以任意选择不同性质的阻抗元件组成？应如何选择？
2. 为什么在交流电桥中至少需要选择两个可调参数？怎样调节才能使电桥趋于平衡？
3. 交流电桥对使用的电源有何要求？交流电源对测量结果有无影响？

附　录

一、臂比电桥和臂乘电桥

交流电桥必须按照一定的方式配置桥臂阻抗。如果用任意不同性质的四个阻抗组成电桥，则有可能无法调节到平衡，因此必须把电桥各元件的性质按电桥的两个平衡条件作适当配合。一般在实验测量时，常常采用标准电抗元件来平衡被测量元件，所以实验中常采用以下形式的电路：

①将被测量元件 $\vec{Z}_x$ 与标准元件 $\vec{Z}_n$ 相邻放置，如图 4.8－1 中 $\vec{Z}_4=\vec{Z}_x$，$\vec{Z}_3=\vec{Z}_n$。这时由式(4.8－1)可得

$$\vec{Z}_x=\frac{\vec{Z}_1}{\vec{Z}_2}\vec{Z}_n \tag{4.8-19}$$

式中，比值 $\frac{\vec{Z}_1}{\vec{Z}_2}$ 称为“臂比”，故电桥又称为“臂比电桥”。一般情况下 $\frac{\vec{Z}_1}{\vec{Z}_2}$ 为实数，因此 $\vec{Z}_x$，$\vec{Z}_n$ 必须是具有相同性质的电抗元件，改变臂比可以改变量程。

②将被测量元件与标准元件相对放置，如图 4.8－1 中 $\vec{Z}_4=\vec{Z}_x$，$\vec{Z}_2=\vec{Z}_n$。这时由式(4.8－1)可得

$$\vec{Z}_x=\frac{\vec{Z}_1\vec{Z}_3}{\vec{Z}_n} \tag{4.8-20}$$

式中，乘积 $\vec{Z}_1\vec{Z}_3$ 称“臂乘”，故电桥又称为“臂乘电桥”。其特点是 $\vec{Z}_x$，$\vec{Z}_n$ 元件阻抗的性质必须相反，因此这种形式的电桥常常应用在用标准电容测量电感的情况。在实际测量中，为了使电桥结构简单和调节方便，通常将交流电桥中的两个桥臂设计为纯电阻。

二、指针不能完全回到零位的原因

在电桥的平衡过程中，有时候指零仪不能调到零位。一般来说有以下原因：

(1)测量电阻时，被测电阻的分布电容或电感太大。

(2)测量电容和电感时，损耗平衡 R_n 的调节细度受到限制，尤其是低 Q 值的电感或高损耗的电容测量时更为明显。另外，电感线圈极易感应外界的干扰，也会影响电桥的平衡。这时可以试着变换电感的位置来减少这种影响。

(3)由于桥臂元件并非理想的电抗元件，所以选择的测量量程不当，以及被测元件的电抗值太小或太大也会造成电桥难以平衡。

(4)在保证精度的情况下，灵敏度不要调得太高。灵敏度太高也会引入一定的干扰。

(5)与直流电桥不同，由于作为电桥比例臂的电阻箱实际上也存在分布电容的影响，因此在实验过程中，有时会出现如 $1\times1000\ \Omega\neq10\times100\ \Omega$ 的现象，这种情况也是正常的。

实验 4.9　铁磁物质磁化曲线和磁滞回线的测量

铁磁物质（含铁、钴、钢、镍、铁镍合金等）的磁性有两个特点：一是在外磁场作用下容易被强烈磁化，具有很高的磁导率 μ，在磁化过程中其磁导率随磁化场强度的变化而变化；二是磁滞，材料在磁化过程中其内部的磁感应强度始终落后于外磁场。因为铁磁物质的磁化规律很复杂，要具体了解某种铁磁材料的磁性，就必须测出它的磁化曲线和磁滞回线。测绘磁性材料的磁化曲线和磁滞回线的方法有静态法和动态法。静态法（如冲击电流法）测量的准确度较高，但操作较复杂，且费时间。本实验采用示波器和磁滞回线测试仪在交变磁场下测绘铁磁材料的动态基本磁化曲线和动态磁滞回线，具有直观、方便、迅速的特点。这种方法在工业上广泛应用于快速检测和产品分类。

一、实验目的

(1)认识铁磁物质的磁化规律，掌握磁化曲线和磁滞回线的概念。
(2)掌握用示波器显示动态磁化曲线和动态磁滞回线的原理和方法。
(3)掌握使用智能型磁滞回线测试仪定量测量磁参数的方法。

二、实验仪器

磁滞回线实验仪、双踪示波器等。

三、实验简介

铁磁物质的磁化过程非常复杂，其磁化过程存在磁滞现象，即被磁化材料中的磁感应强度 B 始终滞后于外加磁化场 H。本实验利用 FB310 型动态磁滞回线实验仪（图 4.9－1）和示波器观测磁滞回线，绘出初始磁化曲线，以及测量矫顽力、剩磁等特征参数。动态磁滞回线实验仪输出的电压 U_x、U_y 与外加磁化场 H 和材料中的磁感应强度 B 满足关系

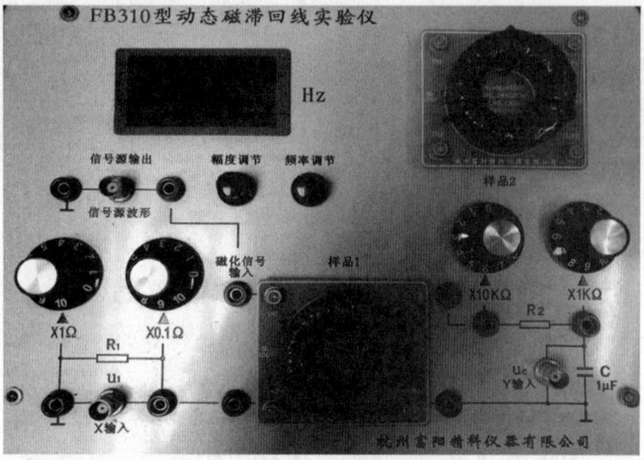

图 4.9－1　FB310 动态磁滞回线实验仪面板

$$H = N_1U_x/LR_1$$
$$B = CR_2U_y/N_2S_y$$

式中，N_1、N_2、L、R_1、C、R_2、S_y 为已知参数，N_1、N_2 是电路线圈匝数，L 回路长度，R_1、R_2 是电阻，S 是电容，C 是面积。初始磁化曲线近似于不同大小的磁滞回线顶点连接

成的曲线。因此，利用示波器测量出磁滞回线顶点对应的 U_x、U_y 即可得出对应的 H、B，用这些 H、B 绘出的曲线即可认为是初始磁化曲线。同理，分别测出饱和磁滞回线中与 x 轴、y 轴交点对应的 U_x、U_y 即可得到材料矫顽力 H_D 和剩磁 B_r。

四、实验原理

1. 铁磁物质的磁化规律

铁磁物质是一种性能特异、用途广泛的材料。铁、钴、镍及其众多合金以及含铁的氧化物(铁氧体)均属铁磁物质。铁磁物质的特性一是在外磁场作用下能被强烈磁化，故磁导率很高；另一特性是磁滞，铁磁物质的磁感应强度 B 的变化始终落后于磁场强度 H 的变化。铁磁物质磁感应强度 B 与磁化场强度 H 之间的关系如图 4.9－2 所示。

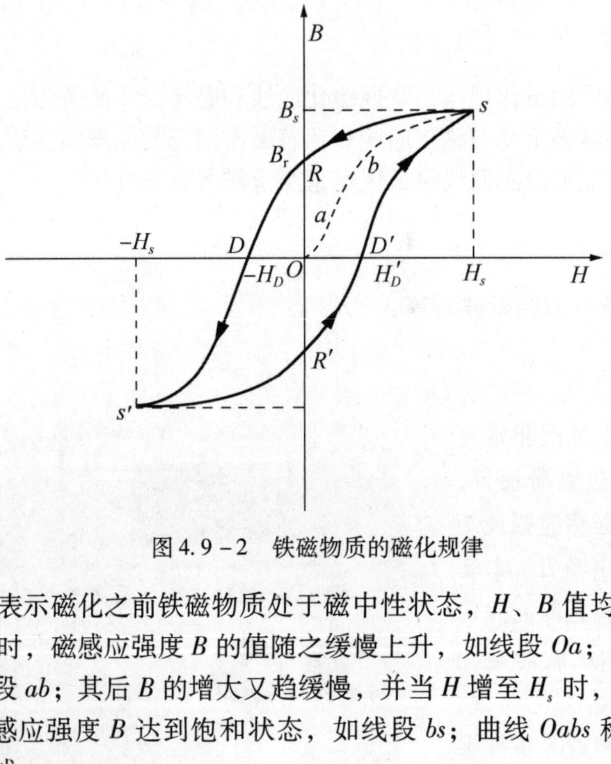

图 4.9－2　铁磁物质的磁化规律

图中的原点 O 表示磁化之前铁磁物质处于磁中性状态，H、B 值均为零。当磁化场强度 H 从零开始增加时，磁感应强度 B 的值随之缓慢上升，如线段 Oa；继而 B 随 H 的增大而迅速增大，如线段 ab；其后 B 的增大又趋缓慢，并当 H 增至 H_s 时，B 值几乎不随 H 的增大而增大，即磁感应强度 B 达到饱和状态，如线段 bs；曲线 $Oabs$ 称为起始磁化曲线，也称为基本磁化曲线。

当磁化场从 H_s 逐渐减小至零，磁感应强度 B 并不沿基本磁化曲线恢复到零，而是沿着另一条新的曲线 sR 下降。比较线段 Os 和 sR 可知，H 减小，B 也相应减小，但 B 的变化滞后于 H 的变化。这种现象称为磁滞。磁滞的明显特征是当 $H=0$ 时，B 不为零，而保留剩磁 B_r。

当磁化场反向从 O 逐渐变至 $-H_D$ 时，磁感应强度 B 消失。说明要消除剩磁 B_r，必须加上足够大的反向磁场。H_D 称为矫顽力，它的大小反映铁磁物质保持剩磁状态的能力。曲线 RD 称为退磁曲线。

当磁场按 $H_s \to O \to -H_D \to H_{s'} \to O \to H_{D'} \to H_s$ 次序变化时，相应的磁感应强度 B 则沿着

闭合曲线 $sRDs'R'D's$ 变化。这条闭合曲线称为磁滞曲线。当初始状态为 $H=0$、$B=0$ 的铁磁材料在交变磁化场强度由弱到强依次进行磁化，可以得到面积由小到大向外扩张的一簇磁滞回线，如图 4.9－3 所示。其中面积最大的磁滞回线称为极限磁滞回线，亦称为饱和磁滞回线。而这一簇由小到大的磁滞回线的顶点的连线，称为铁磁材料的基本磁化曲线。

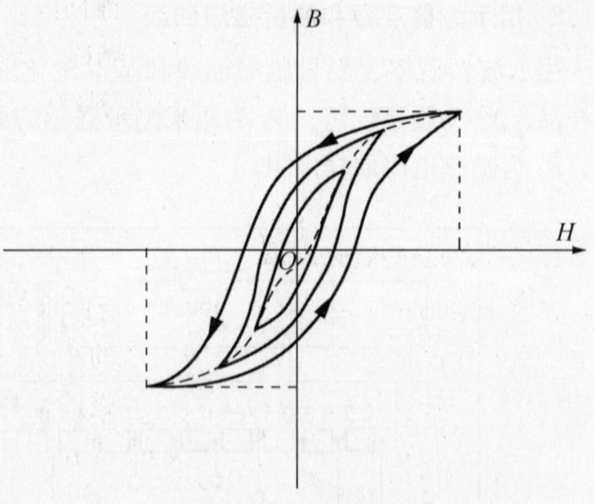

图 4.9－3　磁滞回线

当铁磁材料处于交变磁场中时（如变压器铁芯），将沿磁滞回线反复处于“被磁化→去磁→反向磁化→反向去磁”的过程。在此过程中要消耗额外的能量，并以热的形式从铁磁材料中释放。这种损耗称为磁滞损耗。可以证明，磁滞损耗与磁滞曲线所包围的面积成正比。

不同的铁磁材料其基本磁化曲线和饱和磁滞回线不相同，磁化曲线和饱和磁滞回线是铁磁材料分类和选用的主要依据。图 4.9－4 是常见软磁和硬磁材料的磁滞回线，其中软磁材料的磁滞回线狭长，矫顽力、剩磁和磁滞损耗均较小，是制造变压器、电机和交流电磁铁的主要材料；而硬磁材料的磁滞回线较宽，矫顽力大，剩磁强，可用来制造永磁体。

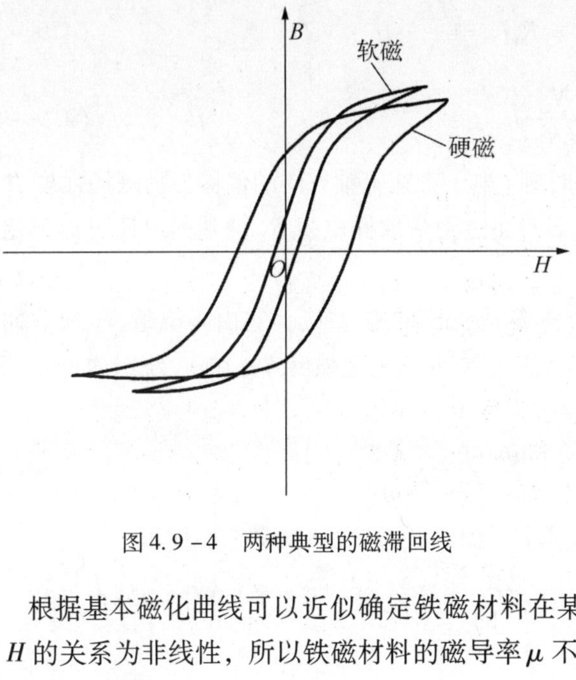

图 4.9－4　两种典型的磁滞回线

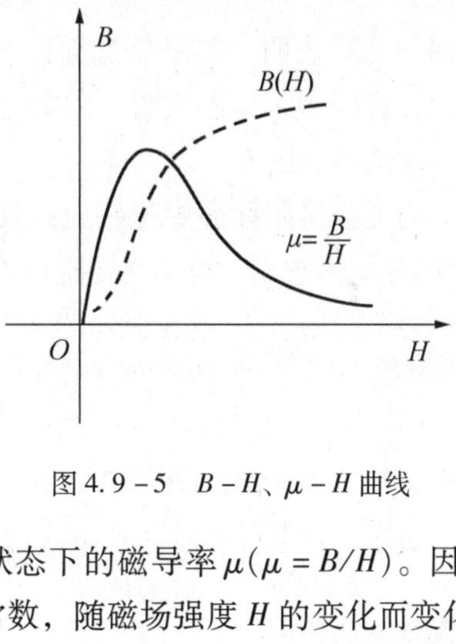

图 4.9－5　$B-H$、$\mu-H$ 曲线

根据基本磁化曲线可以近似确定铁磁材料在某一状态下的磁导率 μ（$\mu=B/H$）。因 B 与 H 的关系为非线性，所以铁磁材料的磁导率 μ 不是常数，随磁场强度 H 的变化而变化，如图 4.9－5 所示。

2. **用示波器观察和测量磁滞回线**

用示波器观察、测量磁滞回线和基本磁化曲线的实验电路如图4.9－6所示。T为待测样品，N_1 为励磁绕组，N_2 为用来测量磁感应强度 B 而设置的副绕组，R_2C 构成积分电路，R_1 为励磁电流取样电阻。

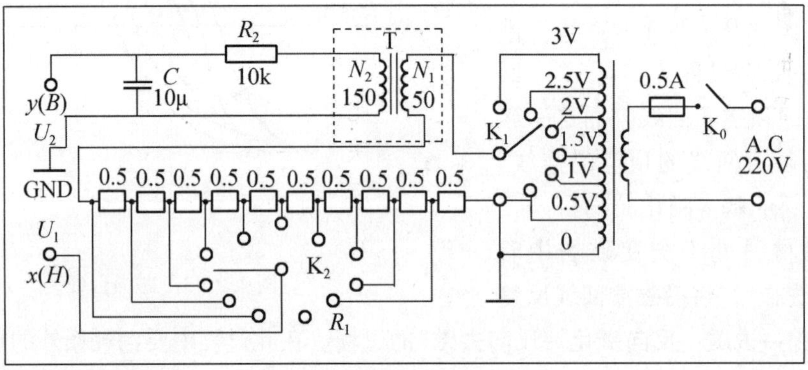

图4.9－6 实验电路

将电阻 R_1（要求 R_1 阻值远小于 N_1 绕组的阻抗）上的电压 $U_x=R_1I_1$（I_1 是交变电流）加在示波器的 x 轴，则电子束在 x 轴方向的偏移与磁化电流 I_1 成正比。根据安培环路定律有

$$I_1N_1 = HL \tag{4.9－1}$$

式中，N_1 为励磁线圈的匝数，L 为铁芯的平均磁路长度，H 为铁芯磁化场强度。所以

$$U_{x(H)} = R_1I_1 = \frac{LR_1}{N_1}\cdot H \tag{4.9－2}$$

或

$$H = \frac{N_1}{LR_1}\cdot U_{x(H)} \tag{4.9－3}$$

式(4.9－2)表明，在交变磁场下，任一时刻 t 电子束在 x 轴方向的偏移与励磁场强度 H 成正比；式(4.9－3)则表明，在交变磁场下，通过测量取样电阻 R_1 两端的电压可以测定铁芯的励磁场强度 H。

为了获得跟样品中磁感应强度瞬时值 B 成正比的电压 U_y，它由副绕组 N_2 和后面的 RC 积分电路给出。由于交变磁场 H 对样品产生交变磁感应强度 B，在 N_2 绕组内产生感应电动势

$$\varepsilon_2 = N_2\frac{\mathrm{d}\Phi}{\mathrm{d}t} = N_2S\frac{\mathrm{d}B}{\mathrm{d}t} \tag{4.9－4}$$

式中，N_2 为副绕组线圈匝数，Φ 为通过线圈平面的磁通量，S 为铁芯截面积。

当 $R_2\gg\frac{1}{2\pi fC}$ 时，即 R_2 阻值远远大于电容 C 的容抗时，可忽略回路的自感电动势。对于副线圈回路有

$$\varepsilon_2 = R_2I_2$$

$$U_{y(B)}=U_C=\frac{Q}{C}=\frac{1}{C}\int_0^t I_2\mathrm{d}t$$

$$=\frac{1}{CR_2}\int_0^t \varepsilon_2\mathrm{d}t=\frac{N_2S}{CR_2}\int_0^B\mathrm{d}B$$

$$=\frac{N_2S}{CR_2}B \tag{4.9-5}$$

或

$$B=\frac{CR_2}{N_2S}U_{y(B)} \tag{4.9-6}$$

式(4.9－5)说明输入示波器 y 轴的电压 $U_{y(B)}$ 正比于铁芯的磁感应强度 B；式(4.9－6)说明通过测量积分电容 C 上的电压 U_y 可以测量出铁芯的磁感应强度 B。

在磁化电流变化的一个周期内，电子束的径迹扫出一条完整的磁滞回线，之后每个周期都重复此过程。由于电源频率为 50 Hz，在荧光屏上看到的是一条连续的磁滞回线。

五、实验过程与步骤

①熟悉仪器，并根据图 4.9－6 实验电路将实验仪器及元件连接成测量电路。

②将代表磁场强度 H 的信号电压 U_x 接至示波器 x 轴输入端(CH_1)，将代表磁感应强度 B 的信号电压 U_y 接至示波器 y 轴输入端(CH_2)，按下示波器 $x-y$ 转换开关。

③对样品退磁。接通电源，用“U 选择(幅度调节)”开关(或电压幅度调节开关)选择合适的励磁电压，R_1 选择 1.0～5.0 Ω，调节示波器 x 轴和 y 轴分度值使荧光屏上呈现较为理想的饱和磁滞回线，即回线包围面积比较大，H 增大而 B 几乎不变。若出现如图 4.9－7 所示的畸变图形，则应适当减小 R_1 值或励磁电压。连续几次转动“U 选择”开关，使励磁电压从最大变化至零即可对样品进行退磁。

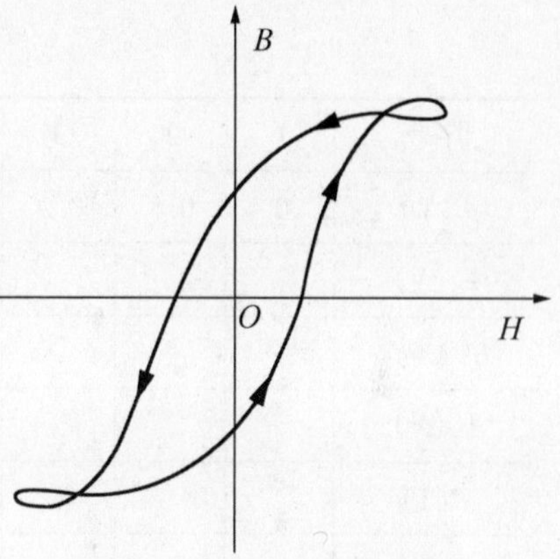

图 4.9－7　畸变的磁滞回线

④观察基本磁化曲线和饱和磁滞回线。利用“幅度调节”开关使励磁电压从零开始(此时荧光屏上亮点应在中央。若不在中央，应通过示波器 x 轴、y 轴位置调节旋钮调至中央位置)，逐档提高励磁电压，将在显示屏上得到面积由小到大、一个套一个的一簇磁滞回线，如图 4.9－8 所示。这一簇磁滞回线的顶点所连成的曲线就是基本磁化曲线。通过观察可以了解基本磁化曲线形成的过程和图样。

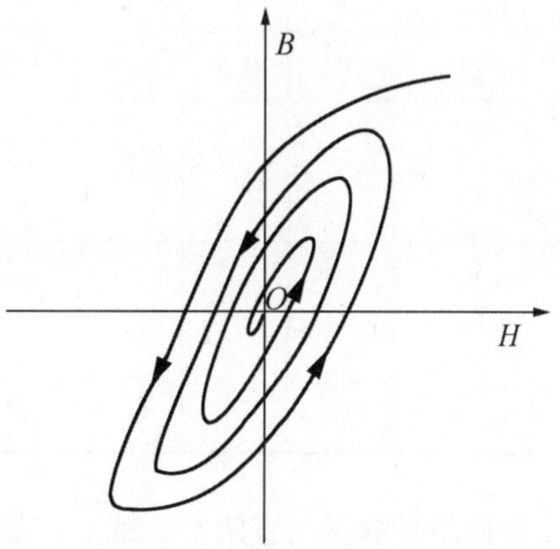

图 4.9－8

⑤观察、比较样品1和样品2的磁化性能。

⑥测绘$\mu-H$曲线：

测量：从零开始，分8～10次单向增加信号源的输出电压，分别记录每条磁滞回线上的正顶点(注意：示波器可能不稳定，使回线的坐标原点发生变化，故应随时调节x轴和y轴的位移旋钮使图像对称，或取上下回线顶点坐标值之和的一半作为正顶点坐标值)。继续增大信号源的输出电压使磁化达到饱和，得到饱和磁滞回线。记录8～10个点的坐标值[取$\pm(H_S, B_S)$、$\pm(H_C, 0)$、$\pm(0, B_R)$特征点的坐标值]。如果使用数字示波器，则根据打印出的磁滞回线读出所需要点的坐标值。

定标：保持示波器的x、y轴的增益不变，按接线板的定标部分接好线路，调节信号源的输出电压使n_x和n_y达到最大格数，再分别记录U_x和U_y。

六、数据记录与处理

(1)测绘基本磁化曲线和$\mu-H$曲线。

表4.9-1 软磁

序号	1	2	3	4	5	6	7	8	9	10	11
U(V)	0	0.5	0.9	1.2	1.5	1.8	2.1	2.4	2.7	3.0	3.5
U_x(V)											
H(A/m)											
U_y(V)											
B(T)											
μ											

表4.9-2 硬磁

序号	1	2	3	4	5	6	7	8	9	10	11
U(V)	0	0.5	0.9	1.2	1.5	1.8	2.1	2.4	2.7	3.0	3.5
U_x(V)											
H(A/m)											
U_y(V)											
B(T)											
μ											

根据测量数据在直角坐标纸上作基本磁化曲线、饱和磁滞回线和$\mu-H$曲线。

(2)测绘饱和磁滞回线和磁参数特征量。

表4.9－3　软磁的饱和参数

U_{mx}	U_{my}	U_{Dx}	U_{Dy}
H_m(A/m)	B_m(T)	H_D(A/m)	B_r(T)

表4.9－4　硬磁的饱和参数

U_{mx}	U_{my}	U_{Dx}	U_{Dy}
H_m(A/m)	B_m(T)	H_D(A/m)	B_r(T)

实验4.10 超声波在介质中的传播速度的测量

人耳能听到的声波称为可闻声波，频率在20 Hz～20 kHz之间。频率低于20 Hz的声波称为次声波，频率高于20 kHz的声波称为超声波。超声波在媒质中传播时，声速、声衰减和声阻抗与媒质的特性和状态有关，通过测量这些声学量可以探知媒质的特性和状态变化。因而超声波检测成为生产、军事、科研领域中一种有效、动态无损检验的重要手段。

超声波在介质中的传播速度是一个基本物理量，本实验采用压电换能器(声电转换器)将传播速度这一个非电学量转换为电学量进行测量。这是一种非电学量的电测方法。

一、实验目的

(1)了解压电换能器的工作原理和功能。

(2)理解并掌握用共振干涉法、相位比较法测量声速的原理和方法。

(3)学习用逐差法处理实验数据。

二、实验仪器

超声声速测定仪、信号源、示波器等。

三、实验简介

实验基于波速等于波长乘以频率的关系($u=\lambda\cdot\nu$)测定波速。实验测试系统调试好后，超声波频率ν可由信号源直接读出，因此本实验的重点内容是测量超声波的波长λ。实验利用如图4.10－1所示测量系统测定超声波的波长，测量方法可分为共振干涉法和相位比较法。共振干涉法是利用超声波发射器S_1和接收器S_2之间形成的驻波，利用驻波中节点处声压变化最大，即节点处输出振幅最大的电信号判断驻波的节点位置。通过测量驻波相邻节点的距离d即可得到超声波的波长$\lambda=2d$。相位比较法通过比较发射器S_1和接收器S_2信号的相位关系进行测量，当S_1、S_2的信号同相时，示波器上S_1、S_2合成的李萨如图为“/”(或“\”)。移动接收器S_2，当示波器上的李萨如图再次出现“/”(或“\”)时，测量接收器S_2移动的距离即可得到此时声波的波长。

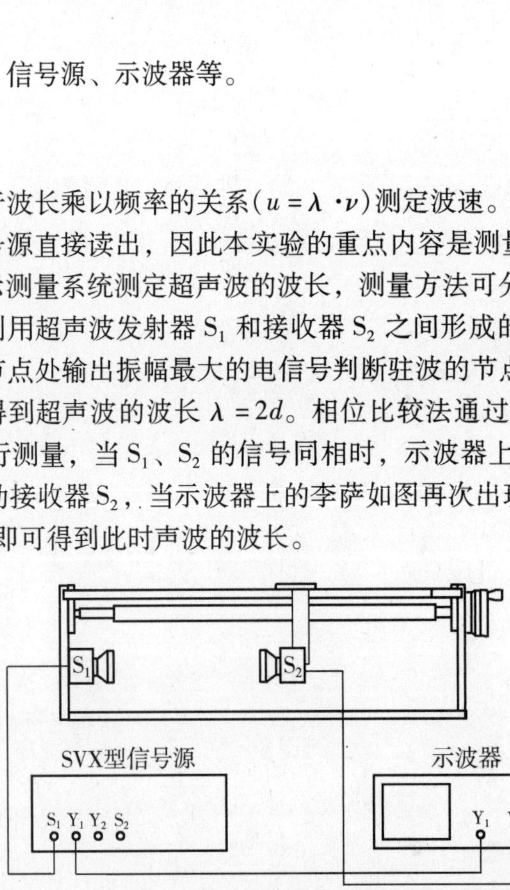

图4.10－1 超声声速测量系统

四、实验原理

1. 超声波的发射和接收

超声波的发射和接收都需要用换能器。换能器的作用是将其他形式的能量转换成超声波的能量（发射换能器），或将超声波的能量转换成其他可以检测的能量（接收换能器）。最常用的是压电换能器。压电晶体或压电陶瓷这类压电材料受到应力会在材料内部产生电场，称为压电效应。压电换能器把接收的超声波信号（机械振动信号）转换为电信号，从而将机械能转换为电能。这就是利用压电晶体的压电效应。当超声波频率与系统固有频率一致时，系统发生共振，此时压电换能器转换的电信号最强。压电材料还具有逆压电效应，在交变电场的作用下会产生周期性的压缩和伸长。当外加电场的频率和压电体固有频率相同时振幅最大，发射换能器利用逆压电效应就可以将电能转换成超声振动的动能（机械能），并在周围媒质中激发起超声波。

2. 发射波、反射波和驻波

从发射源发出的一定频率的平面声波，称为发射波。发射波经过介质传播到达接收器，如果接收面与反射面严格平行，则在接收面上垂直反射平面波。发射波与反射波相互干涉，在一定条件下形成驻波。设发射波的波动方程为

$$y_1 = A_1\cos\left(\omega t - \frac{2\pi}{\lambda}x\right) \tag{4.10-1}$$

反射波的波动方程为

$$y_2 = A_2\cos\left(\omega t + \frac{2\pi}{\lambda}x\right) \tag{4.10-2}$$

两者叠加形成驻波，驻波方程为

$$y = y_1 + y_2 = \left(2A\cos\frac{2\pi}{\lambda}x\right)\cos\omega t \tag{4.10-3}$$

式中，$A_1 = A_2 = A$。根据驻波方程，对应$\left|\cos\frac{2\pi}{\lambda}x\right| = 1$的各点振幅最大，称为波腹；对应$\cos\frac{2\pi}{\lambda}x = 0$的各点振幅最小（静止不动），称为波节。相邻的两个波节点（或波腹点）之间的距离为半个波长。

理论证明，振幅最大的点，声波的压强（简称声压）最小；相反，振幅最小处，声压最大。

3. 声速的测量

测量声速依据的原理可以是$u = \nu\lambda$（ν为声波的频率，λ为声波的波长），也可以是$u = \frac{L}{t}$（L表示声音传播的距离，t表示通过这段距离所需的时间）。根据不同的原理，可以有三种方法测量声速：共振干涉法、相位比较法和时差法。本实验介绍前两种方法。

（1）共振干涉法。声波在介质中的传播速度、频率和波长之间的关系为

$$u = \nu\lambda \tag{4.10-4}$$

据此，只要用实验方法测量出声波的频率 ν 和波长 λ，就可以间接测出波速 u。在实验中，由于声波的频率可以从超声发生器信号源的频率计读出，因此测量声速的关键是测定超声波在媒质中传播的波长 λ。

前面提到，发射端超声换能器平面发出的发射波和接收端超声换能器接收平面反射的反射波在一定条件下会产生干涉形成稳定的驻波。这个条件就是发射平面和接收平面之间的距离必须等于半波长的整数倍，即

$$L = n\frac{\lambda}{2} \quad (n\text{ 为正整数}) \tag{4.10-5}$$

因此，可以固定发射端换能器，沿着超声波传播的方向移动接收端换能器，通过连续探测声压极大值点(驻波的波节点)位置就能测定超声波的波长(因为相邻的两个声压极大值点之间的距离为半个波长)，而声压极大值点的位置可以通过示波器所显示的波形的幅度变化来确定。

(2)相位比较法。声波是机械振动状态在媒质中的传播，也是振动相位的传播。所以，声源的振动通过介质传播到达接收器时，接收波和发射波之间产生相位差 $\Delta\varphi$，它与两换能器之间的距离 L 的关系为

$$\Delta\varphi = 2\pi \cdot \frac{L}{\lambda} \tag{4.10-6}$$

如图 4.10－2 所示。

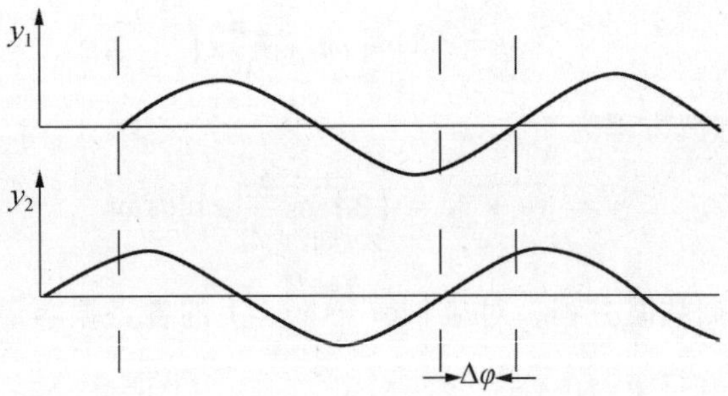

图 4.10－2　两个交流电信号的相位差

两个交流电信号的相位差可以用示波器显示的波形观测，如图 4.10－3 所示。

特殊的相位差也可以用李萨如图形观察。将发送端和接收端换能器的电信号分别接入示波器的 x 轴输入端和 y 轴输入端，使示波器处于 $x-y$ 工作状态，示波器屏幕的光点将同时参与 x、y 两个方向的简谐振动。两个同频率相互垂直的简谐振动合成可以得到不同形状的李萨如图形。若两个振动的相位差 $\Delta\varphi$ 呈 $0\rightarrow\pi\rightarrow2\pi$ 的变化，则图形会由斜率为正的直线变为椭圆继而变到斜率为负的直线，再变为椭圆后变为斜率为正的直线，如图 4.10－3所示。

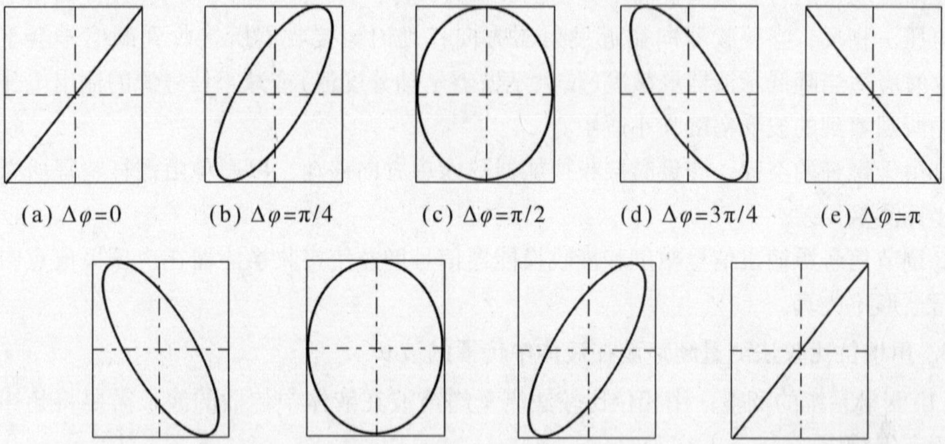

(a) $\Delta\varphi=0$　(b) $\Delta\varphi=\pi/4$　(c) $\Delta\varphi=\pi/2$　(d) $\Delta\varphi=3\pi/4$　(e) $\Delta\varphi=\pi$

(f) $\Delta\varphi=5\pi/4$　(g) $\Delta\varphi=3\pi/2$　(h) $\Delta\varphi=7\pi/4$　(i) $\Delta\varphi=2\pi$

图 4.10－3

因直线图形易于判断，所以可选用李萨如图形为直线时的位置作为接收器的测量起点，每移动一个波长就会重复出现同样斜率的直线。先用这种方法测出波长，再将声速计算出来。

五、实验过程与步骤

1. 调整测量系统及谐振频率

按图 4.10－1 连接测量线路，把信号源、示波器与发射换能器 A 和接收换能器 B 连接好。调整发射换能器与接收换能器固定装置使两换能器的端面平面严格平行。

调节信号源输出信号频率使之与换能器产生共振(即使信号源输出信号频率与换能器的固有频率相同)。方法是：使发射换能器与接收换能器移开一段距离，开启信号源和示波器电源，选择示波器 y 轴合适的分度值，换能器工作在超声范围，谐振频率在 30～40 kHz之间，缓慢调节信号源输出信号频率使观察到的示波器接收信号波形幅度最大(或观察信号源输出电压的变化使信号源输出电压在调节频率的过程中降到最小)。

2. 用共振干涉法测量超声波在空气中传播的波长

(1)移动接收换能器使两换能器之间的距离由小到大(或由大到小)，了解在两换能器端面间所形成的驻波概貌，以便确定测量区间。

(2)在选定的测量区间内移动接收换能器使之在距发射换能器合适的位置上寻找声压极大值点的位置，记录此时接收换能器的位置坐标 x_1 和信号源显示的频率值 ν_1；以此作为测量起点，沿着原方向继续移动接收换能器，连续探测声压极大值点位置 x_2、x_3、…、x_{16}，并记录信号源相应的输出信号频率显示值 ν_2、ν_3、…、ν_{16}。

(3)在实验操作过程中要注意三点：

①由于媒质对波能量的吸收，当接收器向远离发射器方向移动时，接收器所接收的信

号会逐渐减弱，这时应适当提高示波器的灵敏度(减小示波器 y 轴分度值)或提高信号源的输出电压。相反，当接收器向靠近发射器方向移动时，接收器所接收到的信号会不断增强，这时应适当降低示波器灵敏度(增大示波器 y 轴分度值)或减小信号源的输出电压使示波器中所观察到的波形幅度大小适中。

②由于螺杆的空程，测量时接收换能器只能单方向移动，以避免由螺杆空程所造成的位置坐标测量误差。

③调节信号源输出信号幅度和接收换能器信号增益使接收换能器在声压极值点时输出电信号波形不失真。

3. 用相位比较法测量超声波在液体中传播的波长

(1)测量系统的调整：用相位比较法测量超声波在液体中传播的波长需要将超声换能器置于空气槽中。

(2)调整谐振频率：切断输入示波器 x 轴(CH_1)的信号，使示波器处在观察接收器波形状态，将接收换能器移开发射换能器一定距离，缓慢调节信号源输出信号频率使示波器显示的波形幅度最大。

(3)接通示波器 x 轴输入(CH_1)信号，按下 $x-y$ 转换开关，这时屏幕上出现李萨如图形。全程移动接收换能器了解李萨如图形变化的概貌，并选择测量区间。在距离发射换能器的适当位置调出图 4. 10 - 3 中 $\Delta\varphi=0$ 的李萨如图形[通过调节 x 轴(CH_1)和 y 轴(CH_2)的分度值可以改变直线的倾斜度]，记录接收器的位置坐标 x_1 和信号源对应的频率值 ν_1。沿原来方向继续移动接收器，连续探测 $\Delta\varphi=0$ 的李萨如图形，记录相应的坐标值 x_2、x_3、$\cdots x_9$ 和与 x_i 对应的信号源频率 ν_2、ν_3、$\cdots\nu_9$。

六、数据记录与处理

(1)利用共振干涉法测量声波在空气中的传播速度：

表 4. 10 -1　共振干涉法实验数据

	x_1	x_2	x_3	x_4	x_5	x_6	x_7	x_8
声压极大值点坐标 x (10^{-3} m)								
	x_9	x_{10}	x_{11}	x_{12}	x_{13}	x_{14}	x_{15}	x_{16}
8 个 $\frac{\lambda}{2}$ 的距离 (10^{-3} m)								
对应测量点的声波频率 ν (10^3 Hz)								

①用逐差法按 $L=x_{i+8}-x_i$ 计算 8 个$\frac{\lambda}{2}$的距离，并计算测得的波长平均值 $\overline{\lambda}$ 和测量标准差 $\sigma_{\overline{\lambda}}$。计算测量时间内信号源所显示的超声波频率的平均值 $\overline{\nu}$ 和标准差 $\sigma_{\overline{\nu}}$。

②根据公式 $u=\overline{\nu}\cdot\overline{\lambda}$ 计算测量的声速值 u。根据公式 $\frac{\sigma_u}{u}=\sqrt{\left(\frac{\sigma_{\overline{\lambda}}}{\overline{\lambda}}\right)^2+\left(\frac{\sigma_{\overline{\nu}}}{\overline{\nu}}\right)^2}$ 和 $\sigma_u=u\cdot\left(\frac{\sigma_u}{u}\right)$ 计算测量的声速标准差 σ_u，并将测量结果表示为 $u\pm\sigma_u$ 形式。

(2) 利用相位比较法测量声波在液体中的传播速度：

表 4.10－2　相位比较法实验数据

$\Delta\varphi=0$ 的李萨如图形位置坐标 x (10^{-3} m)	x_1	x_2	x_3	x_4
	x_5	x_6	x_7	x_8
4 个 λ 的距离 (10^{-3} m)				
对应测量点的声波频率 ν (10^3 Hz)				

①用逐差法按 $L=x_{i+4}-x_i$ 计算 4 个 λ 的距离 L，并计算测得的波长平均值 $\overline{\lambda}$ 和频率平均值 $\overline{\nu}$。

②根据公式 $u=\nu\cdot\lambda$ 计算测量的声速值 u。

注意事项：

(1) 换能器发射端与接收端间距一般要在 5 cm 以上，距离近时可把信号源面板上的发射强度减小，随着距离的增大可适当增大。

(2) 示波器上图形失真时可适当减小发射强度。

(3) 测试最佳工作频率时，应把接收端放在不同位置处测量 5 次，取平均值。

思考题

1. 本实验中的超声波是如何获得的？

提示：利用压电陶瓷的逆压电效应将高频率的电信号转换成超声波信号，将正弦交流电信号变成压电材料纵向的长度伸缩变化，从而产生纵向的机械振动产生超声波。

2. 超声波信号能否直接用示波器观测？怎样实现？

提示：不能。利用压电陶瓷的逆压电效应将电信号转换成超声波信号发射，再利用其正压电效应将声压转换成电压的变化用于示波器观测。

3. 用驻波共振法测量超声波声速，如何测量其频率？波长又如何测量？

提示：①波长：调整接收端和发射端的距离使发射信号与接收信号相遇产生驻波，此时接收端和发射端的距离为半波长的整数倍。据此测量相邻两波幅之间的距离计算得到。

②频率：调整发射信号的频率，使振幅最大，由此判断发射信号与换能器信号产生共振，此时发射信号的频率即为超声波的频率。

附录 压电换能器介绍

本实验用压电陶瓷换能器作为超声发射器和接收器。当高频电信号输送到发射器上时，由于逆压电效应，压电陶瓷片发生纵向的周期伸缩，换能器就发射出一平面超声波，从而成为超声波的波源。同样也可以利用压电陶瓷片的正压电效应使接收器将接收的声压转换成电信号，输入示波器进行观测。

压电陶瓷片是由一种多晶结构的压电材料(如石英、锆钛酸铅陶瓷等)在一定温度下经极化处理制成的。它具有压电效应，即受到与极化方向一致的应力 T 时，在极化方向上产生一定的电场强度 E 且具有线性关系 $E=g\cdot T$，即力→电，称为正压电效应；当与极化方向一致的外加电压 U 加在压电材料上时，材料的伸缩形变 S 与 U 之间有简单的线性关系 $S=d\cdot U$，即电→力，称为逆压电效应。其中 g 为比例系数，d 为压电常数，与材料的性质有关。由于 E 与 T，S 与 U 之间有简单的线性关系，因此可以将正弦交流电信号变成压电材料纵向的长度伸缩使压电陶瓷片成为超声波的波源。压电换能器可以把电能转换为声能作为超声波发生器，反过来也可以将声压变化转化为电压变化，即用压电陶瓷片作为声频信号接收器。因此，压电换能器可以把电能转换为声能作为声波发生器，也可把声能转换为电能作为声波接收器。

纵向压电陶瓷换能器的结构如图 4.10－4 所示，辐射头用轻金属做成喇叭形，尾部用重金属做成圆柱形，中部为压电陶瓷圆环，螺钉穿过环的中心。这种结构增大了辐射面积，增强了耦合作用。由于振子是以纵向长度的伸缩直接影响头部轻金属作同样的纵向长度的伸缩振动，同时由于波长短(几毫米)，比发射端面直径小很多，可以近似地认为在离发射端面稍远处的声波是平面波，这样所发射的波方向性强，平面性好。

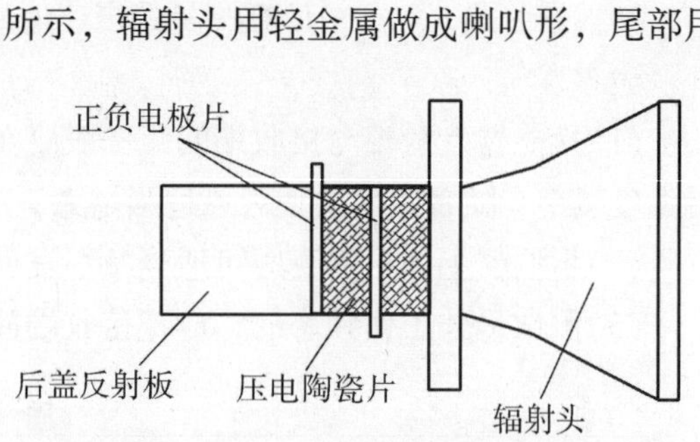

图 4.10－4 纵向压电陶瓷换能器结构

实验 4. 11 全息照相技术

英国科学家丹尼斯·加伯在 1948 年为提高电子显微镜的分辨率，在布喇格和泽尼克研究的基础上提出全息技术。全息技术是利用光的干涉和衍射原理，将物体发射的特定光波以干涉条纹的形式记录下来，并在一定的条件下使其再现，形成逼真的立体像的技术。该技术记录了物体的全部信息(振幅和相位)，因此又称为全息照相技术。由于当时获取相干光十分不易，所以全息技术在提出之后的十年并没有得到发展。直到激光问世，1962 年利思等人利用激光作光源，并采用离轴方法成功获得三维图像的全息照片后，全息技术才日新月异。1971 年加伯因全息技术的发明荣获诺贝尔物理奖。近年来，全息技术发展迅速，从信息存储、处理到遥感技术和工业产品的检验、计量技术以及医学等领域均有广泛应用，已成为科学技术的一个新领域。

一、实验目的

(1)了解全息照相的基本原理和特点。

(2)初步掌握拍摄静态全息照相的基本技术和物像再现的方法。

二、实验仪器

光学平台、氦氖激光器、分束镜、扩束镜、反射镜、被摄物体、全息干版。

三、实验原理

全息照相与普通照相有本质上的区别。普通照相是根据几何光学原理把物光强度(振幅)和波长(彩色照相)拍摄下来，在底片上得到与物相似的图形。全息照相则是根据波动光学原理(干涉和衍射)同时把物光的振幅与相位拍摄下来(全息记录)，在底片上得到复杂的干涉条纹。观察全息照片时，必须通过激光照射产生衍射才能看到物体的图像。因此，全息照相又分为全息记录和物像再现两个过程。

1. 全息记录

(1)全息记录过程：如图 4. 11 -1 所示，根据光的干涉原理，单色光源 s 通过分光板 *BS* 分成两束相干光，一束为参考光束 r，另一束为物光束 o。物光 o 照在被摄物体上反射为物光波。物光波和参考光波在感光底片叠加发生干涉，形成明暗相间的干涉条纹。条纹的明暗反衬度记录了物光的振幅分布，而条纹的形状、间距、位置(几何特征)记录了物光的相位分布。用无线电术语来说，即通过物光波以及物光波对参考光波进行调制，感光底片便将物光波的全部信息都记录下来，经过显影、定影处理后就得到与衍射光栅相似的全息底片。

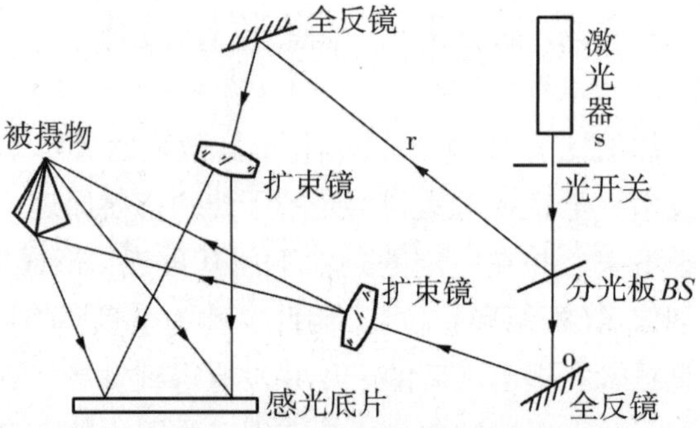

图 4. 11 – 1　全息图的记录

(2)全息摄影原理：如图 4. 11 – 2 所示，设参考光 r 为平面波。取物体的一个发光(散射光)点元 O，它发出的光在空间以球面波传播，与参考光互为相干光。为简化讨论，全息底片平行参考光 r 的波阵面，图中实线表示波峰，虚线表示波谷，两波阵面可在空间叠加，其中参考光 r 和物光 o 的两个波阵面的夹角 θ 在底片上从 A 到 E 是变化的，且 $\theta_1 > \theta_2$。θ 为物光传播方向与参考光传播方向的夹角，其变化也就反映了物光 o 的相位变化。

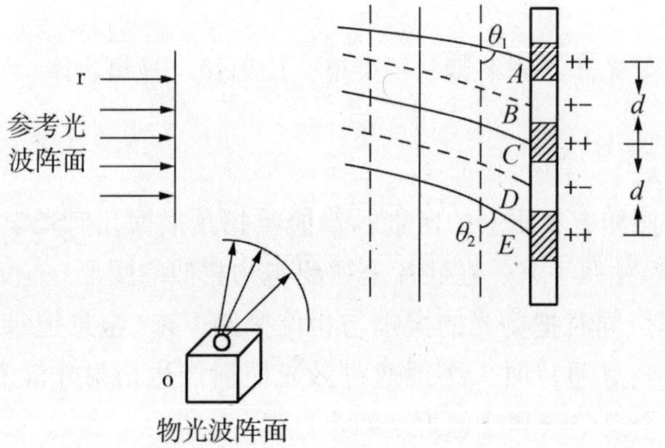

图 4. 11 – 2　全息摄影原理

由作图法可知，在底片 A、C、E 处，相位相同(两波峰相遇)形成干涉亮纹，D、B 等处相位相反(峰谷相遇)形成暗纹。从图中可以看出，由于 θ 的变化，干涉条纹间距 d 在全息片上自 A 到 E 也是变化的，且 $d_1 < d_2$，即角 θ 大的地方，间距 d 就小。因此，在全息底片上借助于条纹间距 d 的变化，记录了物光 o 的相位变化。

此外，明暗条纹的光强对比(条纹反差)则记录了物光 o 的强度。于是，底片上的不同密度和不同反差的干涉条纹就记录了物光 o 的“全部信息”。同理，对于另一物光点元 P，在底片上亦记录了另一组不同密度、不同反差的干涉条纹。可以推想原物是由许多点元组成的，则全息底片上记录了整个物体的干涉条组的叠加。

2. 全息照相的再现

全息底片记录下来的不是被摄物的图像，而是复杂的干涉条纹，在观察照片时必须采用一定的再现手段。

(1)物像再现过程：如图4.11-3所示，利用光波衍射原理，用一束参考光照射全息底片上，底片上疏密相间的干涉条纹就相当于一个特殊的光栅(其光栅常数的变化反映了物光的相位信息)，参考光束射到这个光栅上便产生衍射，它的一级衍射光波就将原来的物光波的波前重现出来。因此，我们通过全底照片可重新看到与原物完全逼真的立体图像。观察时，从全息底片的背面(接收透射光)可看到在原物位置上有一个和原物完全相同的立体虚像 O'，而在全息底片对称的另一侧的屏幕上有一个共轭实像 O''。

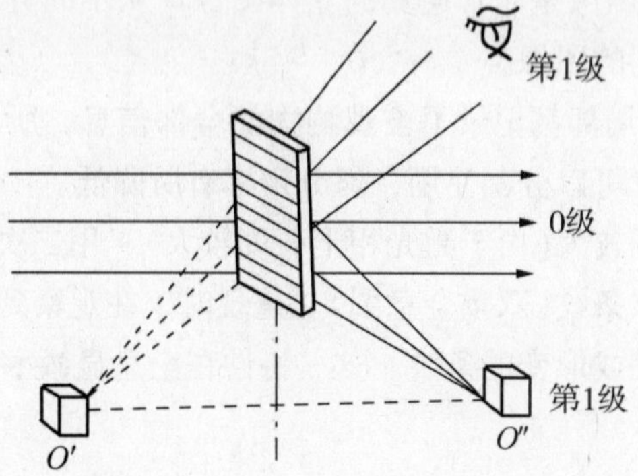

图4.11-3 物像再现过程

(2)波前再现与光的衍射：上述波前再现(物像)的规律性可用光的衍射原理进行解释。全息底片的干涉条纹，相当于一个特殊(常数变化)的光栅，因而可以用光栅方程来分析讨论。为方便分析，如图4.11-4所示，设任一物点元在全息底片上相应一组干涉条纹(光栅)。光栅方程为

$$d\sin\theta = n\lambda \quad (n = 0, \pm 1, \pm 2, \cdots) \qquad (4.11-1)$$

式中 θ 为衍射角。

当 $n = 0$ 时，$\theta = 0$ 为零级衍射波。这就是按参考光方向传播的衰减波列。

当 $n = 1$ 时，由于 $d_1 < d_2$，则衍射角 $\theta_1 > \theta_2$。由图可知，通过全息底片的所有 $n = 1$ 级的衍射光束是发散的，其延长线相交于 O' 形成虚像，位置和原物体元 O 完全一致，这就是原物 O 点的全息像的再现。

当 $n = -1$ 时，由图可知，所有 $n = -1$ 级的衍射光束是会聚的，会聚点即为点 O' 的共轭实像 O''。

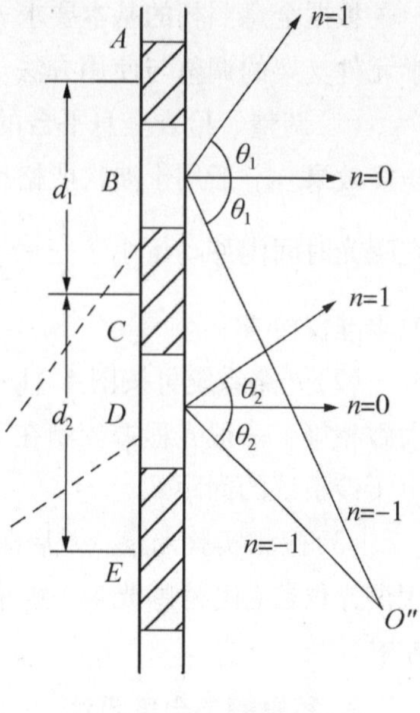

图4.11-4 光的衍射

原物是由许多点元组成的。根据波的叠加原理，全息底片记录了物体上所有点元的“全息”，被摄物体的像正是这些单个点元像的总和。因此，我们可在全息底片上观察到物体的三维图像。

3. 全息照片的特点

从上述全息记录和全息图像再现(观察)过程的分析可以看到全息照相有许多重要特性：

(1)同一块全息照片可以进行多次曝光记录，每次拍摄时要改变参考光入射方向或物体空间位置。观察时，适当改变全息照片位置就可以把这些不相同的景物图像无干扰地逐个再现出来。

(2)全息照片的再现图像是非常逼真的立体图像。从不同方向和不同距离观察，由于视觉效应，可以看到不同的图像。

(3)全息照片的每一局部都记录了被观测物的全部信息，所以每一局部都能够再现物体的全部图像。全息照片可以分割使用，但分辨率有所降低。

全息照片的景深范围较大(由于激光相干长度较大)，用二次曝光法可以拍摄物体微小运动或形变所产生的干涉条纹(双重全息图)。重现时，在观察到原始像的同时，还会在像的表面看到物体微小运动或形变的条纹。这一特性在全息显微术中得到广泛应用。

四、实验内容

1. 调节全息照相光路系统

根据全息照相的基本要求，在应用前应先了解、熟悉全息照相的实验设备、仪器和光学元件支架的调整与使用方法。

(1)调整、检查全息平台的水平度和稳定度。本实验采用光学平台装置以获得良好的防震效果。一般用干涉仪严格检查，或在全息台上组合一个迈克尔逊干涉仪。若干涉条纹在曝光时间内移动量小于$\frac{1}{4}\sim\frac{1}{2}$条纹间隔，则基本满足实验条件。平台的水平度一般用气泡水准仪检查。

(2)光路系统可按图 4.11 - 1 设置，要求各光学元件中心等高，物光和参考光的光程大致相等。一般光程差控制在 2 cm 以内。物光与参考光的夹角 θ 在 30°～45°之间，它决定干涉条纹的间距 d。

(3)检测实验光路。开启激光电源并调节扩束镜和反射镜使物光和参考光布满感光屏。用测光仪器(代替感光屏)测量物光和参考光的相对强度(即分束比)，要求达到 3 : 5 左右。

2. 拍摄静态全息照片

(1)根据感光版的性质(即感光材料的分辨率和感光版的感光灵敏度)以及光源的强弱确定曝光时间，一般可选定 8 ～ 10 s。最好通过试拍确定最佳时间，然后再调整曝光定时器。

(2)关闭激光电源，在暗室内把感光干版装在干版架上。必须把感光乳剂面(底片药膜)朝向物体以便接收物光。

(3)静止数分钟后才可开启激光电源进行曝光。曝光过程中，绝对不允许触及防震台及任何光学元件。

(4)曝光完毕，取出感光干板进行处理。其显影和定影过程处理与普通照相底片类似，一般显影 20 ～ 30 s，定影 5 ～ 10 min。实验中以在绿色灯光下看到底片变为灰色为准。此时取出底片清洗往往效果更好。为增加全息图的衍射能力，定影后可以把底片进行漂白处理。

3. 观察全息照片的再现物像

(1)虚像的观察。将全息照片放回原夹架上，使感光药膜面朝向参考光(接受扩束面的激光束)。先遮住物光束，直接从全息照片背面观察(图 4.11 - 3)，可以看到原物位置上的虚像。

(2)实像的观察。为了观察方便，通常直接利用未扩束的激光照射全息照片的反面(非感光药膜面)，选取适当的角度观察，可得到比较清晰的实像。

思考题

1. 拍摄一张高质量的全息照片应具备哪些条件?
2. 拍好的全息照片如何再现?

附录　照相记录介质及曝光条件

1. 干版的透过率与曝光量曲线

全息照相使用干版的记录介质有很多，如银盐乳胶、光致腐蚀剂等多种记录介质。比较常用的是负性乳胶干版，其振幅透过率 τ 与曝光量 ε 的关系在一定范围内大致呈线性关系，如图 4.11 - 5 所示，可表达为

$$\tau = \tau_0 + \beta\varepsilon \qquad (4.11-2)$$

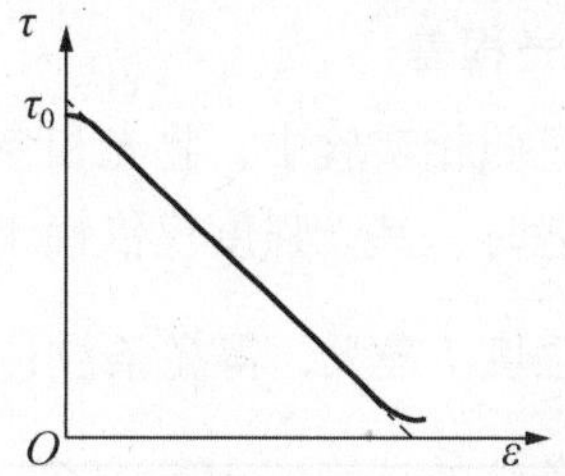

图 4.11 - 5　乳胶的 $\tau \sim \varepsilon$ 特性曲线

其中，τ_0，β 是常数，$\beta<0$ 是负片。

将感光干版放在 xy 平面上，它的感光量 $\varepsilon = I(x, y)t$ 落在线性区间，可用式(4.11 - 2)近似，再经显影定影处理后，xy 平面上的光强分布 $I(x, y)$ 就转变成了干板上的振幅透过率分布 $\tau(x, y)$，从而得到物体光波的全息图。

将 $\varepsilon = I(x, y)t$ 代入式(4.11 - 2)，则全息图的振幅透过率分布为

$$\tau(x,y) = k + \beta t E_o E_r^* + \beta t E_o^* E_r \qquad (4.11-3)$$

式中，

$$k = \tau_0 + \beta t |E_o|^2 + \beta t |E_r|^2 = \tau_0 + \beta t e_o^2 + \beta t e_r^2$$

可知 k 近似为常数。则式(4.11－3)改写为

$$\tau(x,y) = k + 2\beta t e_o e_r \cos(\varphi_o - \varphi_r) \tag{4.11－4}$$

可见，全息图的振幅透过率也是按坐标作周期性变化的，即全息图就是一块刻纹光栅。当物体有一定大小时，底片处的光强分布极其复杂，它是一系列空间频率大小不同、方向不同、强度不同的干涉条纹的叠加，所得到的全息图实际上是一种较复杂的光栅结构。

2. 物光束与参考光束的夹角

干涉条纹的间距数量级很小，通常小于 10^{-3} mm，即每毫米有上千条干涉条纹。普通感光干版每毫米几十条至几百条记录条纹是不能满足要求的，全息照相只能使用特制的高分辨率感光版。

干版的分辨率将决定物光束与参考光束之间夹角的极限值，因为条纹密度是此夹角的函数。干涉条纹间距可用布喇格衍射公式确定

$$2d\sin\theta = \lambda \tag{4.11－5}$$

其中 d 是衍射条纹间隔，θ 是入射角。

干版的分辨率所允许的物光束与参考光束夹角的极限值为

$$2\theta \approx \lambda/d = \lambda N \tag{4.11－6}$$

式中，$N=1/d$ 是每毫米内的条纹数，称为空间频率。据式(4.11－6)，当 $2\theta=30°$时，误差约为2%。

如果夹角 θ 大，条纹间距就小，成像不易，这对工作台的稳定性要求较高。但是夹角大也有优势：再现视野较大，从不同角度可看到被摄物体的各个侧面，更能体现全息照相的特点。

3. 光程差

全息照相实验中，物光和参考光的光程差 $\Delta=0$ 最理想。当物光和参考光在底片上任一点相遇时，其光强度仅依赖于两束光的光程差 Δ。当 $\Delta=d_2-d_1=k\lambda$（式中的 k 为整数）时，光强度 I 最大，得亮条纹；当 $\Delta=d_2-d_1=\left(k+\frac{1}{2}\right)\lambda$ 时，光强度 I 最小，得暗条纹。而干涉条纹的调制度 M 定义为

$$M = \frac{I_{max} - I_{min}}{I_{max} + I_{min}} \tag{4.11－7}$$

当 $M=1$ 时，调制度最好。

而 M 与光程差 Δ 以及激光管模数 n 是奇数还是偶数有关。若激光管长为 L，而 L 在200～300 mm之间时可以认为是单纵模，$n=1$。因此计算出 $\Delta=0$ 时，干涉条纹在奇数或偶数时 M 都为1，调制度最好。当 $\Delta=2kL$ 时也可得到同样的结果。但在光路调节中后者较麻烦，一般不用。所以，我们采用 $\Delta=0$ 这个光程差。在实验中，光路调节很难达到光

程差为0，一般只要$\Delta<1$ cm，即可拍出很好的全息照片。

4. 稳定性要求

全息照片所记录的是参考光束和物光束之间的干涉条纹。这些干涉条纹十分细密，拍摄全息照片时，极小的扰动都会导致干涉模糊，甚至使干涉条纹完全不能记录下来。简单的理论推导和实验证明，被拍物体在曝光时间内移动$\lambda/8$就足以使干涉条纹模糊不清。所以，为了成功地记录干涉条纹，曝光期间，各元件之间的相对位移应小于条纹间距的几分之一。为此，在照相过程中，光源、光路中各光学元件和底片都必须固定在一个性能良好的隔震台上，称为全息台。此外，说话声波和温度的变化也会引起元件的震动，或者使空气的流动密度不均匀而导致光程变化。因此，曝光期间应避免大声喧哗、敲门、吹风等，更不能碰到隔震台和走动。

缩短曝光时间也有利于减少外界震动的影响，使用脉冲激光器甚至可以拍摄运动物体的全息照片。但是减少曝光时间往往受到光源强度和底片灵敏度的限制，同时需要考虑被摄物体的反射率、相对距离和几何位置等因素。

实验 4.12 迈克尔逊干涉仪的调整与使用

迈克尔逊干涉仪是19世纪末美国物理学家迈克尔逊和莫雷合作，为研究“以太”漂移实验而设计制造出来的精密光学仪器。1887年迈克尔逊和莫雷的实验结果否定了“以太”的存在，为爱因斯坦的狭义相对论提供了实验依据，并于1907年获得诺贝尔奖。迈克尔逊干涉仪可准确测定微小的长度变化、光的波长和透明体的折射率等，在近代物理和计量技术中有着广泛的应用。在光谱学方面，迈克尔逊利用其所设计的干涉仪发现了氢光谱的精细结构以及水银和铊光谱的超精细结构。这一发现在现代原子理论中起了重大作用。迈克尔逊还用该干涉仪测量出太阳系以外星球的大小。

一、实验目的

(1)了解迈克尔逊干涉仪的构造原理和调整方法。

(2)观察点光源的非定域干涉条纹的特征和扩展光源的等倾干涉和等厚干涉图样。

(3)测量 He - Ne 激光波长和玻片折射率。

二、实验仪器

迈克尔逊干涉仪、He - Ne 激光器、低压汞灯、玻片、手电筒(白光光源)等。

三、实验简介

迈克尔逊干涉仪是设计非常巧妙的精密测量仪器，其结构如图 4.12 - 1 所示，测量精度可达10^{-4} mm。在实验教学中通常用迈克尔逊干涉仪测量光波波长或透明介质的折射率等。实验时，光从分光板 4 左侧入射，通过分光板分成两束，一束经过主座上的反射镜 M_1 反射，再通过分光板到达观测屏(或进入人眼)；另一束通过补偿板 5，经反射镜 M_2 反射后，再通过补偿板和分光板经反射后到达观测屏(或进入人眼)。调节好仪器后，这两束光可在屏 10 位置(或在视场中)形成干涉条纹。实验中反射镜 M_1 移动半个波长($\lambda/2$)即可看见视场中有一条条纹移过。干涉条纹连续移动 N 条条纹与反射镜 M_1 移动的距离 Δd 满足 $\lambda=2\Delta d/N$。所以，在实验中只须观察连续移动的条纹数 N，并测出反射镜 M_1 移动的距离Δd 即可间接测量出光波长 λ。在测量折射率时，薄透明介质折射率与反射镜 M_1 在主座上移动的距离$|(x_1-x_0)|$存在关系

$$n_x=\frac{|(x_1-x_0)|n_0}{D}+n_0$$

式中 $n_0=1$，D 为透明介质的厚度；x_0 为不放透明介质视场中出现干涉条纹时反射镜 M_1 的位置；x_1 为放透明介质后调节仪器，视场中再次出现干涉条纹时反射镜 M_1 的位置。

图 4.12-1　迈克尔逊干涉仪结构

1—主尺；2—反射镜调节螺钉；3—移动反射镜 M_1；4—分光板 G_1；5—补偿板 G_2；6—固定反射镜 M_2；7—读数窗；8—水平拉簧螺钉；9—粗调手轮；10—屏；11—底座水平调节螺钉

四、实验原理

1. 光路原理

迈克尔逊干涉仪是用分振幅法产生双光束干涉的仪器，光路原理如图 4.12-2 所示。从光源 S 发出的一束光射在分光板 G_1 上，G_1 板的后表面 AB 镀有半反射金属膜(镀银或铝)，这个反射膜将一束光分成光强近似相等的反射光 1 和透射光 2，它们分别垂直射到反射镜 M_1 和 M_2 上，经反射后沿原路返回到 G_1 进行透射和反射，二者再汇集成一束光，沿垂直于接收屏 E 的方向传播。因为这两束光频率相同、振动方向相同且相位差恒定(即满足干涉条件)，所以透过观察屏或肉眼可直接观察到干涉条纹。光路中另一面板 G_2 与 G_1 平行，其材料和厚度与 G_1 完全相同，以补偿光束 1 在 G_1 中往返两次多走的光程。G_2 称为补偿板。

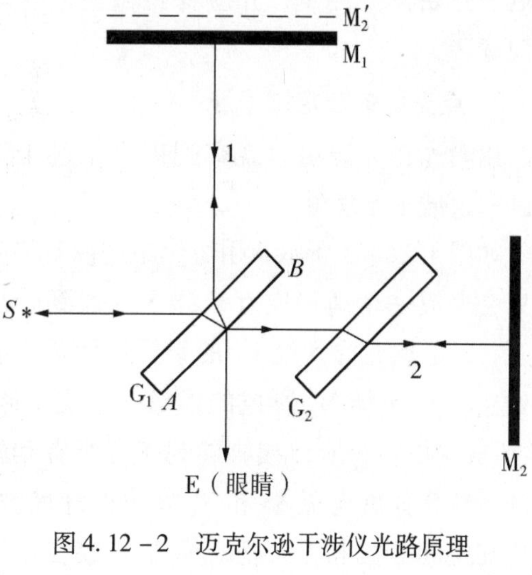

图 4.12-2　迈克尔逊干涉仪光路原理

从 E 和 G_1 板看去，除直接看到 M_1 镜外，还可以看到 M_2 在 G_1 中的反射像

M_2'。对于观察者来说，M_1 和 M_2 所引起的干涉可以看成由 M_1 和 M_2' 间形成的空气层所引起的干涉。因此在讨论干涉问题时，这个空气层就成为重点。它的优越之处在于 M_2' 不是实物，因而可以任意改变 M_1 和 M_2' 之间的距离，使 M_2' 在 M_1 之前或之后，或使它们相交，或完全重叠，进而根据薄膜干涉加以讨论。

2. 仪器结构与调节

迈克尔逊干涉仪结构如图 4.12－1 所示。整个机械装置固定在有三个调节螺钉的铸铁底座上。导轨内装有螺距为 1 mm 的精密丝杆，它的一端与齿轮系统相连接，转动鼓轮（粗调手轮 9 或微调鼓轮 12）可以使骑在丝杆上的反射镜 M_1 沿导轨移动，其位置由导轨侧面的毫米标尺、读数窗 7 及微调鼓轮读出。粗调手轮 9 共 100 分度，分度值为 0.01 mm，每转一周，M_1 在导轨上移动 1 mm；微调鼓轮 12 共 100 分度，分度值为 10^{-4} mm，每转一周 M_1 移动 0.01 mm。因此，仪器最小分度值为 10^{-4} mm，可估读到 10^{-5} mm。反射镜 M_1 的位置坐标 x 为标尺、粗调手轮、微调鼓轮的读数之和。例如标尺读数稍大于 32 mm，粗调手轮读数稍大于 0.62 mm，微调鼓轮读数为 42.5 格，则 M_1 反射镜位置坐标值 $x=32.62425$ mm。

反射镜 M_1 和 M_2 的后部各装有三个调节螺钉，用以调节其平行度和倾斜方向。反射镜 M_2 下方还装有两个方向互相垂直的微调螺杆，用以精细地调节 M_2 的方位。

在读数和测量时，转动微调鼓轮 12 时，粗调手轮 9 随着转动，但转动粗调手轮 9 时，微调鼓轮 12 并不随之转动。因此，在测量前应先将微调鼓轮 12 沿某方向旋转至零，然后以同方向转动粗调手轮 9 使之与某一刻度对齐，这样才能使二者读数相互吻合。为了避免空回误差，在调整好零点以后，应将微调鼓轮按原方向转几圈直到干涉条纹能均匀转动后才开始读数测量，并应保持微调鼓轮单方向旋转。

3. 点光源的非定域干涉

用激光作光源可以观察到迈克尔逊干涉仪的非定域干涉现象。

如图 4.12－3 所示，用短焦距透镜 L 将激光束会聚成一个高强度点光源 S 入射到干涉仪上，S' 是点光源 S 经 G_1 的半反射面所成的虚像。S_1' 是 S' 经 M_1 所成的虚像，S_2' 是 S' 经 M_2' 所成的虚像，所以接收屏观察者所看到的干涉条纹犹如虚光源 S_1' 和 S_2' 发出的球面波，它们在空间处处相干。把观察屏 E 放在不同

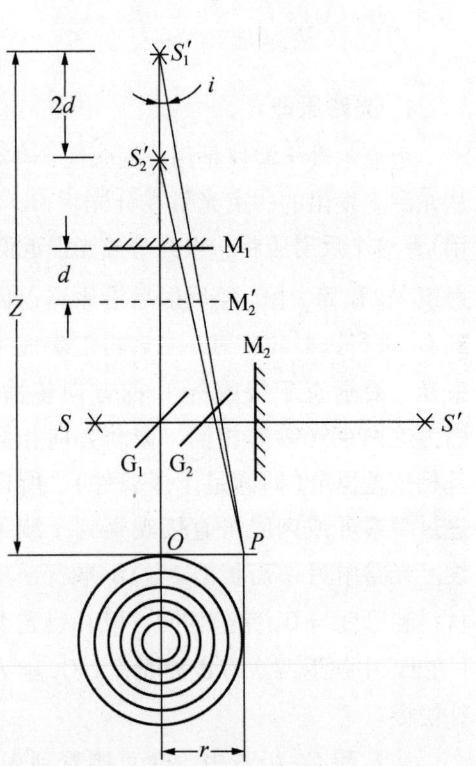

图 4.12－3　点光源的非定域干涉

的空间位置都可以看到干涉图样，故称为非定域干涉。

如果在垂直于 $S_1'S_2'$ 连线的位置观察，则可以看到一组同心圆，而圆心就是 $S_1'S_2'$ 的连线与观察屏的交点 O。由于同一级次干涉条纹上各点对虚光源的倾角相同，所以这一干涉条纹又称为点光源等倾干涉条纹。

由图可计算出 S_1' 和 S_2' 到屏上任一点 P 的光程差 δ：

$$\delta = \overline{S_1P} - \overline{S_2'P} = 2d\cos i \tag{4.12-1}$$

若入射光是波长为 λ 的单色光，则观察屏上明暗干涉条纹位置满足以下条件：

$$2d\cos i = k\lambda \quad （明纹，k = 1,2,3,\cdots）$$

$$2d\cos i = (2k+1)\lambda/2 \quad （暗纹，k = 1,2,3,\cdots） \tag{4.12-2}$$

由明条纹成立条件可知，点光源非定域等倾干涉的特点是：

(1)当 d、λ 一定时，具有相同倾角 i 的所有光线的光程差相同，所以干涉情况也相同，对应于同一级次，形成以光轴为中心的同心圆环。

(2)当 d、λ 一定时，$i=0$ 为同心圆环中心，光程差 $\delta=2d$ 为最大，k 为最高级次；$i\neq0$ 时，i 越大，k 值越小(级次越低)，对应的干涉条纹越往外。

(3)当 k、λ 一定时，d 逐渐减小，i 也逐渐减小，即同一级次 k 的条纹，当 d 减小时，该级圆环内缩；反之，d 逐渐增大，干涉圆环向外冒。对于中央条纹，每外冒或内缩一次，对应于反射镜 M_1 移动距离为 $\lambda/2$。当内缩或外冒 N 次，则光程差变化 $2\Delta d=N\lambda$(Δd 为 d 的变化量)，

$$\lambda = \frac{2\Delta d}{N} \tag{4.12-3}$$

由式(4.12-3)，若已知波长 λ，可精确测出 M_1 移动的距离；反之，可求出光波的波长 λ。

4. 扩展光源的定域干涉

(1)等倾干涉。调节干涉仪的 M_1 反射镜和 M_2 反射镜使之互相垂直，即 M_1 和 M_2' 互相平行，如图 4.12-4 所示。由面光源上一光点 S 发出的光，入射角为 i，经 M_1 和 M_2' 反射后成互相平行的两束光，它们的光程差的讨论结果与点光源非定域干涉相似，即

$$\delta = (\overline{AB} + \overline{BC}) - \overline{AD} = 2d\cos i \tag{4.12-4}$$

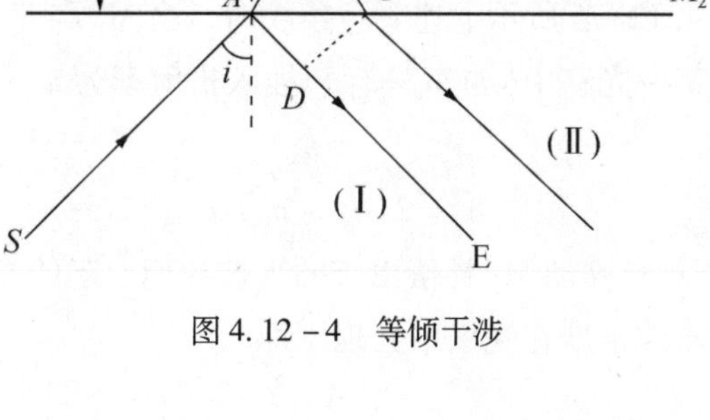

图 4.12-4　等倾干涉

面光源上有无数个光点，以同一入射角 i 入射时，经反射后都互相平行，它们在无穷远处相遇而产生干涉。如果在空间放置一块透镜(或用眼睛对着光观察)，则在焦平面上产生干涉条纹。由于这些光线的干涉发生在空间某特定区域，所以称为定域干涉。同时，各光点对于不同的入射角，干涉条纹的级次不同，所以称为等倾定域干涉。

(2)等厚干涉。当 M_1 与 M_2 不垂直，也就是 M_1 与 M_2' 不平行，而是有一个很小的夹角 θ 时，在 M_1 和 M_2' 之间相当于有一个空气劈尖，用扩展光源照射时，就出现等厚干涉条纹，它定域在空气劈尖附近。由于夹角 θ 很小，仍可用 $\delta=2d\cos i$ 计算光程差：

$$\delta = 2d\cos i = 2d\left(1 - 2\sin^2\frac{i}{2}\right) = 2d\left(1 - \frac{i^2}{2}\right) \qquad (4.12-5)$$

所以，等厚干涉实际上是一种与倾角和空气层厚度有关的干涉。

当 M_1 与 M_2' 相交时，其交线上的 $d=0$，则 $\delta=0$。考虑光线在空气劈尖的不同界面产生反射时的半波损失，故在交线处为暗干涉条纹，称为中央条纹。在交线两侧是两个对顶劈尖干涉，如图 4.12-5 所示。当夹角 θ 很小时，在交线附近的干涉条纹可近似为直线条纹，与中央暗纹平行。而离中央条纹较远处，因受光线入射角 i 的影响较大而出现弯曲。随着视角 i 的增大，θ 不变(即同一级次条纹的光程不变)，就必须增大 d，使观察到的同一级次条纹凹向两旁，如图 4.12-6 所示。

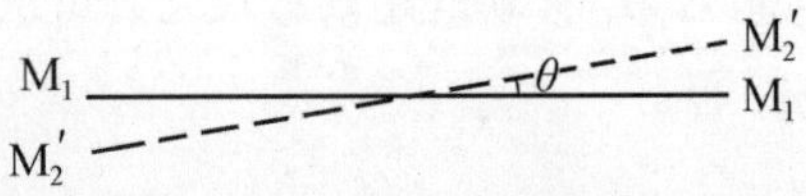

图 4.12-5 空气劈尖

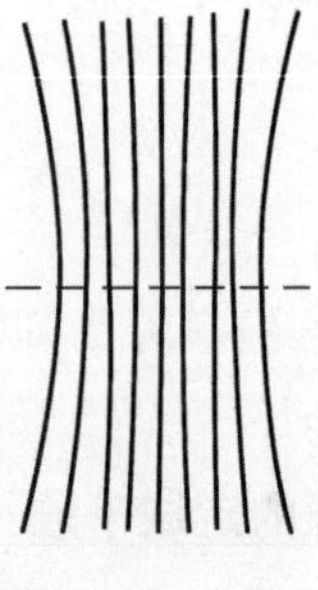
图 4.12-6 干涉条纹

当用白光照射时，各种不同波长的光产生的干涉条纹明暗互相叠加，一般不出现干涉条纹。只有在 M_1、M_2' 的交线上，对各种波长的光，均有 $\delta=\frac{\lambda}{2}$(Δd 为零，又有半波损失)，故中央是暗条纹，两侧为彩色条纹。M_1 与 M_2' 夹角 θ 越小，干涉条纹越疏，条纹的宽度越大；反之，干涉条纹越密，条纹宽度越窄。

当视场中出现如图 4.12-6 所示上述彩色条纹时，由 M_1 与 M_2' 反射的两束相干光的光程完全相等。若此时在某一光路中(如 M_1 前面)插入折射率为 n_x、厚度为 D 的玻片，则两束光出现光程差 δ，有

$$\delta = 2(n_x - n_0)D \qquad (4.12-6)$$

式中 n_0 为空气折射率。只有移动 M_1 补偿由于插入玻片而引起的光程差才能使两束光的光程差重新为零，使中央暗纹重新在视场中出现。即

$$2|(x-x_0)|n_0 = 2(n_x - n_0)D$$

$$n_x = \frac{|(x-x_0)|n_0}{D} + n_0 \qquad (4.12-7)$$

式中，$x-x_0$ 称为补偿距离。若已知玻片的厚度 D，则可用上式测量玻片的折射率 n_x。反之，若已知玻片的折射率，则可用上式测量玻片的厚度 D。

五、实验过程与步骤

(1)熟悉迈克尔逊干涉仪的结构。迈克尔逊干涉仪的结构及说明如图 4.12－1 所示。

(2)调节迈克尔逊干涉仪(用低压汞灯面光源)。调节要求：调节迈克尔逊干涉仪，应使 M_1 反射镜的法线和 M_2 反射镜的法线互相垂直，即使 M_1 和 M_2' 互相平行。

①调零光程差：由于低压汞灯发出的光的相干长度很小，为使从 M_1 和 M_2 两反射镜反射回来的两束光能够产生干涉，应首先移动反射镜 M_1(转动粗调手轮 9)使其到分光板 G_1 的距离与定镜 M_2 到补偿板 G_2 的距离基本相等。

②使黑"十"重合：调节低压汞灯(光源)的高度使之能较好地入射到干涉仪的 M_2 反射镜。取下毛玻璃屏 10，用眼睛直接观察 M_1 反射镜，此时可观察到如图 4.12－7 所示的视场，有两个灯管像和三个黑"十"。在三个"十"中，1 是光源毛玻璃的"十"在分光板 G_1 的像，这个"十"的位置不会因为调节反射镜 M_1 和 M_2 的调节螺钉而变化。另外两个"十"(2 和 3)的位置则会因为调节反射镜 M_1 和 M_2 的调节螺钉而发生变化。调节反射镜 M_1 和 M_2 的调节螺钉使两个可动"十"重合，此时可观察到如图 4.12－8 所示的视场。

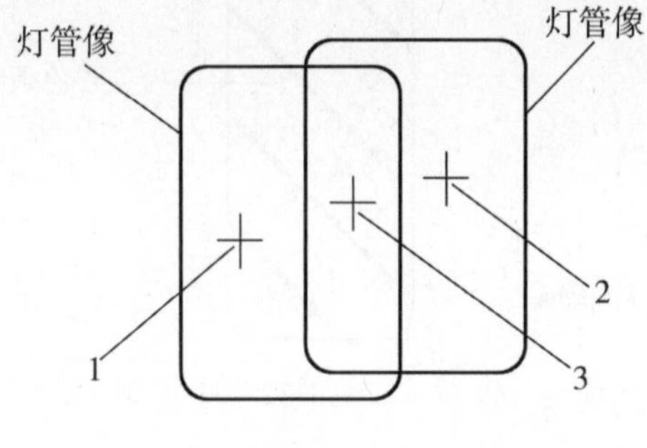

图 4.12－7

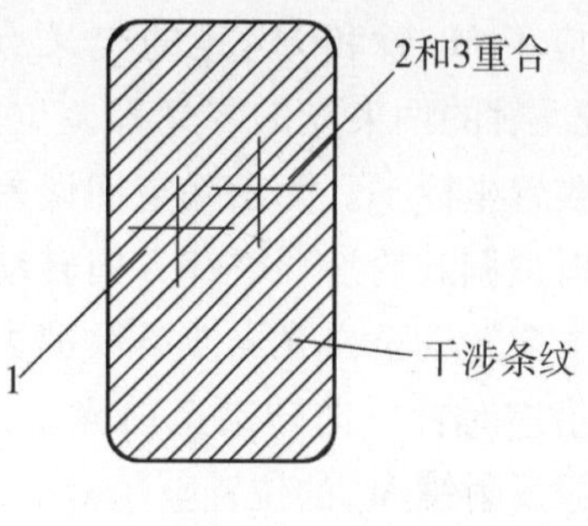

图 4.12－8

③使干涉条纹变彩色：继续微调反射镜 M_1 和 M_2 的调节螺钉使图 4.12－8 视场中的干涉条纹不断变疏、变粗，彩色变深，此时可适当调节水平拉簧螺钉 8 和底座水平螺钉 11 予以配合，直至呈现如图 4.12－9 所示的视场。这说明 M_1 反射镜和 M_2 反射镜的法线处于良好的垂直状态，即 M_1 和 M_2' 已严格平行。

④判断手轮转动方向：轻轻转动粗调手轮 9，细心观察图 4.12－9 视场中干涉条纹间距和彩色深浅的变化。若条纹间距变疏、条纹变粗变直、彩色变深，则反射镜 M_1 向着使两束光的光程差变小的方向移动；反之，两束光的光程差增大。

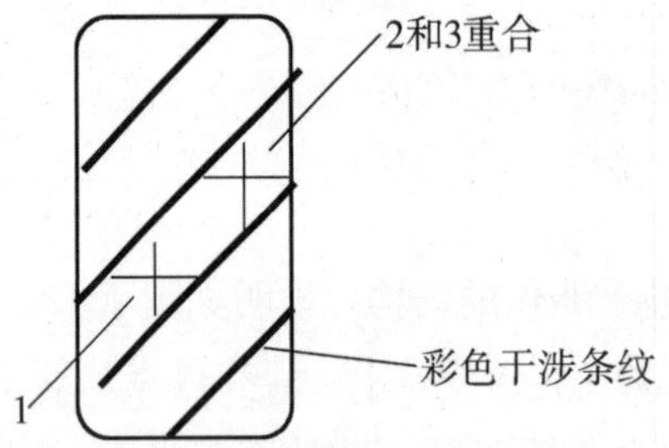

图 4.12-9

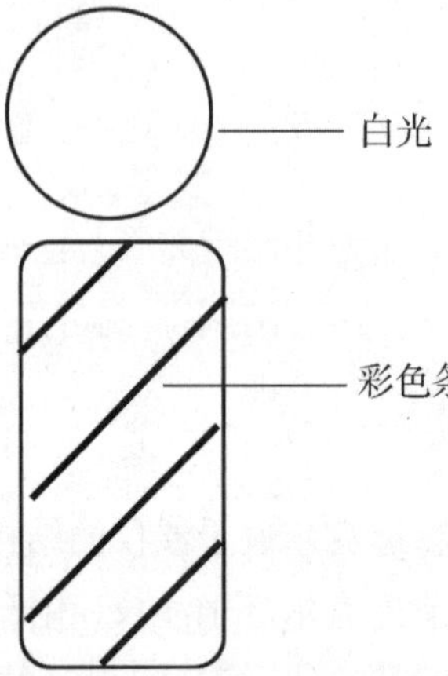

图 4.12-10

(3)测量玻片的折射率 n。

①保持调好的干涉仪状态不变，降低低压汞灯的高度，在汞灯上方放置手电筒，并调节高度和方向使手电筒的白光能较好地照射在 M_2 反射镜上，此时呈现如图 4.12-10 所示的视场。保留低压汞灯光源的目的是，利用视场中的干涉条纹作为参考，以明确反射镜 M_1 的移动方向。

②调节微调鼓轮 12，同时观察视场变化，使汞灯管像部分彩色干涉条纹不断变疏、变粗、变直、彩色变深，直至呈现如图 4.12-11 所示的视场(此视场为突然出现)。黑色干涉条纹对应于 M_1 镜和 M_2' 镜的交叉点，即为 M_1、M_2 镜反射的两束光的零光程差位置。记录 M_1 镜的位置坐标 x_0。为消除空回误差，若出现该视场时微调鼓轮沿顺时针方向转动，则应继续沿原方向转动至白光干涉条纹消失，再使微调鼓轮沿逆时针方向转动至白光干涉条纹再现，才记录反射镜 M_1 的位置坐标 x_0。

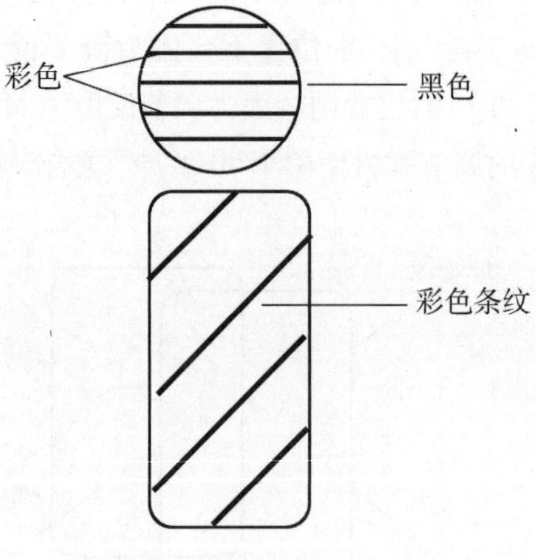

图 4.12-11

③在反射镜 M_1 前面放置待测玻片，此时白光干涉条纹消失。沿逆时针方向转动微调鼓轮 12 使 M_1 反射镜沿着使两束光的光程差减小的方向移动(粗调手轮和微调鼓轮沿逆时针方向转动，M_1 镜向靠近观察者方向移动；粗调手轮和微调手轮沿顺时针方向转动，M_1 镜向背离观察者方向移动)，直至再现如图 4.12-11 所示的视场，记录反射镜 M_1 的位置坐标 x。重复测量五次并将数据记录于表 4.12-1 中，根据 $n_x = \frac{|(x-x_0)|n_0}{D} + n_0$ 计算待测玻片折射率 n_x。

(4)测量 He－Ne 激光波长。

①保持调好的干涉仪状态不变，关闭低压汞灯和手电筒，改用 He－Ne 激光作为光源(安装在干涉仪上的光纤引导)，此光源为发散的点光源。升起毛玻璃屏 10。

②沿顺时针方向调节粗调手轮 9 使 M_1 和 M_2' 拉开适当距离，此时由反射镜 M_1 和 M_2 反射至毛玻璃屏的两束光的光程差增大，干涉条纹变细变密，即可在屏上观察到同心圆环的干涉条纹，如图 4.12－12 所示。

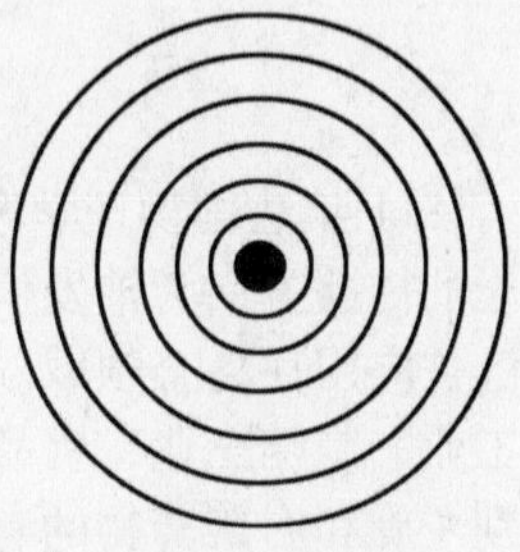

图 4.12－12

③转动微调鼓轮 12 使同心圆环的干涉条纹的圆心能连续不断地冒出(或收缩)，选择任意测量起点，记录反射镜 M_1 的位置坐标 x_0，沿着原方向缓慢转动微调鼓轮使圆心不断冒出(或收缩)，每冒出(或收缩)100 次，记录一次 M_1 反射镜的位置坐标 x_i，直至冒出(或收缩)900 次。将数据记录于表 4.12－2 中。

六、数据记录与处理

表 4.12－1　测量玻片折射率 n

次数	1	2	3	4	5
x_0(mm)					
x(mm)					
$\lvert\Delta x\rvert$(mm)					

取 $|\Delta x|$ 计算玻片折射率 n。($n=\dfrac{|(x-x_0)|n_0}{D}+n_0$，其中 $n_0=1$，$D=0.095$ mm)

表 4.12－2　测量 He－Ne 激光波长

N	0	100	200	300	400
x(mm)					
N	500	600	700	800	900
x(mm)					
$\lvert\Delta x\rvert$(mm)					

其中 $|\Delta x|=|x_{i+5}-x_i|$。取 $|\overline{\Delta x}|$ 计算 He－Ne 激光波长 $\lambda=\dfrac{2|\overline{\Delta x}|}{N}$，并与标准值(He－Ne 激光波长 $\lambda=630.3$ nm)比较，计算测量的相对误差 E_λ。

注意：迈克尔逊干涉仪是精密仪器，调节要细心，动作要轻，严禁触摸光学元件的光学平面。

实验 4.13 物质旋光率的测量

1811 年法国物理学家阿喇果等发现了偏振光通过某些晶体或物质的溶液时，其振动面以光的传播方向为轴发生旋转的现象，这种现象称为旋光现象。旋光现象作为一种物理现象已被应用在各个领域。旋光法也是研究旋光物质物理性质的有效手段，在化学工业、制药工业、制糖工业、食品工业、石油工业等领域有重要的应用。如在医学、药学中常用来鉴别左旋和右旋药物的有效成分。

一、实验目的

(1)了解物质的旋光特性和学习测量物质的旋光率的方法。

(2)学习旋光仪的调节和使用。

二、实验仪器

葡萄糖溶液、旋光仪。

三、实验简介

本实验利用旋光仪(图 4.13－1)测定葡萄糖溶液的旋光角，以及判断实验所用葡萄糖属于左旋还是右旋物质。仪器中的钠灯产生波长 $\lambda = 589.3$ nm 的黄光，通过半荫式起偏片 10 后产生偏振光，旋转检偏片 7 使三分视场为暗场，记下此时的零点值 φ_0。将装满葡萄糖溶液的旋光管装载好后，再次旋转检偏片使三分视场为暗场，记下此时的角度 φ_1，则 $\varphi = |\varphi_1 - \varphi_0|$ 即为此条件($\lambda = 589.3$ nm、该温度、该旋光管长度)下的旋光角。实验时，迎着偏振光源观测，如果测得偏振面逆时针转动则该物质为左旋物质，否则为右旋物质。

四、仪器介绍

1. 旋光仪的结构

旋光仪的结构如图 4.13－1 所示，其主要的基本部件有单色光源(钠光源)、半荫式起偏片、旋光管、检偏片、检测器等五个部分。

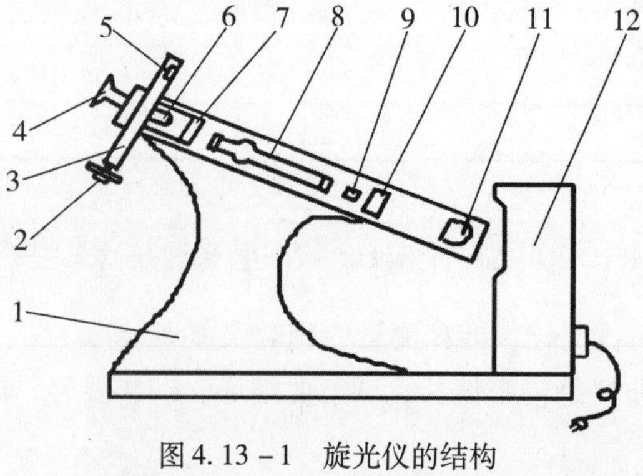

图 4.13－1 旋光仪的结构

1—底座；2—刻度盘调节手轮；3—刻度盘；4—目镜；5—游标；6—物镜；7—检偏片；8—旋光管；9—石英片；10—起偏片；11—会聚透镜；12—钠灯

旋光管如图 4. 13 - 2 所示。旋光仪的实物图如图 4. 13 - 3 所示。

图 4. 13 - 2　旋光管

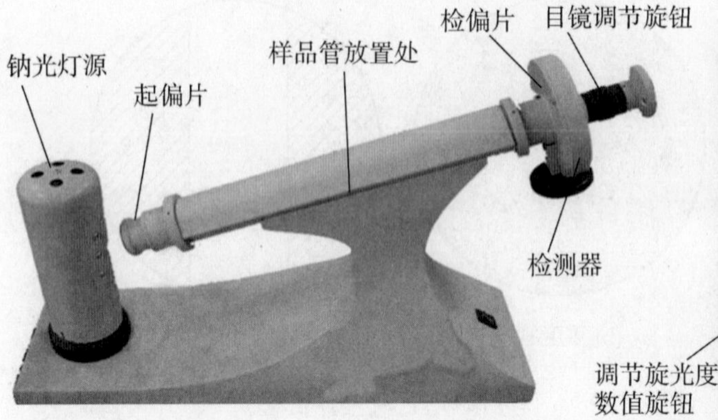

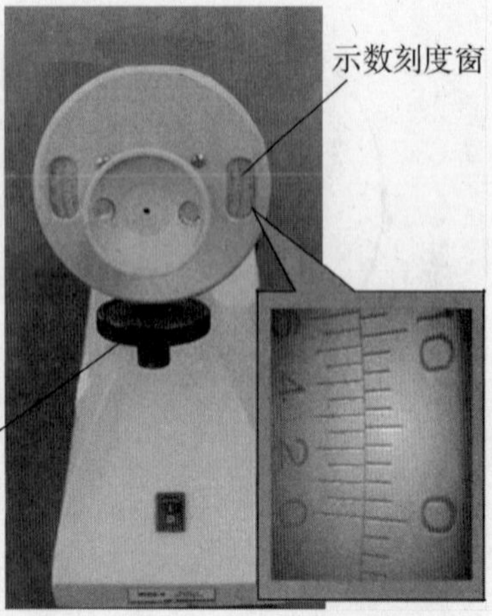

图 4. 13 - 3　旋光仪实物图

2. 测量原理

如图 4. 13 - 4 所示，在起偏片与检偏片之间放入旋光物质之前，如起偏片与检偏片允许通过的偏振光方向平行(或垂直)，则在检偏片后面观察到的视野是最明亮的(或最暗的)。在起偏片与检偏片之间放入旋光物质后，由于物质的旋光作用，原来从起偏片出来的偏振光的振动方向旋转了一个角度 α，在检偏片后面观察时，视野就变得暗(或亮)一些。若把检偏片旋转某个角度使其恢复原来的亮度，这时检偏片旋转的角度及方向即是测试品的旋光角。

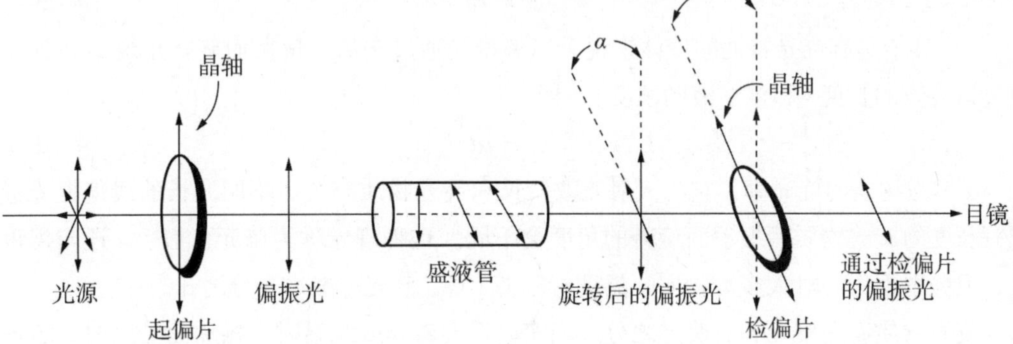

图 4. 13 - 4　旋光角测定原理

3. 三分视场

由于人眼对单一视场亮度变化的辨别灵敏度不高，所以在旋光仪的起偏片后中部位置安装了一块石英片，穿过它的光大概占视野的三分之一，因为石英片在中部，所以这束光出现在视野的中间位置。而石英片有旋光性，所以中间这部分光和两侧的光的偏振方向是不同的。不同偏振方向的偏振光经过检偏片，于是就产生了三分视场(图4.13-5)。

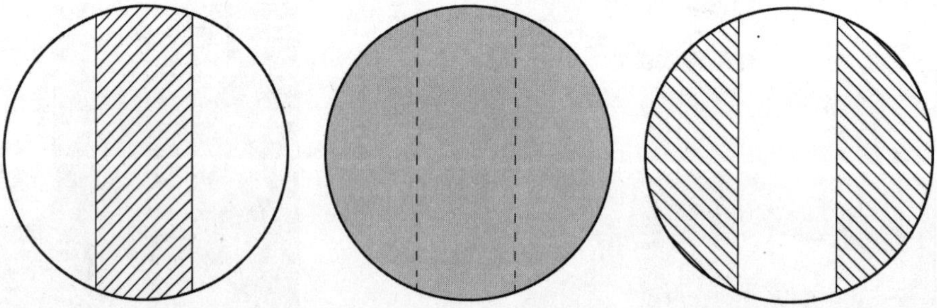

(a) 大于(或小于)零度视场　(b) 零度视场　(c) 大于(或小于)零度视场

图4.13-5　三分视场

五、实验原理

许多有机化合物，如石油、葡萄糖等，都具有旋光性，这是由其分子结构不对称而形成的。这些物质的各种物态都存在旋光性，包括这些物质的溶液。一些矿物(如石英、朱砂等)也有旋光性，这种旋光性是由结晶构造而形成的，当晶形消失以后，旋光性也消失。

研究表明：

(1)对于具有旋光特性的固体物质，当偏振光通过它后，偏振面旋转角度 φ 正比于光通过该固体物质的厚度 l，即

$$\varphi = \alpha l \tag{4.13-1}$$

(2)对于具有旋光特性的液体来说，当偏振光通过它后，偏振面旋转角度 φ 正比于光通过该溶液的长度 l 和该溶液的浓度 c，即

$$\varphi = \alpha lc \tag{4.13-2}$$

α 称为物质的旋光率，它与入射光波波长和旋光物质有关。不同波长的线偏振光通过同一长度的旋光物质后振动面旋转的角度会不同，这种现象称为旋光色散。α 还与温度有关，但关系不大。对大多数物质，温度每升高1℃，旋光率减小千分之几。

旋光物质有左旋光和右旋光之分。当实验者迎着光线观察时，振动面沿顺时针方向转动的物质称为右旋物质，反之称为左旋物质。

六、实验过程与步骤

(1)熟悉旋光仪的结构与使用方法。旋光仪的结构如图 4. 13 –1 所示，使用说明请阅读“仪器部分”。

(2)测定葡萄糖溶液的旋光率，并判断它属于左旋物质还是右旋物质。

①调节旋光仪的目镜 4 对石英片成像，直至能看清楚视场中三部分视场(三分视场)的分界线。

②转动检偏片，观察并熟悉视场明暗变化的规律。校验零点位置，记下刻度盘(图 4. 13 –2)上的相应读数 φ_0。

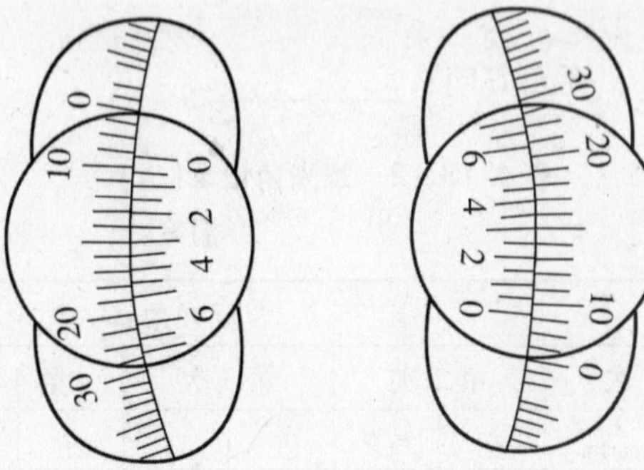

图 4. 13 –6　仪器刻度盘

③由于旋光率与所用光波波长、温度以及溶液浓度均有关系，所以测定旋光率时应对上述各量作出记录或加以说明。

④将浓度为 10% 的葡萄糖溶液注入一长度为 20 cm 的旋光管内。测出旋光角 φ ，并确定是左旋还是右旋。

⑤为减小测量误差，测定旋光角 φ 时应重复测读 5 次并读取左右游标，取其平均值。将数据记录于表 4. 13 –1 中。

⑥将浓度为 10% 的葡萄糖溶液注入长度为 10 cm 的旋光管内，测出旋式角 φ，并确定是左旋还是右旋，重复测读 5 次并读取左右游标，并将数据记录于表 4. 13 –2 中。

注意事项：

(1)旋光仪的钠灯需要预热 10 min。

(2)旋光管注满试液后，装上橡皮圈，旋上螺帽直至不漏水为止。螺帽不宜旋得太紧，否则护片玻璃会引起应力而影响测量的正确性。然后旋光管两头残余溶液抹干，以免影响观察清晰度及测量精度。

(3)溶液应装满旋光管不能有气泡。如果有，应摇动旋光管使气泡移至旋光管凸处，以免影响测量。

七、数据记录与处理

表 4.13－1 旋光角记录(一)

温度_________；光波波长：589.3 nm。

葡萄糖溶液 $c=10\%$	旋光角 φ										
	第 1 次		第 2 次		第 3 次		第 4 次		第 5 次		平均
	左	右	左	右	左	右	左	右	左	右	
0(视场零点)											
$l=20$ cm											

旋转角度：_________；旋光方向：_________。

表 4.13－2 旋光角记录(二)

温度：_________；光波波长：589.3 nm。

蔗糖溶液 $c=10\%$	旋光角 φ										
	第 1 次		第 2 次		第 3 次		第 4 次		第 5 次		平均
	左	右	左	右	左	右	左	右	左	右	
0(视场零点)											
$l=10$ cm											

旋转角度：_________；旋光方向：_________。

思考题

1. 旋光仪用双游标读数可以消除偏心差，为什么？
2. 如何用实验方法确定物质的左、右旋光性？

附录 半荫式起偏镜的原理

半荫式起偏镜的结构是：在偏光片后再加一石英片，此石英片和偏光片的中央部分在视场中重叠，将视场分为三部分。同时在石英片两旁装上等厚度的光学玻璃片，以补偿由于石英片产生的光程变化。这构成半荫式起偏片，也叫复式起偏片，如图 4.13－3 所示。取石英片的光轴平行于自身表面，并与偏光片的通光方向成一角度 θ(仅零点几度)。由光源发出的光经偏光片后成为线偏振光，其中央部分光再经过石英半波片，其厚度恰使在石英片内分解成的 o 光和 e 光的相位差为 π 的奇数倍，出射光的偏振面转过了 2θ。所以自然光经过半荫式起偏镜进入旋光物质的光是振动面间的夹角为 2θ 的两种三束线偏振光。

在图4.13－7中，如果以$\overrightarrow{OP}$和$\overrightarrow{OA}$分别表示偏光片和检偏片的通光方向，$\overrightarrow{OP}'$表示偏振光透过石英片后的振动方向，β、β'分别表示$\overrightarrow{OP}$、$\overrightarrow{OP}'$与$\overrightarrow{OA}$的夹角，再以A_P和$A_{P'}$分别表示通过偏光片和通过偏光片加石英片的偏振光在检偏片通光方向的分量，则由图4.13－7可知，当转动检偏片时，OA_P和$OA_{P'}$的大小将发生周而复始的变化，反映在从望远镜中见到的视场上将出现明暗的交替变化（图4.13－7的下半部）。图4.13－7中列出了四种显著不同的情形。

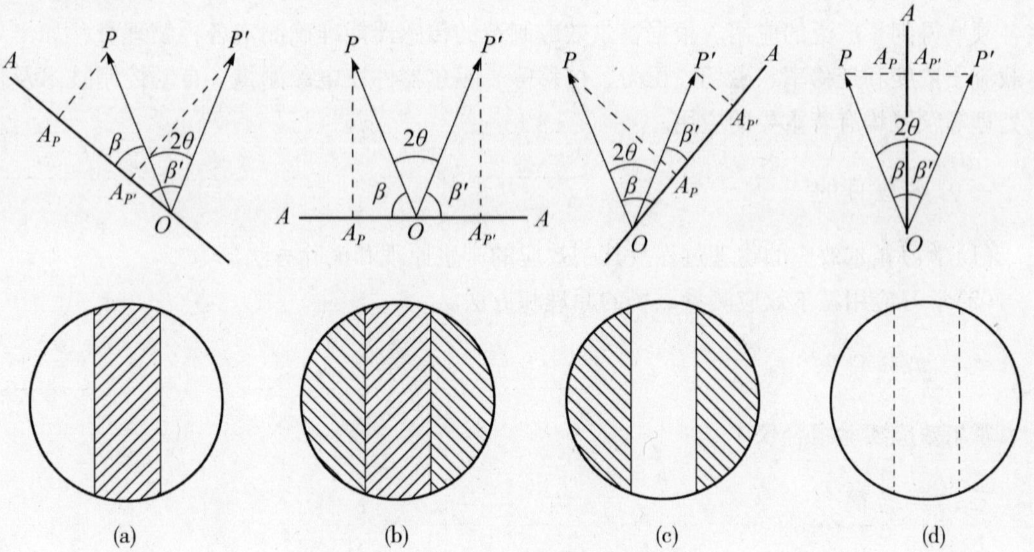

图4.13－7　检偏镜旋至不同角度的视场

（1）$\beta<\beta'$，$OA_P>OA_{P'}$，通过检偏片观察时，与石英片对应的中央部分为暗区，与玻璃片对应的两旁为亮区。$\beta'=\pi/2$时，中央区全暗，如图4.13－7a所示。

（2）$\beta=\beta'$，$OA_P=OA_{P'}$，通过检偏片观察时，视场中三部分界线消失，亮度相等，都较暗，如图4.13－7b所示。

（3）$\beta>\beta'$，$OA_P<OA_{P'}$，视场又分为三部分，与石英片对应的中央部分为亮区，与玻璃片对应的两旁为暗区。当$\beta=\pi/2$时，左右两区全暗，如图4.13－7c所示。

（4）$\beta=\beta'$，$OA_P=OA_{P'}$，视场中三部分界线消失，亮度相等，都较亮，如图4.13－7d所示。

实验4.14　霍尔效应法测磁场

1879年，美国物理学家霍尔发现，在通有电流的金属薄块的法线方向上加恒定磁场时，薄块的两个侧面就产生一个电位差，这种现象称为霍尔效应。具有这种效应的不仅有金属，还可以是半导体薄片，而且半导体薄片的霍尔效应更明显。霍尔效应自发现以来，在各领域得到了广泛的应用。根据霍尔效应制造的传感器能准确测定各种物理量，如半导体载流子浓度和迁移率、磁场、压力、位移等。霍尔器件在电磁测量、自动控制技术及信息处理等领域均有着重要的应用。

一、实验目的

(1)学习霍尔效应的物理过程及其副效应的产生原理和消除方法。
(2)学习应用霍尔效应测量磁场的原理和方法。

二、实验仪器

霍尔效应实验组合仪。

三、实验简介

霍尔传感器是利用霍尔效应制成的磁敏传感器。实验仪器如图4.14-1所示，其输出的霍尔电压

$$V_H = K_H I_S B$$

图4.14-1　TH-H型霍尔效应实验组合仪

式中，K_H为传感器的灵敏度；I_S为流过传感器的电流，$B=K_M I_M$为传感器感应到的磁感应强度。每个传感器的灵敏度K_H各不相同。利用霍尔传感器测磁场，必须先标定仪器的灵敏度K_H。因此，本实验的首要任务之一就是标定传感器的灵敏度。I_S一般采用恒流源。

B 由励磁电流 I_M 激发(K_M 为单位电流流过线圈时激发的磁感应强度，仪器上已标出)。在实验中，由仪器恒流源输出工作电流 I_S、励磁电流 I_M，在相应的条件下测出霍尔电压 V_H 即可标定传感器的灵敏度 K_H。为了研究霍尔传感器的稳定性及工作范围，本实验还利用霍尔传感器进行输出霍尔电压 V_H 和传感器工作电流 I_S、霍尔电压 V_H 与磁感应强度 B 等物理量之间关系的研究。

四、实验原理

1. 霍尔效应原理

霍尔效应是 1879 年由 Johns Hopkins 大学的研究生霍尔在研究载流导体在磁场中受力的性质时发现的。如图 4.14－2 所示，一块宽为 b，厚为 d 的矩形半导体薄片(N 型，载流子是电子)，沿 y 方向加一恒定工作电流 I_S，沿 x 方向加上恒定磁场 $\boldsymbol{B}$，就有洛伦兹力 $\boldsymbol{f}_B$，

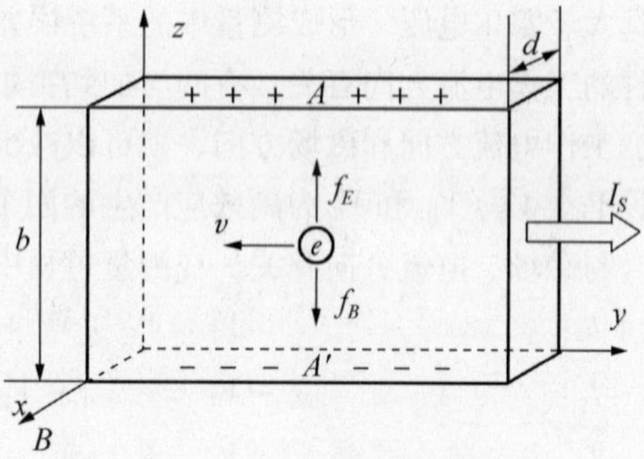

图 4.14－2 霍尔效应原理

$$\boldsymbol{f}_B = e\boldsymbol{v} \times \boldsymbol{B} \tag{4.14－1}$$

式中，e 为运动电荷的电量；$\boldsymbol{v}$ 为电荷运动的速度；$\boldsymbol{f}_B = e\boldsymbol{v} \times \boldsymbol{B}$ 指向 z 轴负方向。

在洛仑兹力的作用下，样品中的电子偏离原流动方向而向样品下方运动，并聚集在样品下方。随着电子向下偏移，在样品上方会多出带正电的电荷(空穴)。这样，在样品中形成了一个上正下负的霍尔电场 E_H，根据 $E = V_H/b$，在 A、A'面间便有霍尔电压 V_H。当 E_H 建立起来后，它会给运动的电荷施加一个与洛仑兹力方向相反的电场力 $f_E = eE_H$。随着电子在 A'面继续积累，E_H 的电场力 f_E 也逐渐增大。当 f_E、f_H 两力大小相等(即 $f_E = f_H$)时，霍尔电场对电子的作用力与洛仑兹力相互抵消，电子的积累达到动态平衡，在 A、A'间便形成一个稳定的霍尔电场 E_H。则有

$$eE_H = evB \tag{4.14－2}$$

$$e\frac{V_H}{b} = evB \tag{4.14－3}$$

设 N 型半导体的载流子浓度为 n，流过半导体样品的电流密度为

$$j = env \tag{4.14－4}$$

则

$$v = \frac{j}{ne} = \frac{I_S}{bdne} \tag{4.14－5}$$

式中，b 为半导体薄片的宽度；d 为半导体薄片的厚度；e 为载流子的电量。将式(4.14－5)代入式(4.14－3)，并令 $R_H = \frac{1}{en}$，可得

$$V_H = \frac{I_S B}{end} = R_H \frac{I_S B}{d} \tag{4.14－6}$$

式中，R_H 称为霍尔系数。R_H 是反映霍尔效应强弱的重要参数，与材料中载流子的运动机理密切相关。

在实际应用中，式(4.14－6)常写成

$$V_H = K_H \cdot I_S \cdot B \tag{4.14－7}$$

式中，$K_H = R_H/d$ 称为霍尔元件的灵敏度，单位为 mV/(mA·T)或 mV/(mA·kGs)。

式(4.14－7)是在理想情况下才成立的。但在实际情况中，除霍尔效应外，还存在着其他因素引起的几种副效应(具体分析见实验附录)。这些副效应所产生的电压总和有时甚至远远大于霍尔电压，形成测量中的系统误差。实验分析表明，这些副效应有的与流过霍尔元件的工作电流方向有关，有的与加到霍尔片的磁场方向有关，在测量过程中只要按要求改变工作电流方向和磁场方向，就可以减少或消除这些副效应的影响。

设 V_E、V_N、V_{RL}和 V_0 为副效应产生的四个电压(各电压的具体物理意义见附录)，它们的符号与磁场、电流方向有关。在测量过程中分别改变电流 I 和磁场 B 的方向，有

$+B$，$+I_S$：
$$V_1 = V_H + V_E + V_N + V_{RL} + V_0 \tag{4.14－8}$$

$+B$，$-I_S$：
$$-V_2 = -V_H - V_E + V_N + V_{RL} - V_0 \tag{4.14－9}$$

$-B$，$-I_S$：
$$V_3 = V_H + V_E - V_N - V_{RL} - V_0 \tag{4.14－10}$$

$-B$，$+I_S$：
$$-V_4 = -V_H - V_E - V_N - V_{RL} + V_0 \tag{4.14－11}$$

将式(4.14－8)与式(4.14－9)相减，得

$$V_1 - (-V_2) = 2V_H + 2V_E + 2V_0 \tag{4.17－12}$$

将式(4.14－10)与式(4.14－11)相减，得

$$V_3 - (-V_4) = 2V_H + 2V_E - 2V_0 \tag{4.14－13}$$

再将式(4.14－12)与式(4.14－13)相加得

$$V_1 - (-V_2) + V_3 - (-V_4) = 4V_H + 4V_E \tag{4.14－14}$$

所以

$$V_H = \frac{1}{4}(V_1 + V_2 + V_3 + V_4) - V_E \tag{4.14－15}$$

只要 B 不是太小，温差电压 V_E 一般比 V_H 小得多，在误差允许的范围内可以略去，故得

$$V_H = \frac{1}{4}(V_1 + V_2 + V_3 + V_4) \tag{4.14－16}$$

2. 应用霍尔效应判断半导体载流子类型

半导体材料有 N 型(电子型)和 P 型(空穴型)两种，前者载流子为电子，带负电；后者载流子为空穴，带正电。由图 4.14－2 可以看出，若载流子为 N 型，则 A 点电位高于 A' 点，按本实验所用仪器仪表的接线，则 $V_H<0$；若载流子为 P 型，则 A 点电位低于 A'点，$V_H>0$。可见，知道载流子的类型后，可根据 V_H 的正、负确定待测磁场的方向。同样，按图 4.14－2 所示的 I 和 B 的方向，若测得的 $V_H<0$，即 A 点电位高于 A'点，则 R_H 为负值，样品为 N 型；反之，则为 P 型。

随着半导体物理学的迅猛发展，霍尔系数和电导率的测量已经成为研究半导体材料的

主要方法之一。通过测量半导体材料的霍尔系数和电导率可以判断材料的导电类型、载流子浓度、载流子迁移率等主要参数。若能测得霍尔系数和电导率随温度变化的关系，还可以求出半导体材料的杂质电离能和材料的禁带宽度。

3. 量子霍尔效应

1978 年德国物理学家 Klaus von Klitzing 等人发现半导体在极低温度和强磁场存在量子霍尔效应。霍尔平台(图 4.14－3)的量子化单位为 e^2/h，它不仅可作为一种新型电阻标准(1990 年，国际标准组织将 $h/e^2=25812.806\Omega$ 作为标准电阻)，还可以改进一些基本物理参量的精确测定，是当代凝聚态物理学和磁学令人惊奇的进展之一，Klitzing 为此获得了 1985 年诺贝尔物理学奖。

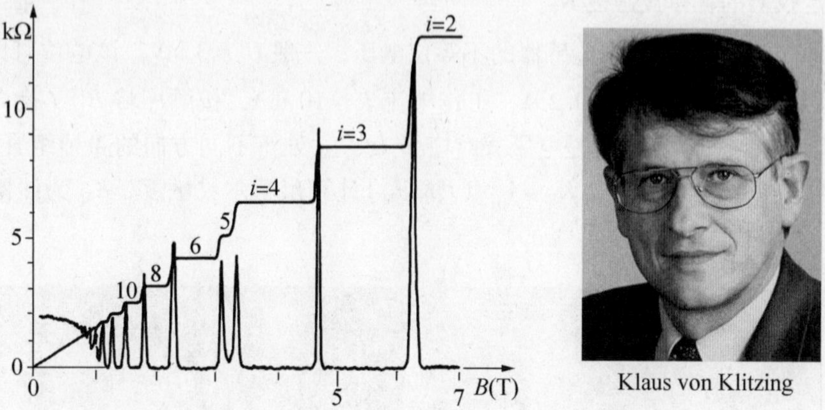

图 4.14－3　量子霍尔效应

1982 年，美国贝尔实验室的崔琦、H. L. Stormer 等在更强磁场和更低温度下发现具有分数量子数的霍尔平台(图 4.14－4)。一年后，R. B. Laughlin 写下了一个波函数，对分数量子霍尔效应给出了很好的解释。此三人分享 1998 年诺贝尔物理学奖。

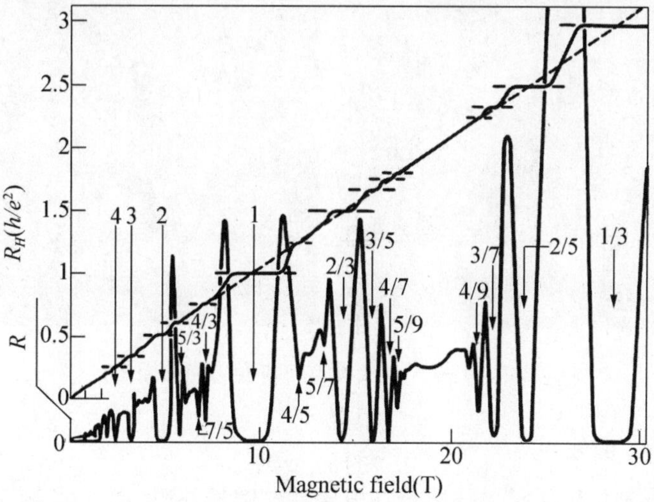

图 4.14－4　霍尔电阻的分数量子台阶

2004 年日本的物理学家发现，理论上来说，光学里也有等同于霍尔效应的现象发生。而且此理论应该可以利用偏振光加以实验证明。

2005 年法国物理学家第一次证明了声子具有霍尔效应，这一效应表现为，当热流流过处于磁场中的样品且流动方向与磁场方向垂直时，便会在样品另外两表面间产生温度差。

五、实验过程与步骤

1. 熟悉仪器结构及其使用方法

仪器实物如图 4.14－1 所示，首先必须按要求连接电路。

2. 测定仪器的霍尔灵敏度 K_H

预热 5 min 后，测量霍尔传感器的不等位电压，一般 $U_0 \approx 3$ mV。该电位可以通过调零旋钮消除。调节励磁电流 $I_M = 0.2$ A，工作电流 $I_S = 10$ mA，按顺序将 B、I 换向，记录相应的 V_1、V_2、V_3、V_4（$V_1 \sim V_4$ 是电压表对应于 I_S、I_M 处于不同方向的 4 种组合时的读数，操作见图 4.14－5），代入公式 $K_H = V_H/(I_S K_M I_M)$ 计算出霍尔灵敏度，K_M 为线圈上的励磁系数。

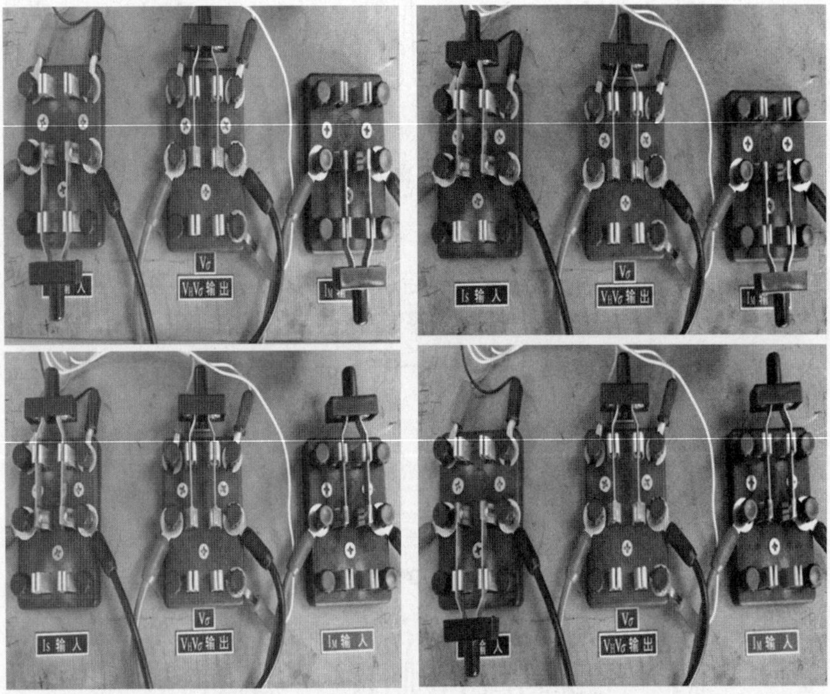

图 4.14－5　改变 B 方向和 I_S 方向的操作

3. 测绘 $V_H - I_M$ 曲线

调节霍尔传感器位置使霍尔传感器在电磁铁气隙最外边（离气隙中心约 25 mm）。调节霍尔工作电流 $I_S = 5.00$ mA，改变励磁电流 $I_M = 0 \sim 1000$ mA，采用正、反方向测量输出霍尔电压，并记于表4.14－2中。

4. 测绘 $V_H - I_S$ 曲线

把霍尔传感器位置调节到磁铁空气隙中心，保持 I_M 绝对值不变（取 $I_M = \pm 0.600$ A），改变 I_S 的值，I_S 取值范围为 ±（0.50～5.00）mA。电流方向的切换用图4.14－5开关换向（I_M 可用实验仪面板右边按钮改变电流方向，而 I_S 用左边按钮来改变电流方向）。将实验测量值记入表4.14－3中。

注意事项：

(1)仪器出厂前，霍尔片已调至电磁铁中心位置。霍尔片性脆易碎，电极甚细易断，严防撞击或用手触摸，否则即遭损坏。需要调节霍尔片位置时必须谨慎，以免霍尔片与磁极面相碰。

(2)测试仪的"V_H 输入"接实验仪的"霍尔电压"，测试仪的"I_S 输出"接实验仪的"工作电流"，测试仪的"I_M 输出"接实验仪的"励磁电流"。绝不允许将测试仪的"I_M 输出"接到实验仪的"工作电流"或"霍尔电压"处，否则，一旦通电，样品即遭损坏。

(3)仪器开机前应将测试仪的"I_S 调节"和"I_M 调节"旋钮沿逆时针方向旋到底(即置零位)再开机。关机前，同样应将"I_S 调节"和"I_M 调节"旋钮沿逆时针方向旋到底再切断电源。

(4)在改变 I_S 或霍尔元件位置的过程中，应断开实验仪上的"励磁电流"换向开关，以防线圈长时间通电发热导致霍尔元件升温影响实验结果。

六、数据记录与处理

表4.14－1　K_H 测定

$I_S = 5.0$ mA，$I_M = 0.6$ A

V_1	V_2	V_3	V_4	$\bar{V}$	B(mT)	K_H

表4.14－2　测绘 $V_H - I_M$ 关系曲线实验数据记录表

$I_S = \pm 5.00$ mA

I_M(A)	V_1(mV) $+B$，$+I_S$	V_2(mV) $+B$，$-I_S$	V_3(mV) $-B$，$-I_S$	V_4(mV) $-B$，$+I_S$	$V_H = \frac{V_1+V_2+V_3+V_4}{4}$(mV)
0.100					
0.200					
0.300					
0.400					

续表4.14－2

I_M(A)	V_1(mV) $+B$，$+I_S$	V_2(mV) $+B$，$-I_S$	V_3(mV) $-B$，$-I_S$	V_4(mV) $-B$，$+I_S$	$V_H=\frac{V_1+V_2+V_3+V_4}{4}$(mV)
0.500					
0.600					
0.700					
0.800					
0.900					
1.000					

表4.14－3　测绘 V_H-I_S 关系曲线实验数据记录表

$I_M=\pm0.600$ A

I_S(mA)	V_1(mV) $+B$，$+I_S$	V_2(mV) $+B$，$-I_S$	V_3(mV) $-B$，$-I_S$	V_4(mV) $-B$，$+I_S$	$V_H=\frac{V_1+V_2+V_3+V_4}{4}$(mV)
0.50					
1.00					
1.50					
2.00					
2.50					
3.00					
3.50					
4.00					

思考题

1. 霍尔电压是怎样形成的？它的极性与磁场和电流方向(或载流子浓度)有什么关系？
2. 如何观察不等位效应？如何消除它？
3. 测量过程中哪些量要保持不变？为什么？
4. 换向开关的作用原理是什么？测量霍尔电压时为什么要接换向开关？
5. I_S 可否用交流电源(不考虑表头情况)？为什么？

附　录

一、实验仪器介绍

TH－H 型霍尔磁场测试实验组合仪由实验仪和测试仪两大部分组成(图 4.14－1)。

1. 实验仪

(1)蹄形电磁铁。规格为 50 mm×25 mm。铁芯间隙中的磁感应强度即为 B。

(2)样品及样品架。样品是由 N 型半导体硅单晶片制成的霍尔元件，尺寸为 4 mm×2 mm×0.2 mm。样品共有两对电极，其中一对用于测量霍尔电压，另一对为工作电流电极。样品装在样品架上，样品架具有水平和垂直方向调节功能及读数装置。

(3)换向开关。三个换向开关分别为 I_S、I_M 的换向开关及 $V_H(V_\sigma)$ 的测量选择开关(图 4.14－2)。

2. 测试仪

(1)两组恒流源。“I_S 输出”为 0～10 mA 样品工作电流源，“I_M 输出”为 0～1 A 励磁电流源。两组电源彼此独立。两路输出电流大小通过 I_S 调节旋钮和 I_M 调节旋钮进行调节，两者均连续可调。其值可通过“测量选择”键由同一数字电流表进行测量，按键(低位)测 I_M，放键(高位)测 I_S。

(2)直流数字电压表。通过切换开关由同一数字电压表测量 V_H、V_σ。电压表零位可通过仪器面板上的调零电位器进行调整，当显示的数字前出现“－”号时，表示被测电压极性为负值。在测量 V_H 时，电压表的最大量程为 19.99 mV。

二、霍尔效应副效应

1. 爱廷豪森效应

由于霍尔元件的载流子运动速率有大有小，对速率大的载流子，洛仑兹力起主导作用，这些载流子(在 N 型半导体中为电子)向下偏转到 A'面，而它们带来的能量也较大，使该面的温度较高；对速率小的电子，霍尔电场力起主导作用，使这些电子向上偏转到 A 面，而它们带来的能量较小，这样 A 面的温度较低。A 面与 A'面因温度差而引起温度电压 V_E。容易看出，V_E 的方向与 I、B 的方向有关，而且 V_E 与 V_H 同向。

2. 能斯脱效应

如图 4.14－6 所示，由于电流电极引线的焊接点 M 与 N 的接触电阻不相等，通电后，发热的程度不同，导致 M、N 两端温度也不相同。于是，M、N 之间出现热扩散电流。这股电流在磁场、电场的作用下，在 A、A'之间产生类似于 V_H 的电压 V_N，但 V_N 只随 B 的换向而换向，与 I 的换向无关。

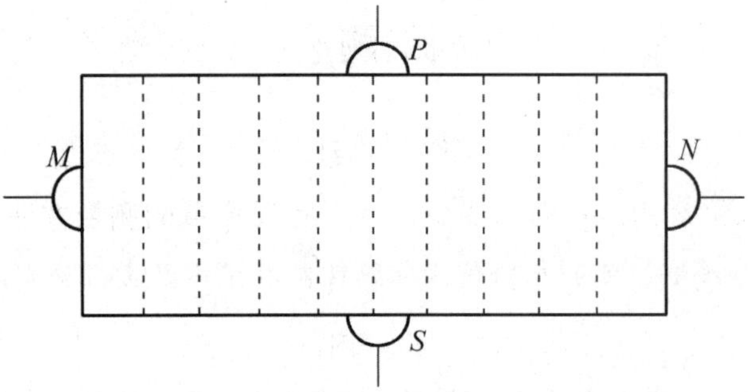

图 4.14－6 能斯脱效应

3. 里纪－勒杜克效应

由于热扩散电流的载流子运动速率各不相同，根据前述理由，在 P、S 两端引起附加温差电压 V_{RL}，但 V_{RL} 只随 B 的换向而换向，与 I 的换向无关。

4. 不等位电势差

由于材料的不均匀和在工艺上很难使霍尔电极 P、S 在同一等位面上，当霍尔元件通过电流 I 时，在 P、S 间就有一附加电压 $V_0 = IR$ 产生，V_0 叠加在 V_H 中，使 V_H 偏大或偏小。显然，在改变电流的方向时，两次 V_H 必有一次偏大，而另一次偏小。V_0 与 B 无关。

综上所述，在测量 V_H 时，如果磁场和工作电流一定，则所测得的霍尔电压还包括四个副效应所产生的电压：V_E、V_N、V_{RL} 和 V_0。根据 V_E、V_N、V_{RL} 和 V_0 的正负与电流 I、B 磁场的方向有关，在测量过程中分别改变 I、B 方向，便可减少或消除这些副效应对测量结果的影响。

实验4.15 共振法测量材料的杨氏模量

杨氏模量是固体材料的重要力学性质，它反映了固体材料抵抗外力产生拉伸(或压缩)形变的能力，是选择机械构件材料的依据之一。杨氏模量的测量方法有多种，如拉伸法、弯曲法、共振法等。拉伸法常用于形变大、常温下的测量。但该方法使用的载荷较大，加载速度慢，有弛豫过程，不能真实地反映材料内部结构的变化，且不适用于脆性材料和材料在不同温度时的杨氏模量的测量。共振法不仅克服了拉伸法的上述缺陷，而且更具有实用价值。它不仅适用于轴向均匀的杆(管)状金属材料的杨氏模量的测量，也可用于脆性材料的杨氏模量与共振参数的检测。因此，共振法成为国家标准 GB/T2105—91 推荐使用的测量方法。

一、实验目的

(1)学习用共振法测量材料的杨氏模量。

(2)学习用外延法测量、处理实验数据。

(3)培养综合运用知识和使用常用实验仪器的能力。

二、实验仪器

动态杨氏模量测量仪、多功能音频信号源、双踪示波器、电子天平、钢板尺、游标卡尺等。

三、实验简介

由自由梁振动的理论分析推导得共振法测杨氏模量的公式

$$E = \frac{1.6067L^3 m f_1^2}{d^4}$$

因此在实验中需测量圆棒的长度 L、质量 m、直径 d 以及共振基频 f_1 四个物理量。其中圆棒的长度 L、质量 m、直径 d 这三个物理量易于分别借助钢板尺、电子天平以及游标卡尺等工具测得。因此，本实验重点研究的对象是圆棒共振基频 f_1。实验中共振基频是利用动态杨氏模量测试仪(图 4.15－1)进行测量的，即圆棒上的驻波仅有两个节点时的共振频率，悬挂(支撑)点为两个节点。但由于节点处的振幅非常小，不利于测量，所以实验中一般测量其他悬挂(支撑)点，然后用外延法得到本实验所需的共振基频 f_1。

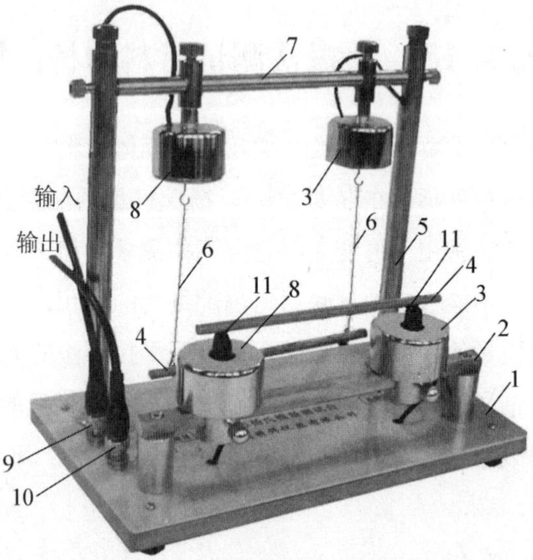

图 4.15－1　悬挂、支撑式动态杨氏模量测试仪

1—底座；2—支撑导杆；3—拾振器；4—试样棒；5—立杆；6—悬线；

7—悬挂横杆；8—激振器；9—信号输入；10—信号输出；11—支撑刀

四、实验原理

1. 共振法测杨氏模量的物理基础

由自由梁的振动分析理论可建立圆棒的横振动方程：

$$\frac{\partial^4 Y}{\partial x^4}+\frac{-\rho S}{EJ}\cdot\frac{\partial^2 Y}{\partial t^2}=0 \qquad (4.15-1)$$

式中，Y 为棒位于 x 处的质元的振动位移，E 为棒的杨氏模量，S 为棒的横截面积，J 为棒的转动惯量，ρ 为棒的密度，x 为质元的位置坐标，t 为时间变量。

用分离变量法求解棒的横振动方程。令 $Y(x,\ t)=X(x)\cdot T(t)$，代入方程(4.15－1)得

$$\frac{1}{X}\cdot\frac{\mathrm{d}^4 X}{\mathrm{d}^4 x}=\frac{\rho S}{EJ}\cdot\frac{1}{T}\frac{\mathrm{d}^2 T}{\mathrm{d}t^2} \qquad (4.15-2)$$

可以看出，上式两边分别是 x 和 t 的函数，只有都等于一个任意常数时才有可能使等式成立。设这个常数为 K^4，得

$$\begin{cases}\dfrac{\mathrm{d}^4 X}{\mathrm{d}^4 x}-K^4 x=0\\[2ex]\dfrac{\mathrm{d}^2 T}{\mathrm{d}t^2}-\dfrac{K^4 EJ}{\rho S}\cdot T=0\end{cases} \qquad (4.15-3)$$

解这个线性常微分方程组，得通解

$$Y(x,t)=(A_1\mathrm{ch}kx+A_2\mathrm{sh}kx+B_1\cos kx+B_2\sin kx)\cos(\omega t+\varphi)$$

式中

$$\omega = \left(\frac{K^4 EJ}{\rho S}\right)^{\frac{1}{2}} \tag{4.15-4}$$

称为频率公式。A_1，A_2，B_1，B_2，φ 是待定系数，可由边界条件和初始条件确定。

对于长为 L、两端自由的棒，当悬线悬挂于棒的节点附近时，其边界条件为：自由端横向作用力为零，弯矩也为零。即

$$\left.\frac{d^3 y}{dx^3}\right|_{x=0} = 0 \qquad \left.\frac{d^3 y}{dx^3}\right|_{x=L} = 0$$

$$\left.\frac{d^2 y}{dx^2}\right|_{x=0} = 0 \qquad \left.\frac{d^2 y}{dx^2}\right|_{x=L} = 0$$

将边界条件代入通解，得超越方程

$$\cos kL \cdot \mathrm{ch} kL = 1$$

用数值计算法得到方程的根依次为 $kL = 0$、4.7300、7.8532、10.9956、14.137、17.279、20.420……此数逐渐趋于表达式 $kL = \left(n - \frac{1}{2}\right)\pi$的值。

上述第一个根“0”相应于静态值，第二个根记为 $k_1 L = 4.7300$，与此相应的共振频率称为基频(或称为固有频率)$\omega_1 = 2\pi f_1$。根据式(4.15-4)可得试件的杨氏模量为

$$E = \frac{\omega^2 \rho S}{K^4 J} = \frac{(2\pi f_1)^2 \rho S}{K^4 J} \tag{4.15-5}$$

对于直径为 d、长度为 L、质量为 m 的圆棒，其转动惯量 $J = \frac{Sd^2}{16}$，密度 $\rho = \frac{4m}{\pi d^2 L}$，将 $K_1 L = 4.7300$ 代入式(4.15-5)得棒的杨氏模量

$$E = 1.6067 \frac{L^3 m f_1^2}{d^4} \tag{4.15-6}$$

由此，只要能测出棒的共振基频 f_1，就可以测量棒的杨氏模量。

2. 试样棒共振基频的测量

共振法测量杨氏模量的关键问题是测量试样棒的共振基频。实验测量模型如图4.15-2所示。

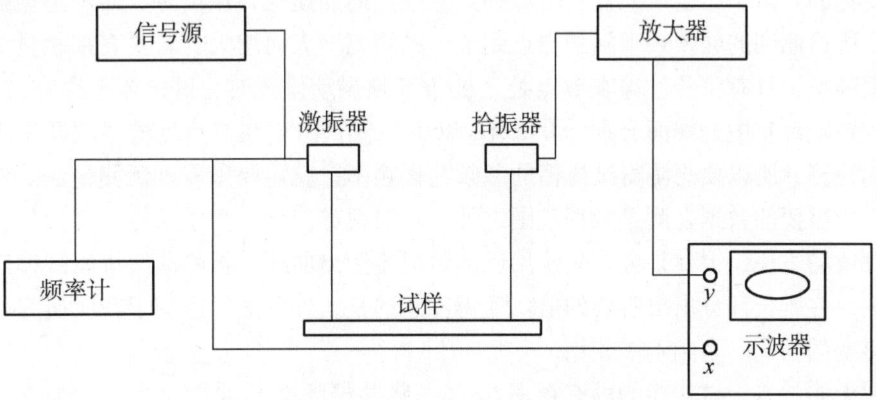

图4.15-2 共振法测量杨氏模量实验装置

由频率连续可调的音频信号源输出的等幅正弦电信号，经激振换能器转换为同频率的机械振动，再由悬丝(悬丝起耦合作用)把机械振动信号传给试样棒，使试样棒做受迫横向振动。试样棒另一端的悬丝再把试样棒的机械振动传给换能器，将机械振动信号又变成电信号。该信号经选频放大器滤波放大，再送至示波器显示。

当信号源的频率不等于试样棒的固有频率时，试样棒不发生共振，示波器上几乎没有电信号波形或波形幅度很小；当信号源的频率等于试样棒的固有频率时，试样棒发生共振，这时示波器上的波形幅度突然增大，此时仪器读出的频率就是试样棒在该悬挂条件下的共振频率。

棒的横振动节点与振动级次有关。图 4.15 - 3 给出了 $n=1$，2，3，4 时的振动波形。从 $n=1$ 的图 4.15 - 3a 可以看出，试样棒在做基频共振时存在两个节点，它们的位置距离其中一个端面分别为 $0.224L$ 和 $0.776L$ 处。理论上悬挂点应取在节点处，此时试样棒的共振频率才是共振基频。

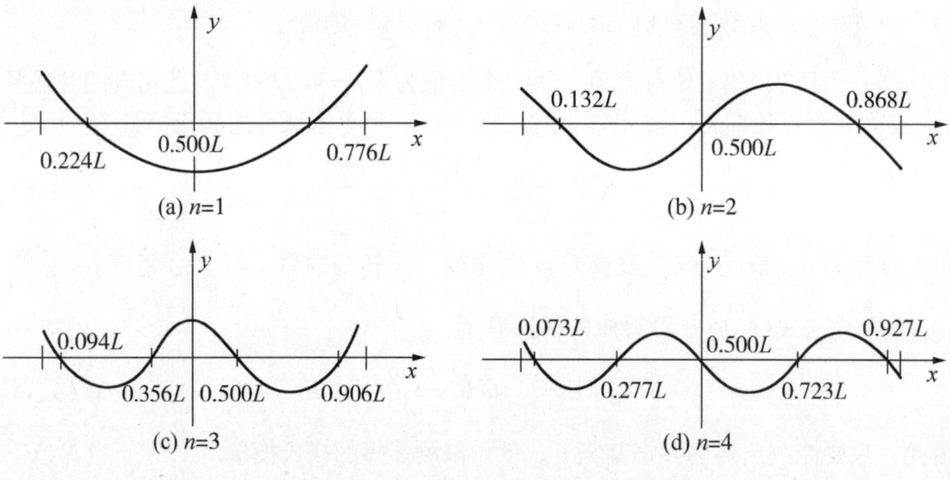

图 4.15 - 3 不同 n 值下的振动波形

在实验中，由于悬丝对试样棒振动的阻尼所检测到的共振频率大小是随悬挂点的位置变化而变化的。由于压电换能器所拾取的是悬挂点的加速度共振信号，而不是振幅共振信号，并且所检测到的共振频率随悬挂点到节点的距离增大而增大。若要直接测量试样棒的基频共振频率，只有将悬丝挂在节点处。处于基频振动模式时，试样棒上存在两个节点，它们的位置距离其中的端面分别为 $0.224L$ 和 $0.776L$。由于在节点处的振幅几乎为零，很难激振和检测，所以要想测得试样棒的基频共振频率，就需要采取外延测量法。外延测量法就是，所需要的数据在测量数据范围之外，一般很难测量，为了求得这个数值，采用作图外推求值的方法。也就是说，先使用已测数据绘制出曲线，再将曲线按原规律延长到待求值范围，在延长部分求出所要的值。值得注意的是，外延法只适用于在所研究范围内没有发生突变的情况，否则不能使用。

需要说明的是，试样棒的固有频率 $f_{固}$ 和基频共振频率 $f_{共}$ 是两个不同的概念，它们之间的关系为

$$f_{固} = f_{共}\sqrt{1+\frac{1}{4Q^2}}$$

式中，Q 为试样棒的机械品质因数。对于悬挂法测量，一般 Q 值大于 50，基频共振频率和固有频率相比只偏低 0.005%，所以在实验中可以用基频共振频率代替固有频率，用式(4.15－6)计算杨氏模量。

五、实验过程与步骤

①熟悉动态杨氏模量测试仪的结构及使用方法(图 4.15－1)。按图 4.15－4 把实验仪器连接好，通电预热 10 min。

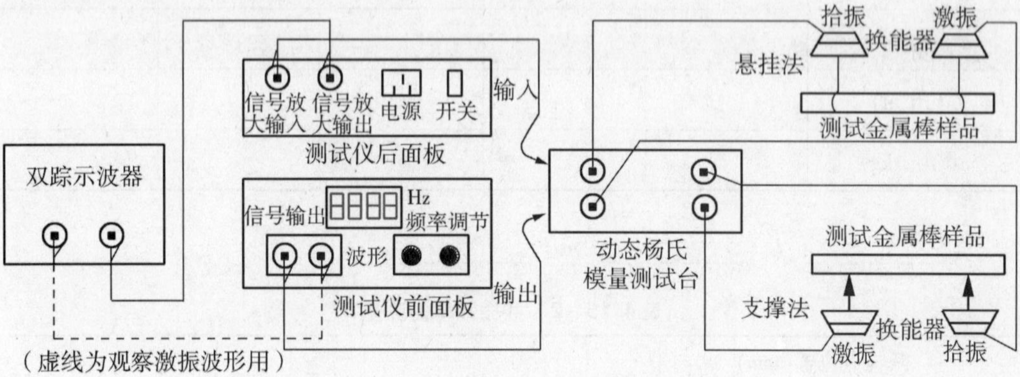

图 4.15－4　共振法测杨氏模量的连线

②测定试样的长度 L、直径 d 和质量 m，每个物理量各测 5 次，数据记录于表 4.15－1。计算试样棒的两个节点位置(0.224L 和 0.776L)，并在试样棒上标明。两个节点位置将作为试样棒悬挂点位置坐标的坐标原点 O。在试样棒上标定测量共振频率时各悬挂点的位置(图 4.15－5)。

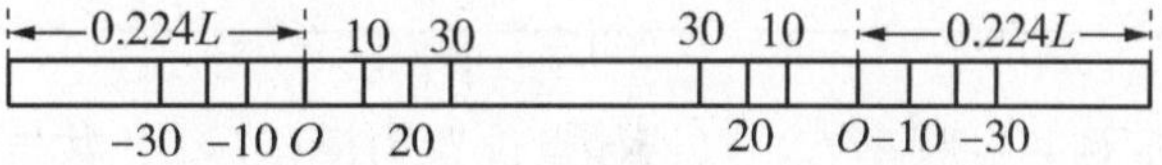

图 4.15－5　悬挂点坐标标示

③如图 4.15－1 所示，将试样棒悬挂于两悬线上，两悬挂点为－30 mm，－30 mm 处。调节横梁上活动支架位置使悬线与试样棒轴向垂直，调节悬线长度使试样棒横向水平。待试样棒处于静止状态再观察试样棒安装是否符合要求。

④待试样棒稳定之后，缓慢调节信号发生器频率旋钮寻找试样棒的共振频率。当示波器荧屏上显示的正弦波形振幅突然变大时，再调节信号发生器的频率微调旋钮使波形振幅达到极大值，表明此时试样棒处于共振状态。记录该位置的共振频率 f。按照测量记录表格的要求，改变悬挂点和支架位置，测量在不同悬挂状态下试样棒的共振基频，将数据记录于表 4.15－2 中。

⑤“支撑式”测法(选做)。把试样棒从悬挂线上取下轻放于测试台支撑式的激振器、拾振器的橡胶支撑刀上。把信号发生器的输出端与测试台的“支撑式 - 输入”相连，测试台的“支撑式 - 输出”与放大器的输入端相接，放大器的输出与示波器的“y 输入”相接。其余同“悬挂法”步骤。

六、数据记录和处理

(1)实验测量数据记录：

表 4.15 -1 试样棒测量

次数	1	2	3	4	5
d (10^{-3}m)					
L (10^{3}m)					
m (10^{-3}kg)					

$\overline{d}$ = __________； $\overline{L}$ = __________； $\overline{m}$ = __________。

表 4.15 -2 共振频率的测量

共振频率 f (Hz) \ 悬挂点位置(mm)	25	20	15	10	5	-5	-10	-15	-20	-25
1										
2										
3										
$\overline{f}$										

(2)用外延法求基频共振频率 f_1。以悬挂点位置为横坐标 x，共振频率 f 为纵坐标，在直角坐标纸上按作图规范作 $x-f$ 图线，并从图线确定试样棒的基频共振频率 f_1。(当 $x=0$ 时，纵坐标 f 值即为基频 f_1。)

(3)根据所测量数据，计算试样棒杨氏模量 E。

注意事项：

(1)应保持试样棒清洁，不可随处乱放，拿放时应特别小心。

(2)悬挂试样棒后，应移动悬挂横杆上的激振器、拾振器到既定位置，并使两根悬线垂直试样棒。

(3)更换试样棒要小心，避免损坏激振器、拾振器。

(4)实验时，试样棒需稳定之后才可以进行测量。

思考题

1. 试讨论：试样棒的长度 L、直径 d、质量 m、共振频率 f 分别应该采用什么规格的仪器测量？为什么？

2. 估算本实验的测量误差。提示：可从以下几个方面考虑：

(1)仪器误差限；

(2)悬挂/支撑点偏离节点引起的误差。

附录　鉴频的目的及操作方法

鉴频就是对试样棒共振模式及振动级次的鉴别，以确认试样棒是在基频下共振。这是准确测量操作中的重要环节。可以采用阻尼法和李萨如图形法鉴别。

用阻尼法鉴别的方法是：沿试样棒长度方向轻触棒的不同部位，同时观察示波器波形幅度的变化，在波节处波形幅度不变化，而在波腹处波形幅度会变小，以此确认试样棒上只有两个波节点，这时棒的共振就是在基频下的共振。从频率计上记录此时的频率值 f_1。

用李萨如图形法测量和鉴频的方法是：将激振器和拾振器的信号分别输入示波器的 x 通道(CH_1)和 y 通道(CH_2)，按下 $x-y$ 转换开关使示波器处于观察李萨如图形状态。调节信号发生器的频率直到示波器屏幕出现稳定的正椭圆，此时试样棒达到共振状态。

实验 4.16 电流的隔离传送、监控与检测

电流、电压高精度的隔离传送、检测是大型、高功率、大电流、高电压用电器隔离监控或自动控制中的难题。霍尔电流、电压传感器可以有效实现电流、电压的隔离传送与监控。因此，开设本实验有益于学生掌握霍尔效应原理及其传感器的应用，培养新工科学生的创新思维和动手能力。

通过霍尔电压传感器隔离传送和检测交流电流、电压的实验探索，研究传感器的灵敏度和线性度，从实验中学习电流、电压的隔离传送和高精度检测以及自动监控的基本方法。

一、实验目的

(1)掌握霍尔电压传感器的工作原理。

(2)学习电流高精度隔离传送和检测的方法。

(3)学习用霍尔电压传感器检测交流电流的传感精度和线性度的实验测量。

二、实验仪器

霍尔变送器、交流电电流表、电阻箱、电压表、待测电阻组合。

三、实验简介

电流监控与检测常用仪器为磁比例式或磁平衡式霍尔效应传感器。这种传感器的输出电压 U(或电流)与待测电流 I(或检测电流)成正比，即 $U=KI$，K 为霍尔传感器的灵敏度。不同的霍尔传感器，或待测载流导线与传感器相对位置不同，其霍尔传感器的灵敏度也有差别。因此，利用霍尔传感器测量(检测)电流时必须先标定其灵敏度系数 K。标定传感器的灵敏度系数 K 后，即可通过读出传感器的霍尔电压得出待测载流导线中的电流。本实验通过测量传感器的灵敏度，以及了解电流的隔离传送与监控，在探索性实验中完成大电流的隔离传送与监控电路的设计，并用实验验证设计电路的可靠性。

四、仪器介绍

图 4.16－1a 为电流隔离传送、监控与检测的实验集成板。①、⑥为监控电流Ⅰ插入口，②、⑦为监控电流Ⅱ插入口，⑦、⑧间接有 10 Ω 限流电阻，③、⑧为设计备用插口，④、⑤为霍尔传感器电压输出接口，⑨、⑩为霍尔传感器直流电源接入口。

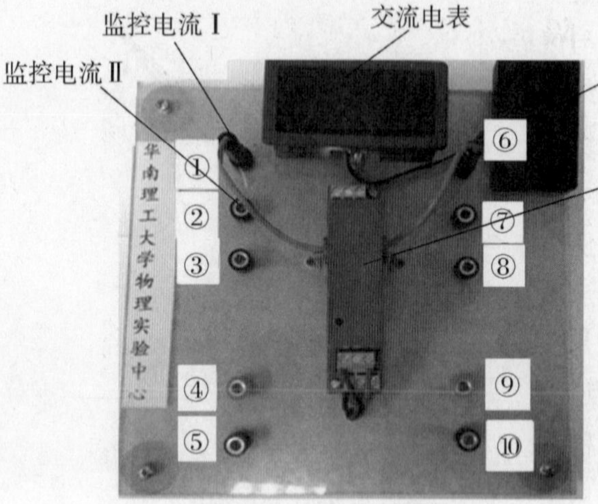

(a)电流监控与检测实验集成板

(b)霍尔电流变送器

图4.16-1

五、实验原理

霍尔传感器有数字式和线性式两大类。用于检测、监控电流或电压的传感器是线性霍尔传感器，通常又分磁比例式和磁平衡式两种。

1. 霍尔电流变送器

集成的霍尔电流变送器(电流变送器)如图4.16-1b所示。监控或待测电流由变送器中间的孔洞通过。电流变送器的⑩、⑫接线脚接入20～24 V稳压直流电源作为工作电源，⑦、⑨接线脚输出的测量电压接至高精度的电压表。变送器输出电压U与监测电压I成正比，即

$$U = KI \tag{4.16-1}$$

式中，K为传感器的灵敏度系数。标定出灵敏度系数K，即可由监控电压得出大型用电器是否工作正常或有无过载现象。

2. 霍尔传感器的主要性能指标

衡量霍尔传感器基本性能的指标有很多，如传感精度、线性度、重复性、温度漂移、稳定性等。其中传感精度和线性度是实验中常用的两个重要指标。

(1)传感精度(等级)。传感器的精度是反映传感器测量误差的物理量，通常用仪器的准确度等级来描述，一般用允许误差的最大绝对值与最大测量范围比值的百分数来表示，定义为

$$\delta = \frac{\Delta U_{max}}{U} \times 100\% \tag{4.16-2}$$

(2)线性度。线性度又称非线性，即表示传感器的输出与输入之间的关系曲线与选定的工作曲线的靠近程度。传感器的线性度是用选定的工作直线与实际工作曲线之间最大的偏差与满量程输出之比表示。由于工作直线的作法不同，线性度的数值也就不同。在一般情况下，通常采用端点线性度来表示。如图4.16-2所示，端点是指与量程的上下限值对应的标定数据点。通常取零点作为端点直线的起点，满量程为终点，通过这两个端点的直线称为端点直线。根据这条直线确定的线性度称为端点线性度，用 $+S$、$-S$ 表示。

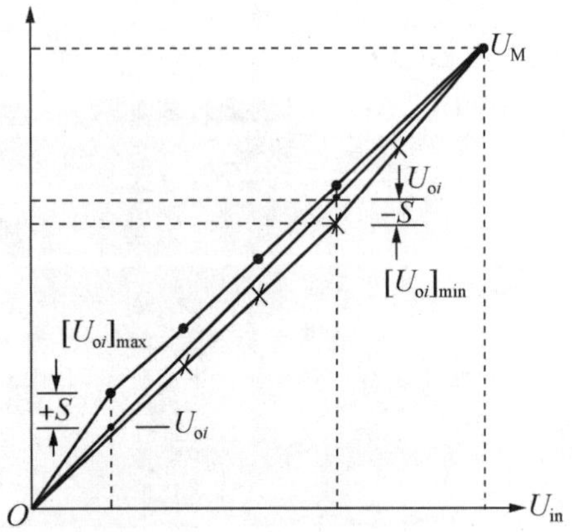

图4.16-2 传感器的端点线性度

—●— 从 U_M 到0测量；

—×— 从0到 U_M 测量；i 从1到 n

$$+S=\frac{[\Delta U_{oi}]_{max}}{U_M}\times 100\% \tag{4.16-3}$$

$$-S=\frac{[\Delta U_{oi}]_{min}}{U_M}\times 100\% \tag{4.16-4}$$

$[\Delta U_{oi}]_{max}$，$[\Delta U_{oi}]_{min}$ 分别为从 U_M 到0测量的拟合直线与端点直线和从0到 U_M 测量的拟合直线的最大偏差值。

六、实验过程与步骤

1. 基础实验内容

①研究电流高精度隔离传送和检测的方法；

②测量仪器的精度和线性度；

③小电流的监控与检测。

(1)仪表预置。变送器工作稳压源输出电压设置为16～22 V，电压表量程为2 V，可变电阻箱设置为200 Ω。

(2)按图4.16-3电路接线。

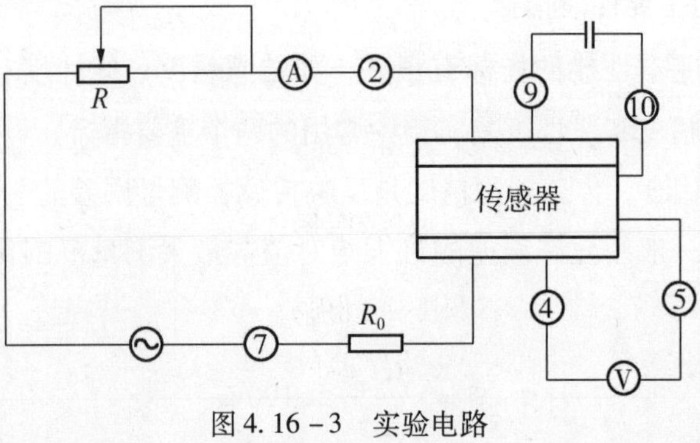

图4.16-3 实验电路

(3)实验测量点的确定以及线性度的测量。调节电阻箱电阻使霍尔输出电压达到最大输出值2V，测得监控电流的最大值I_{max}。以$I_{max}/10$为间隔值点，从0到I_{max}以及从I_{max}到0测量相应电流值对应的霍尔电压。将测量数据记录在表4.16－1中。

通过前面实验测量数据研究仪器的测量精度及线性度，并根据测量数据拟合工作曲线。

(4)未知电流的测量与监控。关掉交流电流表电源。将接在电阻箱两端的接线换至图4.16－4接线柱⓪与接线柱①、②、③、④以及接线柱⓪与接线柱⑤、⑥，依次测量未知电流的霍尔电压输出值，将测量数据记录于表4.16－2中。根据工作曲线或工作曲线的斜率求出各待测电流值的大小。

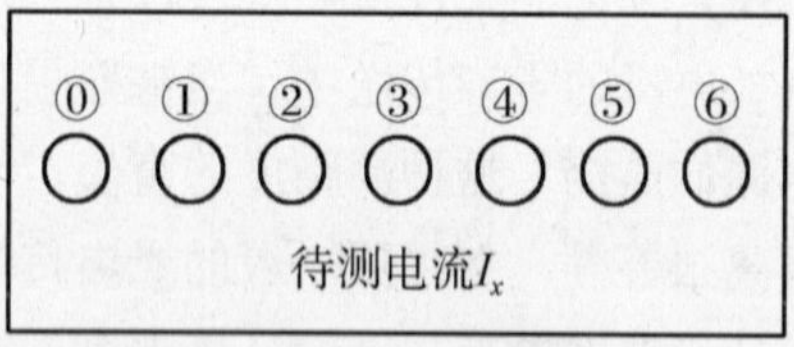

图4.16－4　待测电流接口

2. 探索性实验：大电流监控实验的设计

根据实验台上的仪器：电阻箱Ⅰ、电阻箱Ⅱ、0～2 A交流电表、0～2 V数字电压表、霍尔电流监控实验板设计出监控电流5～50 A的监控电路，并进行实验验证。

注意：实验板上霍尔传感器输出接口和传感器工作电源输入极性不能接错。

七、数据记录与处理

表4.16－1　霍尔传感器输出线性度的研究

$I(0\to U_M$, A)									
U									
$I(U_M\to 0$, A)									…
U									

用坐标纸作图，求出霍尔电流传感器的线性度，并拟合出工作曲线。

表4.16－2　未知电流的测量

序号	1	2	3	4	5	6
U						
I_i						

I_i为由工作曲线中得出的测量结果。

思考题

1. 总结霍尔传感器对交流电流越限时能准确地隔离监控的方法。

2. 本实验使用的霍尔变送器监控交流电流的频率为50 Hz。其可否使用于监控频率为60 Hz的交流电流？应怎样修正？

附录　霍尔元器件及其应用

在自动控制越来越智能化的今天，计算机智能监控越来越普遍。例如计算机监控的开关电源、自动参数稳压系统、线性反馈稳压系统、数控调压系统等。这些自动控制系统的监控系统中的工控机与受控设备必须进行电隔离才能保护工控机安全和可靠地工作。在电流、电压的隔离传送中，当被监控的设备要求高精度监控时，如直流开关稳压电源或交流电源的监控，这种高精度的直流、交流隔离、监控，包括高精度的检测和监控量越限时的隔离报警等，如果用一般的光电传感器进行监控并不可靠。因为稳压电源释放的热量将引起环境温度的变化，而环境温度的变化将导致光电式传感器中光敏管的光电流和暗电流的变化，因此无法达到高精度隔离的目的。霍尔电流、电压传感器能有效克服隔离传送的困难，而且霍尔元件具有良好的温度特性。实践表明，霍尔传感器不仅传感精度高，线性度好，而且温度漂移小，输入与输出之间高度隔离，取得了很好的实验结果，能有效实现直流、交流电流的隔离传输和高精度检测，以及电流越限时的准确隔离报警。

一、霍尔元件与霍尔传感器

1. 认识霍尔元件

霍尔效应是磁电效应的一种。这一现象是霍尔于 1879 年在研究金属的导电机制时发现的。后来发现半导体、导电流体等也有这种效应，而且半导体的霍尔效应比金属强得多。利用这种现象可制成霍尔元件。霍尔元件已广泛应用于工业自动化、检测及信息处理等方面。由于霍尔元件产生的电势差很小，故通常将霍尔元件与放大器电路、温度补偿电路及稳压电源电路等集成在一个芯片上，称之为霍尔传感器。图 4.16－5 所示分别为霍尔元件示意图和两种不同型号集成霍尔元件(霍尔传感器)的实物图。常见集成霍尔元件有三脚组件、四脚组件、五脚组件等。

图 4.16－5　霍尔元件

霍尔元件是利用霍尔效应制成的一种电子器件。如图 4.16－6 所示，一块长为 l、宽度为 b、厚度为 d 的矩形半导体薄片(P 型半导体)加一由右向左的电流 I，施加由下向上的磁感强度为 B 的磁场。电子在磁场中运动，受到洛仑兹力 $\boldsymbol{F}_B$ 作用：

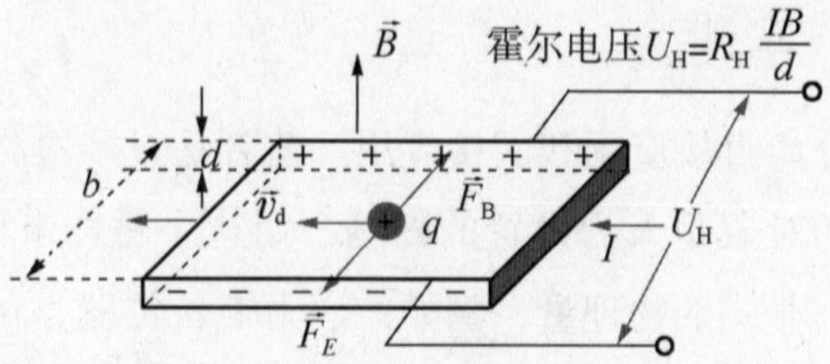

图 4.16-6　霍尔效应原理

$$F_B = q\boldsymbol{v} \times \boldsymbol{B} \tag{4.16-5}$$

式中，q 为运动电荷的电量，$\boldsymbol{v}$ 为电荷运动的速度，$\boldsymbol{F}_B$ 为洛仑兹力。

在洛仑兹力作用下，样品中的电子偏离原流动方向而向样品外侧运动，并积聚在样品外侧。随着正电荷向内侧偏移，在样品外侧会多出带负电的电子，这样在样品中形成一个内正外负的霍尔电场 $\boldsymbol{E}_H$，$\boldsymbol{E}_H = U_H/b$，U_H 为霍尔电压。当 $\boldsymbol{E}_H$ 建立起来后，它又会给运动电荷施加一个与洛仑兹力 $\boldsymbol{F}_B$ 方向相反的电场力 $\boldsymbol{F}_E$。随着内侧面电荷积累得越来越多，霍尔电压越来越大，电场力也相应地越来越大。当电场力与洛仑兹力相等时，霍尔电场力与洛仑兹力平衡，电子的积累达到动态平衡，半导体两侧形成稳定的霍尔电压（霍尔电场）。动态平衡时的霍尔电压为

$$U_H = R_H \frac{IB}{d} = K_H IB \tag{4.16-6}$$

式中，$R_H = 1/nq$ 称为霍尔系数；K_H 称为霍尔传感器灵敏度，单位为 mV/(mA·T) 或mV/(mA·kGs)。

公式(4.16-6)为理想情况下的霍尔电压。但在实际情况中，除霍尔效应外，还存在其他因素引起的几种副效应，这些副效应所产生的电压总和有时甚至远大于霍尔电压，形成测量中的系统误差。实验表明，这些副效应有的与流过霍尔元件的工作电流方向有关，有的与加到霍尔传感器的磁场方向有关。所以在测量过程中只要按照要求改变工作电流方向和磁场方向，就可以减少或消除这些副效应的影响。

2. 霍尔传感器的分类

霍尔传感器分为开关型霍尔传感器和线性型霍尔传感器两种。开关型霍尔传感器由稳压器、霍尔元件、差分放大器、斯密特触发器和输出级组成，它输出数字量。开关型霍尔传感器还有一种特殊的类型，为锁键型霍尔传感器。线性型霍尔传感器由霍尔元件、线性放大器和射极跟随器组成，它输出模拟量。线性型霍尔传感器又可分为开环式霍尔传感器和闭环式霍尔传感器。闭环式霍尔传感器又称磁平衡式霍尔传感器。线性型霍尔传感器主要用于电流和电压的测量。

二、霍尔传感器的应用

霍尔传感器的应用分为直接应用和间接应用。前者是直接检测出受检测对象本身的磁场或磁特性，后者检测的对象是人为设置的磁场，用这个磁场来作为被检测信息的载体，通过它可以将许多非电、非磁的物理量，例如力、力矩、位置、位移、速度、加速度、角度、角速度、转数、转速等，转变成电学量来进行检测和控制。

1. 在汽车工业中的应用

霍尔传感器技术在汽车工业中的应用，包括动力、车身控制，牵引力控制，以及防抱死制动系统。为了满足不同系统的需要，霍尔传感器有开关式、模拟式和数字式传感器三种形式。在实际应用中，用什么形式的霍尔传感器主要取决于输出控制的稳定性或其他要求。如加速位置传感器或节气门位置传感器，可以是模拟式的，也可以是数字式的。又如霍尔传感器在出租车计价器上的应用：通过将安装在车轮上的霍尔传感器 A44E 检测到的信号送到单片机，经处理计算再送给显示单元，这样便完成了里程的计算，如图 4.16－7 所示。

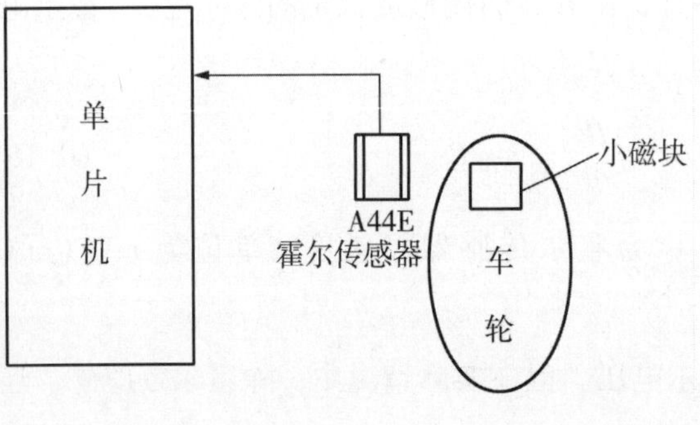

图 4.16－7 霍尔传感器在出租车计价器上的应用

图 4.16－8 霍尔效应测磁场

2. 检测磁场

检测磁场是霍尔传感器最典型的应用之一。将霍尔器件做成各种形式的探头放在被测磁场中，使磁力线和器件表面垂直，通电后即可输出与被测磁场的磁感应强度呈线性关系的电压量(图 4.16－8)。

3. 霍尔位移传感器

将霍尔元件置于磁场中(图 4.16－9)，左半部磁场方向向上，右半部磁场方向向下，从 a 端通入电流 I，根据霍尔效应，左半部产生霍尔电势 V_{H_1}，右半部产生霍尔电势 V_{H_2}，其方向相反。因此，c、d 两端电势为 $V_{H_1}-V_{H_2}$。如果霍尔元件在初始位置时 $V_{H_1}=V_{H_2}$，则输出为零；当改变磁极系统与霍尔元件的相对位置时，即可得到输出电压，其大小正比于位移量。

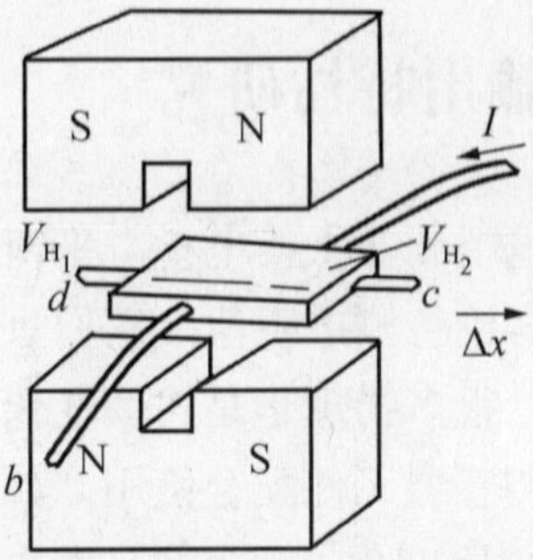

图 4.16－9　霍尔效应测位移

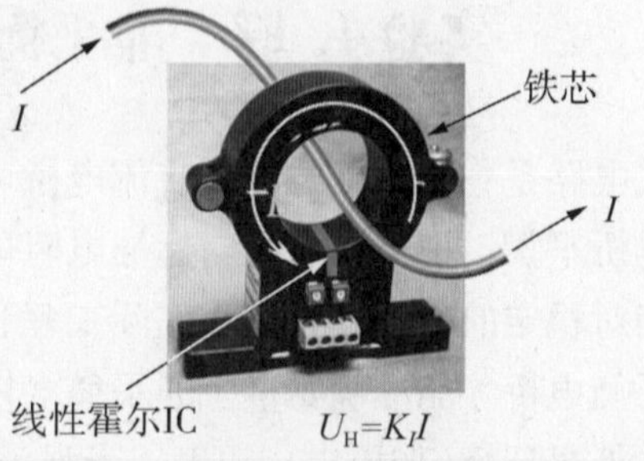

图 4.16－10　霍尔变送器

4. 霍尔式无刷电动机

霍尔式无刷电动机取消了换向器和电刷，而采用霍尔元件来检测转子和定子之间的相对位置，其输出信号控制电枢电流的换向，维持电动机的正常运转。由于无刷电动机不产生电火花及电刷磨损等问题，所以它在录像机、CD 机、光驱等家用电器中得到越来越广泛的应用。

5. 霍尔电流传感器

将载有被测电流的导线穿过霍尔电流传感器的检测孔，当有电流通过导线时，在导线周围将产生磁场，磁力线集中在铁芯内，并在铁芯的缺口处穿过霍尔元件，从而产生与电流成正比的霍尔电压（图 4.16－10）。

除以上应用外，霍尔传感器在测量载流子浓度、磁流发电机、无损探伤等研究领域有广泛的应用。

实验 4.17 非平衡电桥电压输出特性研究

桥式电路是一种基本电路。直流电桥可以分为平衡电桥和非平衡电桥。平衡电桥是通过调节电桥平衡，把待测电阻与标准电阻进行比较直接得到待测电阻值。它们只能用于测量状态相对稳定的物理量，而在实际工程和科学实验中，很多物理量是连续变化的，必须采用非平衡电桥才能准确测量。非平衡电桥往往和一些传感器元件配合使用。如某些传感器元件受外界环境（如压力、温度、光强等）变化引起其电阻变化，通过非平衡电桥将阻值转化为电压或功率输出，从而达到观察、测量和控制相应物理量的目的。非平衡电桥在传感技术中已得到广泛应用，是传感技术的重要组成部分。

一、实验目的

(1) 了解非平衡电桥的工作原理。

(2) 研究非平衡电桥电压输出特性。

二、实验仪器

FQJ 型非平衡电桥、电桥接线板、电阻箱、稳压电源、电压表等。

三、实验简介

在简单的直流平衡电桥中，将 A、B 两点间检流计的测量方式改为电压表的测量方式就形成非平衡电桥，如图 4.17-1 所示。设电桥平衡即 $R_4 = R_3 \cdot R_2/R_1$ 时，电压表输出电压 $U_{AB}=0$。当其中的桥臂电阻 R_4 增加或减少 ΔR 时（单臂输入），电桥输出电压不再为 0，而与 ΔR 成函数关系。反过来，只要实验测出非平衡电桥的输出电压 U_{AB}，即可求出桥臂电阻 R_4 的改变量 ΔR。本实验的主要内容就是通过监控非平衡电桥输出的电压变化研究铜丝电阻随温度变化的关系。

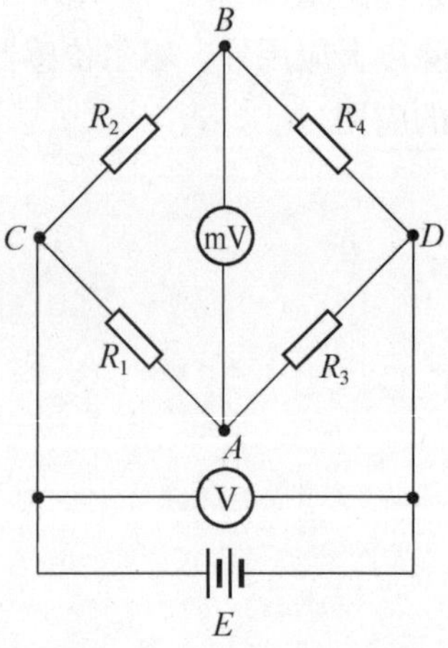

图 4.17-1 非平衡电桥电路

四、实验原理

(1) 单臂输入时电桥电压输出特性。图 4.17-1 是由四个桥臂电阻、直流电源和电压表组成的非平衡电桥电路。当电桥平衡时，$R_1 : R_3 = R_2 : R_4$，电路中 A、B 两点间电位差 $U_{AB}=0$。若此时使一个桥臂电阻（如 R_4）增加很小的电阻 ΔR，即 $R_4 = R_0 + \Delta R$，则电桥失去平衡，电路中 A、B 两点间存在一定的电势差 U_{AB}。该电势差即为电桥不平衡时的输出电压。

若电桥供电电源的电压为 U_0，根据串联电阻分压原理，图 4.17-1 以电路中 C 点为

零电势参考点，则电桥的输出电压为

$$\begin{aligned}U_{AB} &= U_A - U_B \\ &= \left(\frac{R_0 + \Delta R}{R_0 + \Delta R + R_2} - \frac{R_1}{R_1 + R_3}\right)\cdot U_0 \\ &= \frac{R_3 \cdot \Delta R}{(R_0 + \Delta R + R_2)(R_1 + R_3)}\cdot U_0 \\ &= \frac{R_3 \cdot \Delta R}{R_0(1 + \Delta R/R_0 + R_2/R_0)(1 + R_1 + R_3)}\cdot U_0 \qquad (4.17-1)\end{aligned}$$

令电桥倍率 $K = \frac{R_3}{R_1}$。根据电桥平衡条件，$\frac{R_3}{R_1} = \frac{R_4}{R_2}$，且当 $\Delta R \ll R_0$ 时，可略去分母中的微小项 $\Delta R/R_0$，有

$$U_{AB} = \frac{KU_0 \cdot \Delta R}{(1 + K)^2 R_0} \qquad (4.17-2)$$

若 $\Delta R/R_0$ 不能略去，则应为

$$U_{AB} = \frac{\Delta R/R_0}{(1 + K) + \Delta R/R_0}\cdot\frac{K}{1 + K}\cdot U_0 \qquad (4.17-3)$$

定义 $S_U = \frac{U_{AB}}{\Delta R}$ 为电桥的输出电压灵敏度，则有

$$S_U = \frac{KU_0}{(1 + K)^2 R_0} \qquad (4.17-4)$$

由式(4.17－1)可知，当 $\Delta R/R_0 \ll 1$ 时，非平衡电桥的输出电压与 ΔR 呈线性关系。由式(4.17－4)可知，电桥的输出电压灵敏度由选择的电桥倍率 K 及供电电源电压决定。电桥供电一定，当 $K = 1$ 时，电桥输出电压灵敏度最大，且

$$S_{\max} = \frac{U_0}{4R_0} \qquad (4.17-5)$$

（2）双臂输入时电桥电压输出特性。在非平衡电桥中，若相邻臂内接入两个变化量相同而变化量符号相反的可变电阻，这种电桥电路称为半桥差动电路。例如，图 4.17－1 R_4 增加 ΔR，而 R_2 减少 ΔR。

对于半桥差动电路，若电桥开始时是平衡的，则 $R_1 : R_3 = R_2 : R_4$。在对称情况下，$R_1 = R_3 = R_2 = R_4 = R_0$，则半桥差动电路输出电压为

$$U_{AB} = \frac{U_0 \cdot \Delta R}{2R_0} \qquad (4.17-6)$$

电桥的输出电压灵敏度为

$$S_U = \frac{U_0}{2R_0} \qquad (4.17-7)$$

可见，半桥差动电路的输出电压灵敏度比单臂输入时的最大电桥电压灵敏度提高了一倍。

（3）四臂输入时电桥电压输出特性。在非平衡电桥电路中，若电桥的四个臂均采用可变电阻，即将两个变化量符号相反的可变电阻接入相邻桥臂内，而将两个变化量符号相同

的可变电阻接入相对桥臂内，这样构成的电桥电路称为全桥差动电路。例如，图 4.17－1 R_1、R_4 各增加 ΔR，R_2、R_3 各减少 ΔR。

对于全桥差动电路，通常采用对称元件，$R_1=R_2=R_3=R_4=R_0$，$\Delta R_1=\Delta R_2=\Delta R_3=\Delta R_4=\Delta R$。可以证明，全桥差动电路的输出电压为

$$U_{AB}=\frac{U_0\cdot\Delta R}{R_0} \tag{4.17-8}$$

电桥的输出电压灵敏度为

$$S_U=\frac{U_0}{R_0} \tag{4.17-9}$$

2. 用非平衡直流电桥测量电阻

根据式(4.17－2)，得到

$$\Delta R=\frac{(1+K)^2R_0U_{AB}}{KU_0} \tag{4.17-10}$$

当 $K=1$ 时，即 $R_2=R_3$，则有

$$\Delta R=\frac{4U_{AB}}{U_0}\cdot R_0 \tag{4.17-11}$$

也就是说，由于某种原因使电阻 R_4 的值发生变化时，可以通过非平衡电桥测出电桥在非平衡状态下的输出电压，再由式(4.17－11)求得 R_4 从初始状态至某一瞬时的电阻变化量，从而得到 R_4 的某一瞬时值。

五、实验过程与步骤

1. 用非平衡电桥电压输出形式测电阻

①通过预习熟悉各种形式非平衡电桥的特点。如非平衡电桥分为等臂电桥、立式电桥、卧式电桥。等臂电桥和立式电桥输出电压较高，灵敏度高；卧式电桥的测量范围较大。熟悉如图 4.17－2 所示非平衡电桥仪器的面板及仪器的操作方法。

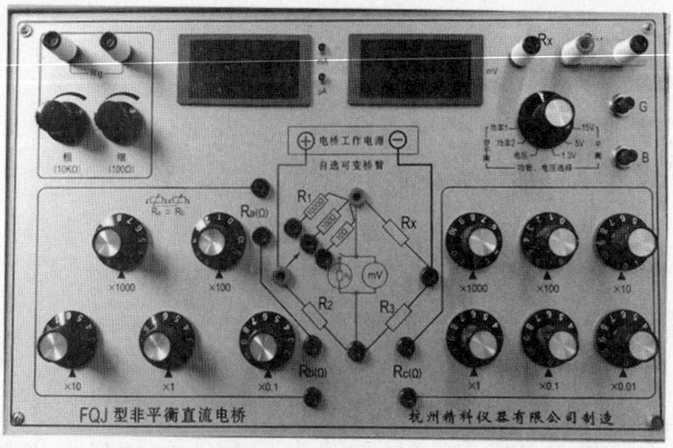

图 4.17－2 非平衡电桥仪器面板

②按图 4.17－2 仪器面板实验电路(Ⅰ)连接电路，使桥臂电阻 $K=R_1/R_2=1$，并将测量开关调至非平衡电压档。

③预调平衡，将待测电阻 R_4 接至 R_x，测量选择开关转换至非平衡电压输出挡，按下G、B，微调 R_3 使电压输出 $U_{AB}=0$。

④改变 R_4，记录 ΔR 理论值，并记下相应的电压变化值 U_{AB}。根据表4.17－1的测量条件，改变桥臂电阻 R_1/R_2 的比率(K)，重复②～④。将实验数据记录于表4.17－1。

2. 用非平衡电桥测量铜热电阻Cu50的温度特性

①用平衡电桥测量铜热电阻在室温下的电阻值 R，按照图4.17－3电路将 R_4(电阻箱)换成热电阻Cu50(铜电阻仪器见附录图4.17－4)，将测量开关调至非平衡电压档，调节 $R_1=R_2=500\ \Omega$。按下电桥的B和G按钮，调节 R_3 使电桥平衡，记录此时 R_3 的读数。此读数即为铜热电阻Cu50在室温下的电阻值。

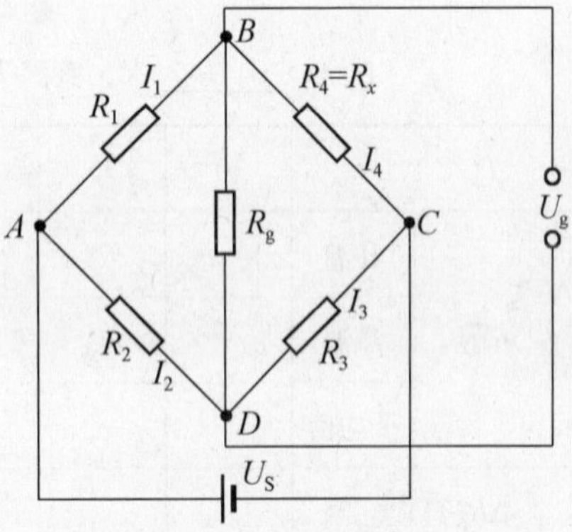

图4.17－3　非平衡电桥电路

②将铜热电阻放进非平衡直流电桥加热实验装置的加热炉内，使温度控制仪“加热选择”开关置于“断”的状态，开启温度控制仪电源。此时显示屏显示的温度为环境温度(即室温)，记录此时显示的温度。将“测量⟷设定”转换开关置于“设定”位置，并设定加热温度上限为70℃，再将转换开关置于“测量”位置。

③将“PID调节”旋钮逆时针方向(向“—”处)旋到底，再沿顺时针方向旋至整个调节行程的1/3左右，将“加热选择”开关调至“3”档。此时加热炉开始对铜热电阻加热。

④按测量记录表格要求，记录某一温度下非平衡电桥的输出电压 U_{AB}，直至温度升至加热温度上限为止。

断开加热炉电源(将“加热选择”开关置于“断”)，开启温度控制仪的“风扇开关”，让加热炉体降温。在降温过程再作一次测量，数据记录于表4.17－2。

六、数据记录与处理

(1)非平衡电桥测电阻数据：

表4.17－1　测量非平衡直流电桥的电压输出特性

$R_0=$ ________ Ω，$U_0=$ ________ V。

ΔR(Ω) / K	2	4	6	8	10	12	14	16	18	20
1										
0.1										
5										

根据式(4.17-3)计算出 ΔR 的实验值，其中 $U_S=1.3$ V。以 ΔR 为横坐标、U_{AB} 为纵坐标，将各种条件下的测量结果在同一直角坐标纸上作 $U_{AB}-\Delta R$ 图线，以方便比较，并用坐标式计算在各种条件下非平衡电桥的电压输出灵敏度，说明实验结果。

(2)用非平衡电桥测量铜热电阻的温度特性。

表4.17-2 测量记录

$U_0=$ ______ V，室温 $T_0=$ ______ ℃，铜热电阻室温阻值 $R_0=$ ______ Ω

T(℃)		30	35	40	45	50	55	60	65	70
U_{AB}(mV)	升温									
	降温									
	平均值									
$\Delta R(\Omega)$										

数据处理：以温度 T 为横坐标，分别以电阻变化量 ΔR、电桥输出电压 U_{AB} 为纵坐标，在同一直角坐标纸上作出 $T-\Delta R$、$T-U_{AB}$ 图线，并用坐标式求斜率，然后取升温过程和降温过程在同一温度下两次测量的 U_{AB} 的平均值计算 ΔR。

注意事项：

(1)实验开始前，所有导线特别是加热炉与温控仪之间的信号输入线应连接可靠。

(2)传热铜块与传感器组件出厂时已由厂家调节好，不得随意拆卸。

(3)装置在加热时，应注意关闭风扇电源。

(4)“备用测试口”为一根一端封闭，并插入加热铜块中的空心铜管，供实验时加入介质后测试用。如在空心管中加入变压器油及铜电阻，用 QJ44 双臂电桥测试铜电阻随着温度变化时的电阻值。

(5)温控仪机箱后部的电源插座中的熔丝管应选用 1～1.5 A 熔丝管。

(6)实验完毕后，应切断仪器工作电源。

(7)由于热敏电阻、铜电阻耐高温性能较差，设定加温的上限不允许超过120℃。

附录　FQJ－2 型非平衡直流电桥加热实验装置

FQJ－2 型非平衡直流电桥加热实验装置是 FQJ 系列非平衡直流电桥在实验过程中配套使用的装置。该装置具有下列特点：

(1)加热温度可自由设定(不超过上限值)。

(2)XMT 系列智能双数显调节仪，控温精度高。

(3)装置内装有铜电阻、热敏电阻，增加了实验内容。

(4)加热装置电源输入为低电压，并通过变压器隔离，安全可靠。

(5)装置内装有风扇，根据实验的需要，可强制加速降温。

(6)装置结构新颖、紧凑、合理。

1. 结构和连接

该装置由加热炉及温度控制仪两大部分组成，其结构及连接如图 4.17－4 所示。

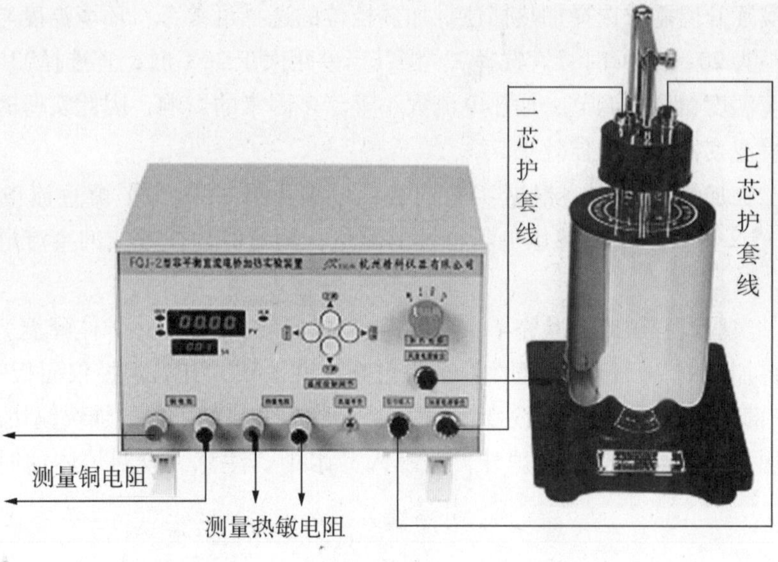

图 4.17－4　非平衡电桥加热装置

2. 主要技术指标

(1)温度控制范围为 0～120℃，上限为 120℃。

(2)温度控制精度 ±1℃。

(3)最高加热电压 30 V(隔离电源)。

(4)加热至温度上限的时间为 30 min 左右。

3. 使用说明

使用前，将温控仪机箱底部的撑架竖起，以便测试时观察及操作。

实验开始前，应连接好温控仪与加热炉之间的导线，根据实验内容用导线把“铜电阻”或“热敏电阻”接线柱与 FQJ 非平衡电桥的“R_x”端相接。实验装置的加温操作步骤如下：

①温度设定。根据实验温度需要设定加热温度上限，其方法为：开启温控仪电源，“PV 显示屏”显示的温度为环境温度。按“SET”键 0.5 s，“PV 显示屏”显示“SO”，说明温控仪进入设置状态，这时“SV 显示屏”最低位数字闪烁，表示这一位可以用“上调”或“下调”键调整大小，每按一次位移键，闪烁位随即移动一位，即调节位改变，如此即可把需要的上限温度设置好。设置好后，再按一下“SET”键，设置程序结束。这时“PV 显示屏”显示加热炉实时温度，“SV 显示屏” 显示设置上限温度，温控仪进入“测量”状态。在温度设定时，将仪器上“加热选择”开关置于“断”处。

②加热。根据环境温度和所需升温的上限及升温速度来确定温控仪面板上“加热选择”开关的位置。该开关分为“1，2，3”三档，由“断”位置转到任意一档，即开始加热。升温的高低及速度以“1”档最低、最慢，“3”档最高、最快。一般在加热过程中温度升至离设定上限温度 5 ~ 10℃时，应将加热档位降低一档，以减小温度过冲。总之，在加热升温时，应根据实际升温需求选择加热档位。加热档位的选择可参考：环境温度与设定温度上限之间的差距为 20 ~ 30℃时，宜选择“2”档；当差距大于 30℃时，宜选择“3”档。由于温度控制受环境温度、仪表调节、加热电流大小等诸多因素的影响，因此实验时需要仔细调节，才能取得温度控制的最佳效果。

③测量。在加热过程中，根据实验内容，调节 FQJ 系列非平衡直流电桥，可进行 Cu50 铜电阻或 2.7 kΩ MF51 热敏电阻特性的测量。测量时连接导线的直流电阻估计值为 0.5 Ω 左右。

④降温。实验过程中或实验完毕，可能需要对加热铜块或加热炉体降温。降温时操作方法如下：将加热铜块及传感器组件升至一定高度并固定，开启温控仪面板中的“风扇开关”使炉体底部的风扇转动，从而达到使炉体加快降温的目的。如要加快铜块的降温速度，可断电后将加热铜块提升至加热炉外，并浸入冷水中。注意：放回炉体内时，要先把水擦干。

实验4.18　人的肢体电阻和皮肤电阻的测量

1979年，Vigouroux首先发现了皮肤的电现象。随后很多生理学家对人体皮肤的电现象进行了深入研究，发现了人体在视、听、痛等感觉刺激及情绪激动时皮肤电阻会降低的现象，并把这种现象称为皮肤的电反射现象。反过来，人体皮肤电阻有较大变化时，也说明人体的生理特征有一定的变化。因此人体的皮肤电阻具有重要的生理意义，可据此诊断和分析人体健康状态。本实验利用锁相放大器检测人体微弱的电信号，从而间接测出人体的肢体电阻和皮肤电阻。

一、实验目的

(1)掌握用全肢法测量人体肢体电阻和皮肤电阻的方法。

(2)实测若干组数据并进行误差分析。

二、实验仪器

锁相放大器OE1022、胶带电极板、5% NaCl溶液、夹子和BNC线等。

三、实验简介

自1940年美国科学家首次将生物阻抗与人体健康相联系进行研究以来，有关这方面的研究、测量方法及设备有了极大的发展。特别是20世纪80年代H. C. Lukaski把生物阻抗应用于人体脂肪测量，将这一技术推进到实用阶段。几十年来，各种涉及生物阻抗测量的仪器应运而生。所有涉及生物阻抗的测量，都是基于以交流正弦波作为通入人体测量回路的激励电源而进行的。本实验也基于此原理，利用锁相放大器提供的交流输出电源及其交流电压测量功能，间接测量人体的肢体电阻和皮肤电阻。

四、实验原理

在心电和脑电等人体电信号的检测中，经常要用到人的肢体电阻、皮肤电阻以及皮肤与电极的接触电阻。这些电阻在人体电信号检测中，不可避免地被引入到测量仪器的输入回路中。因此，准确地测量这些电阻，正确地选择和配置平衡电阻，尽可能地减少接触电阻，就成为最大限度地获取有用信号，尽可能地抑制干扰信号的不可缺少的步骤。过去由于测量方法不同，许多学者对人体的阻抗和皮肤电阻的大小说法不一，甚至相差很大。为了更准确地测量人体肢体及皮肤的阻值，本实验在分析过去一些实验中存在的缺点的基础上，提出了用全肢法测量肢体电阻和皮肤电阻的方法。人体是由多种有机导体和电解质组成的复合体，各种组织和器官的电阻率(电导率)各不相同，见表4.18－1。

表4.18－1 人体某些组织和器官的电阻率

组织或器官	电阻率(Ω·cm)	组织或器官	电阻率(Ω·cm)
血液	162	肺	2100
肝脏	700	脂肪	2500
心脏	252～562	骨骼肌	150～2300

肢体是由骨骼、肌肉、脂肪、血液、淋巴和神经等组成的，而皮肤则是由角质、汗、腺和毛孔等组成的，而且人体机能状态、情绪、气候以及是否出汗等因素均对人体的肢体及皮肤电阻有明显的影响。尽管如此，同一人体其上肢、下肢和躯干总有一定的阻抗，皮肤也是如此。此外，人体电信号一般是超低频信号，所以人体阻抗不同于直流阻抗或高频阻抗。为符合人体实际情况，测量过程中必须使用超低频信源。

所谓全肢法，就是把上肢、下肢、躯干看成一段电阻，进行单独和组合测量，如图4.18－1所示。图4.18－1中，A、B、C、D为四个测量点。为保证良好的接触应避开关节点和韧带。设各测量点的皮肤电阻和皮肤与电极之间不可避免的接触电阻之和皆相等，并用r表示；用R_1、R_2和R_3分别表示上肢、躯干和下肢的电阻。把四片板状电极串联在一起并固定在胶带上构成一个环状电极，以保证良好的接触，尽量减少接触电阻。

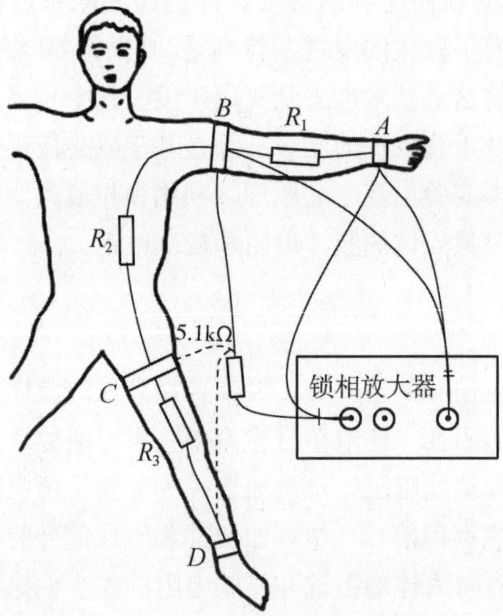

图14.8－1 全肢法测电阻示意图

由超低频信号发生器输出5mV、20Hz的交流电压作为信号源，并串联一个5.1kΩ电阻再接到人体上，分别测量AB、BC、CD和AD四段电阻R_1+2r、R_2+2r、R_3+2r、$R_1+R_2+R_3+2r$，其测量电压分别为U_{AB}、U_{BC}、U_{CD}、U_{AD}。根据这些参数可以计算出实际上肢、下肢、躯干以及皮肤电阻和皮肤与电极之间的接触电阻 R_1、R_2、R_3、r。

根据测量结果可以得到以下四个分压方程：

$$\begin{cases} \dfrac{R_1 + R_2 + R_3 + 2r}{U_{AD}} = \dfrac{5.1}{5 - U_{AD}} \\ \dfrac{R_1 + 2r}{U_{AB}} = \dfrac{5.1}{5 - U_{AB}} \\ \dfrac{R_2 + 2r}{U_{BC}} = \dfrac{5.1}{5 - U_{BC}} \\ \dfrac{R_3 + 2r}{U_{CD}} = \dfrac{5.1}{5 - U_{CD}} \end{cases} \tag{4.18-1}$$

联立方程组(4.18－1)即可求得对应的肢体以及皮肤电阻(kΩ)：

$$\begin{cases} R_1 = 2.55\left(\dfrac{U_{AD}}{5 - U_{AD}} + \dfrac{U_{AB}}{5 - U_{AB}} - \dfrac{U_{BC}}{5 - U_{BC}} - \dfrac{U_{CD}}{5 - U_{CD}}\right) \\ R_2 = 2.55\left(\dfrac{U_{AD}}{5 - U_{AD}} - \dfrac{U_{AB}}{5 - U_{AB}} + \dfrac{U_{BC}}{5 - U_{BC}} - \dfrac{U_{CD}}{5 - U_{CD}}\right) \\ R_3 = 2.55\left(\dfrac{U_{AD}}{5 - U_{AD}} - \dfrac{U_{AB}}{5 - U_{AB}} - \dfrac{U_{BC}}{5 - U_{BC}} + \dfrac{U_{CD}}{5 - U_{CD}}\right) \\ R_4 = 1.275\left(-\dfrac{U_{AD}}{5 - U_{AD}} + \dfrac{U_{AB}}{5 - U_{AB}} + \dfrac{U_{BC}}{5 - U_{BC}} + \dfrac{U_{CD}}{5 - U_{CD}}\right) \end{cases} \tag{4.18-2}$$

五、实验过程与步骤

①先检查所有仪器设备是否齐全，并通电预热 30min 以上。然后把锁相放大器设置为内部参考，参考频率为 20Hz，并将锁相放大器的正弦信号输出调为 20Hz 和 5mVrms(用锁相放大器测量其输出为 5mVrms 为准)。按附录方法设置锁相放大器。

②将受试者的被测部位(图 4.18－1 A 和 B 两点)先用清水和肥皂清洗干净，擦干后再用酒精擦拭，并用 5% NaCl 溶液擦拭后垫上用 5% NaCl 溶液浸润的棉球作浮置电极，最后把串联环状电极固定在 A、B 两点处，并用胶带捆紧使皮肤与电极保持良好的接触。

注意：这一步一定要认真做好，电极一定要避开关节和韧带处，每次测量尽量保持位置不变，松紧程度相同，干湿程度也相同。否则，测量结果便不可靠。

③通电并用锁相放大器测量锁相放大器自身产生的 5mVrms 电压信号，再测出 U_{AB} 的电压，此时 5.1kΩ 电阻上的压降是 $(5 - U_{AB})$ mVrms。

④重复步骤②和③，分别测量出 U_{BC}、U_{CD} 和 U_{AD}。通过这些数据可以算出 R_1、R_2、R_3 和 r。

⑤重复上述②、③和④步骤测量，至少要得到 15 组数据。

六、数据记录与处理

(1)将所得20组(或以上)数据填入表4.18－2中，并对结果做误差分析和统计处理。

表4.18－2 U、R及r的数值

U_{AB}(mV)	U_{BC}(mV)	U_{CD}(mV)	U_{AD}(mV)	R_1(kΩ)	R_2(kΩ)	R_3(kΩ)	r(kΩ)

(2)若严格按照上述实验步骤进行实验，则本实验的误差主要是偶然误差。造成偶然误差的主要原因是人体处于机能状态，其阻值有一些小的变化；每次测量时电极与皮肤的接触阻抗有一定的差别；皮肤的干湿及清洁程度每次也有些微小的差别，等等。由于测量次数$n=20$为有限值，故应当用有限次数测量的偶然误差理论来求待测阻抗R的误差ΔR。可以按照以下方式处理测量数据：

①根据测量结果得到直接测量的平均值$\overline{U}_{AB}$、$\overline{U}_{BC}$、$\overline{U}_{CD}$、$\overline{U}_{AD}$。

②计算各个直接测量量的平均值的标准偏差：

$$S_{\overline{U}_i}=\sqrt{\frac{1}{n_i(n_i-1)}\sum_{j=1}^{n_i}(U_{ji}-\overline{U}_i)^2} \tag{4.18-3}$$

③计算间接测量阻抗$\overline{R}$的平均值：

$$\overline{R}_i=f(\overline{U}_{AB},\overline{U}_{BC},\overline{U}_{CD},\overline{U}_{AD}) \tag{4.18-4}$$

④计算总不确定度的标准偏差：

$$S=\sqrt{S_{\overline{R}_i}^2+u_{\overline{R}_i}^2} \tag{4.18-5}$$

式中：$S_{\overline{R}_i}$为间接测量电阻R的A类不确定度分量的标准偏差，

$$S_{\overline{R}_i}=\sqrt{\sum_{i=1}^{k}\left(\frac{\partial f}{\partial U_i}\right)^2 S_{\overline{U}_i}^2} \tag{4.18-6}$$

$u_{\overline{R}_i}$为间接测量电阻R的B类不确定度的标准偏差：

$$u_{\overline{R}_i}=\sqrt{\sum_{i=1}^{k}\left(\frac{\partial f}{\partial U_i}\right)^2 \Delta_{仪}^2} \tag{4.18-7}$$

锁相放大器的测量相对精度为1%，为这里的B类不确定度。

⑤计算总误差ΔR：

$$\Delta R = S \cdot t(\tau) \tag{4.18-8}$$

式中，τ为置信度（测量量 R_1 在 $R \pm \Delta R$ 之内的概率），一般可取$\tau = 90\%$；$t(\tau)$为τ分布函数，当 $n = 20$，$\tau = 90\%$ 时，查表可得 $t(\tau) = 1.73$。

⑥由前面的计算可以得到间接测量电阻

$$R_i = \overline{R_i} \pm \Delta R \tag{4.18-9}$$

实验报告要求：

(1)完成实验步骤中的各项内容，并对结果进行分析。

(2)回答思考题，附在实验报告中。

思考题

1. 人体阻抗分为皮肤阻抗和体内阻抗，两者之间是并联关系还是串联关系？

2. 在皮肤沾水或者出汗的情况下，阻抗会降低还是增加？若皮肤受损又会造成什么影响？

3. 受到突然的生理刺激时，人体阻抗会发生什么样的变化？为什么？

附录　锁相放大器的操作

一、BNC 线连接锁相放大器

首先将 BNC 转鳄鱼夹线的 BNC 端连接锁相放大器前面板上的“SINE OUT”端口，另外一端的两个鳄鱼夹则为锁相放大器输出信号的正负两端作为参考信号引到人体测量处。接着，将另外一条 BNC 转鳄鱼夹线的 BNC 端连接锁相放大器前面板上的“SIGNAL IN”端口，另一端的两个鳄鱼夹则为所要测量信号的正负两端接入所要测量的电路。这样就可以将所要测量的信号接入锁相放大器进行测量。

二、参考信号的参数设置

在前面板的菜单栏选择“REF/PHASE”子菜单进入子界面，在“Ref. source”中选择“Internal”的参考信号模式，如图 4.18－2 所示。

正弦波信号输出信号的设置：按下“Ref. frequency”选项旁边的按钮进行设置，将参考信号的频率设置为 20 Hz。然后按下“Sine Output”选项旁边的按钮进入二级子菜单进行参数设置，在二级子菜单的“Sweep Type”选项中选择“Fixed”将

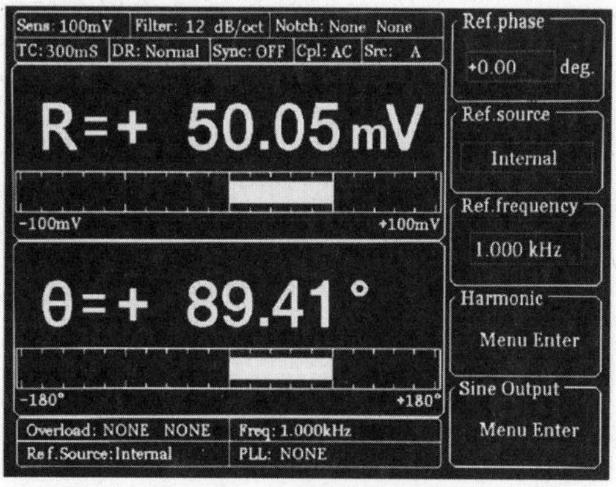

图 4.18－2　“REF/PHASE”子菜单→“Internal”

“Voltage”选项的参数设置为5mV，如图4.18－3所示。

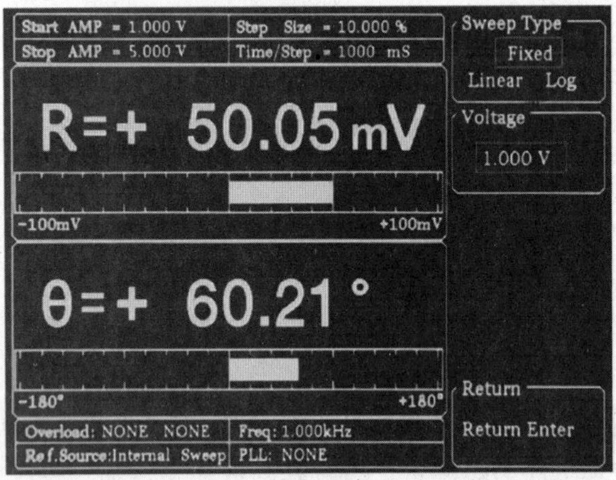

图4.18－3 “Sine Output”二级子菜单→“Fixed”

三、测量信号的参数设置

在前面板菜单栏中选择“INPUT/FILTERS”进入如图4.18－4所示参数设置界面。

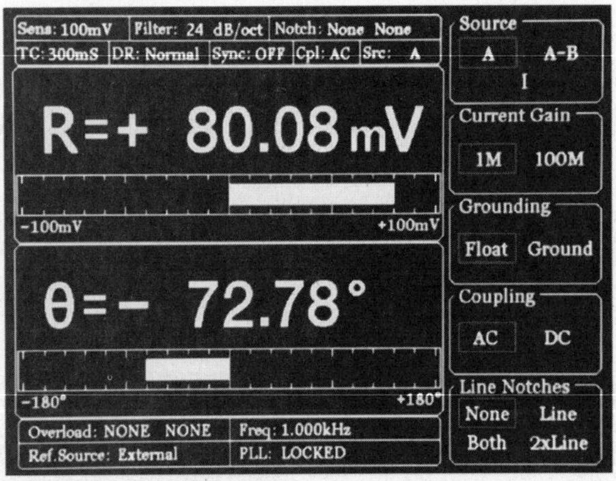

图4.18－4 “INPUT/FILTERS”子菜单

①在“INPUT/FILTERS”子菜单中选择“Source”选项并进行设置，选择“A”，表示单端电压信号输入模式。

②在电流增益设置选项“Current Gain”中有“1M”和“100M”两个选项，分别表示输入为微弱电流信号时，放大倍数为10^6V/A和放大倍数为10^8V/A。

③在接地设置“Grounding”选项中选择“Ground”，表示输入接口地与仪器地（仪器地已短接在大地——市电GND上）通过10Ω电阻短接，一般认为信号灌入电流的能力不强（不致烧毁仪器接口芯片），可设置为“Ground”让信号地与系统地短接在一起，防止信号地过

于浮空带来的信号漂动。当信号地与仪器地绝对电势相差较大且信号地灌入电流能力很强时，使用“Float”选项浮空信号地，同时起限流保护作用。

④在耦合设置“Coupling”选项中，选择直流耦合“DC”，用于阻隔输入信号中的交流成分。人体电信号低于200Hz，为了不使幅值受损，应使用“DC”直流耦合。

⑤在陷波器设置“Line Notches”选项中选择“None”，表示关闭所有陷波器。人体的输入信号频率低于200Hz，为避免陷波器的陡度不够锐利可能引起的幅值损失，应关闭陷波器。

实验4.19 人体血压的测量

在正常情况下，人或哺乳动物的血压通过神经和体液调节保持相对稳定。但是血压的稳定是动态的，是在不断变化的，不是静止不变的。血压与人体的生理状况及健康状况密切相关，通过测量血压可以分析人体的生理状况和对健康状况作一定的评价，因此血压的测量在体格检查中具有较重要的意义。本实验学习不同血压计的使用方法。

一、实验目的

(1)了解人体生理测量的医学基础和意义。
(2)掌握人体生理参数测量的物理原理。
(3)学习测量血压的方法原理和实际操作。

二、实验器材

水银血压计、电子血压计(臂式)、labview 工作站、导线等。

三、实验原理

自1950年俄国军医柯罗特可夫创立听诊法以来，无创(间接)血压测量在临床得到了广泛应用。

在此之前，法国生理学家马锐发现，当用一种压力腔对手臂施压时，随着压力变化，通过腔体起伏可以观察到脉搏波动幅度的改变。他据此推出了一种测量血压的方法，叫“示波法”。但其后一直未能加以应用，直到20世纪60年代后，随着微电子技术的发展，利用充气袖带和压力传感器的自动测量技术，才使示波法无创血压测量技术得以应用。示波法无创血压测量如今在家庭保健、临床生理监护及动态血压测量中成为主导方法。

1. 基于柯氏音法的无创血压测量

基于柯氏音法的无创血压测量的基本原理和方法如图4.19－1所示，它主要由压力计、袖带、听诊器组成。袖带内部是无弹性纤维覆盖的橡皮囊，用它将上臂的臂动脉或者腿部的大动脉缠绕一周，袖带分别与压力计和充气球相连。操作方法是用气球给袖带充气，当袖带内压力超过收缩压(压力计读数为180～230mmHg)时，打开针形阀使袖带以2～3mmHg/s的速度缓慢放气，袖带内压力逐渐减小，当其小于动脉收缩压时，动脉管部分打开，血液喷射形成涡流或湍流，使管壁震动并传达到体表，即为柯氏音——由放在袖带之下动脉之上的听诊器听到。最初听到的“砰”音(称为柯氏音Ⅰ相)，代表收缩压；接着柯氏音增高(Ⅱ相)，达到最大声强(Ⅲ相)，由于湍流在低沉的杂音后可出现“砰”声(Ⅳ相)，随后声音变得轻柔无力，最后声音完全消失(Ⅴ相)。所以无声时的压力，即提示为舒张压。

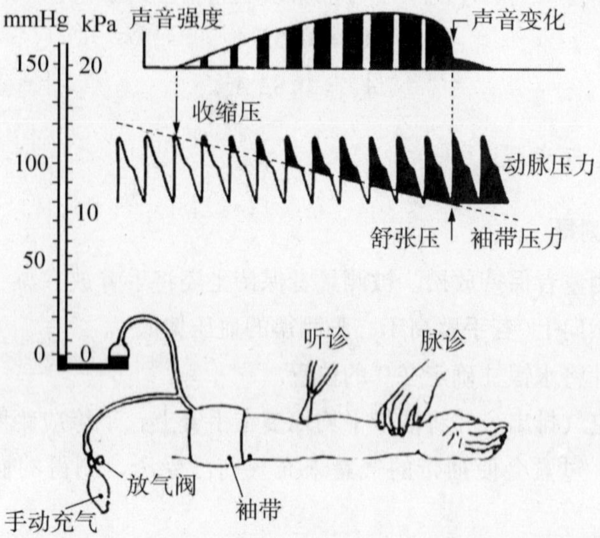

图 4.19－1　柯氏音法血压测量的基本原理与方法

2. 基于示波法的电子血压计

示波法与柯氏音法均是基于血管卸载原理实现血压测量的。设 p_a 为动脉压，p_e 为袖带压。若 $p_a > p_e$，则血管开放；若 $p_a < p_e$，则血管闭合。示波法是利用压力传感器观察随着 p_e 的变化，血管从开放到闭合（或相反情况，血管从闭合到开放）时脉搏波幅度的变化实现血压测量的。有关原理如图 4.19－1、图 4.19－2 所示。

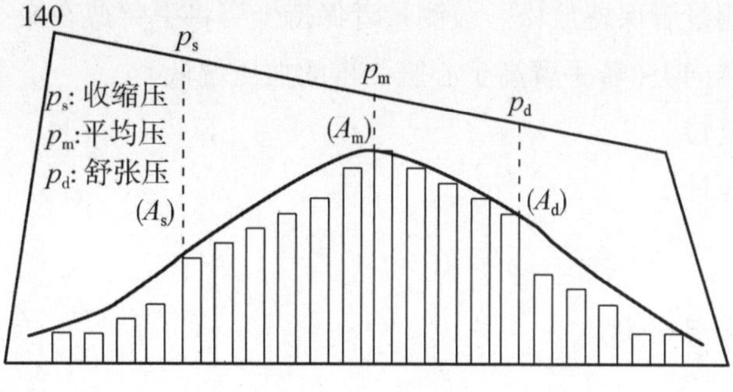

图 4.19－2

在图 4.19－2 中，一开始气泵快速对袖带充气，一般充气压 p_b 高于收缩压 p_s 30mmHg 后开始缓慢放气，脉搏从无到有，其形成钟形包络变化，当检测不到脉搏波时袖带快速放气（脉搏波也是因湍流而来）。

在示波法测量中，主要从脉搏波构成的钟形包络中识别特征点获取血压值。目前主要采用由 Geddes 提出的固定比率计算法。首先寻找脉搏波钟形包络的顶点 A_m，其对应袖带压 p_m，即为平均值。另外，在包络线上升沿存在一点 A_s 和下降沿存在一点 A_d，分别对应

收缩压 p_s 和舒张压 p_d。A_s 和 A_d 的大小可根据以下经验公式求得：

$$A_s = 0.55\,A_m \quad (4.19-1)$$

$$A_d = 0.82\,A_m \quad (4.19-2)$$

四、实验过程与步骤

1. 水银血压计测量

①测前要让被测量者保持放松。被测量者保持坐姿将手臂放在桌子上，并使其位置与心脏同高，手心自然向上(若手臂高于心脏测得的血压偏低)。

②使用的血压计将水银柱确定在0的位置。

③将袖带内的空气排出，并将袖带平均地裹在手臂上，下缘应距肘关节一横指，紧度以能塞下一指为宜。过紧会使袖带的气囊未充气前已受压，测得的血压值偏低；过松则偏高。

④关闭气门，充气至听不到脉搏搏动后，再打高20～30mmHg。

⑤将听诊器膜置于肱动脉，放气，注意听的第一个“砰”的声音时水银柱所指示的数值为收缩压值，待听到第二声“砰”的声音后继续放气，并注意声音的最后消失点，水银柱所指示的数值为一般成人的舒张压值。

⑥测量完毕驱尽袖带内余气，解开袖带，拧紧气门的螺旋帽，整理袖带放入盒内，将血压计倾45°关闭水银槽开关(防止水银倒流)，再将血压计盒关闭。

2. 电子血压计测量

①测前要让被测量者保持放松。被测量者保持坐姿将手臂放在桌子上，并使其位置与心脏同高，手心自然向上(若手臂高于心脏测得的血压偏低)。

②电子血压计复位。

③启动电子血压计。

④读数、记录。

五、数据记录与分析

表4.19－1　实验数据

姓名					
水银血压计测量					
电子血压计测量					

注意事项：

(1)尽量不让胳膊弯曲，袖带要缠在肘部以上 2 cm 处，要找准肱动脉。

(2)注意放开装水银的开关，不要让血压计倾斜，关闭气囊开关，开始打气。

(3)再测量一遍，用于确认。

(4)测量完后倾斜 45°让水银全部流入水银瓶后关闭水银开关。

(5)收整血压计。

实验报告要求：

(1)完成实验步骤中的各项内容，并对结果进行分析。

(2) 回答思考题，附在实验报告中。

思考题

1. 水银血压计和电子血压计出现结果不一致时，该以哪一个为准？
2. 左右臂血压值不一致的原因是什么？
3. 讨论一天之中人的血压的变化情况，并说明理由。

实验4.20 透射法血氧饱和度的测量

血氧饱和度是血液中与氧结合的氧合血红蛋白(HbO_2)的容量占全部可结合的血红蛋白(Hb)容量的百分比，即血液中血氧的浓度。它是呼吸循环的重要生理参数。而功能性氧饱和度为 HbO_2 浓度与 HbO_2 + Hb 浓度之比，有别于氧合血红蛋白所占百分数。监测动脉血氧饱和度可以对肺的氧合和血红蛋白携氧能力进行估计。

一、实验目的

(1)掌握透射法血氧饱和度的测量。

(2)实测若干组血氧饱和度数据并进行误差分析。

(3)熟练使用脉搏血氧仪。

二、实验器材

脉搏血氧仪、酒精、棉签等。

三、实验简介

氧合血红蛋白分子(HbO_2)和血红蛋白分子(Hb)的结构不同，它们对光的吸收谱也不同。当某单色光通过 HbO_2 和 Hb 溶液时，其能量就会被吸收而减弱，光能量减弱的程度和 HbO_2 的含量有关。脉搏血氧仪就是根据这一原理设计的血氧测定仪。本实验采用 yuwell 血氧仪快速测定血液中的血氧含量。

四、实验原理

氧气是维持人体生存和生活的物质基础。心脏的收缩和舒张使得人体的血液脉动地流过肺部，一定量的还原血红蛋白(RHb)与肺部中摄取的氧气结合成氧合血红蛋白(HbO_2)。研究发现约2%的氧溶解在血浆里。这些血液通过动脉一直输送到毛细血管，然后在毛细血管中将氧释放，以维持组织细胞的新陈代谢。

血氧饱和度是衡量人体血液携带氧的能力的重要参数。目前广泛应用于确定血氧饱和度的方法有透射法(或反射法)、双波长(红光 R：660 nm，红外光 IR：940 nm)光电检测技术，检测红光和红外光通过动脉血的光吸收引起的交变成分之比 IIR/IR 和非脉动组织(表皮、肌肉、静脉血等)引起光吸收的稳定分量(直流)值，通过计算可得到血氧饱和度值 $S_{p_{O_2}}$。这里采用透射法双波长光电检测技术。

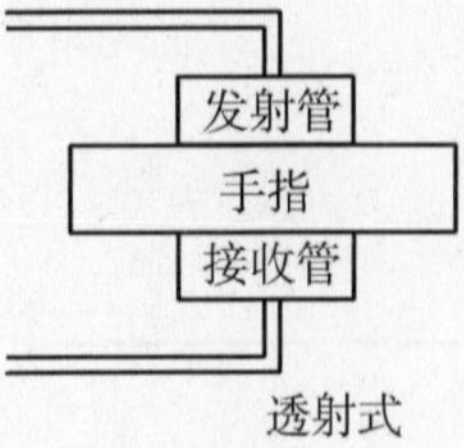

图 4.20－1　透射法测血氧原理

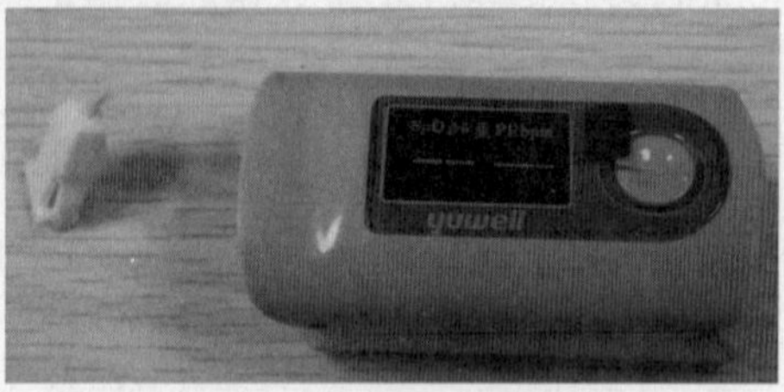

图 4.20－2　血氧仪

由于血液中还原血红蛋白（Hb）和氧合血红蛋白（HbO_2）在红光、红外光区（600～1 000 nm）有独特的吸收光谱，从而使红外光谱法成为研究组织中血液成分简单可靠的方法。利用光谱学的方法对生物组织进行无损检测具有安全可靠、连续实时及无损伤的特点。

无创血氧饱和度检测是基于动脉血液对光的吸收量随动脉波动而变化的原理。透射式血氧饱和度检测中，当透光区域动脉血管搏动时，动脉血液对光的吸收量将随之变化，称为脉动分量或交流量（AC）；而皮肤、肌肉、骨骼和静脉血等其他组织对光的吸收是恒定不变的，称为直流量（DC）。如果忽略由于散射、反射等因素造成的衰减，按照朗伯－比尔定律，当动脉不搏动时，假设波长为 λ、光强为 I_0 的单色光垂直照射人体，通过人体的透射光强度为 I_{DC}；当动脉搏动时，假设波长为 λ、光强为 I_0 的单色光垂直照射人体，通过人体的透射光强度为 I_{AC}。则

$$S_{pO_2} = A - B \cdot \left| \frac{I_{AC}^{\lambda_1} / I_{DC}^{\lambda_1}}{I_{AC}^{\lambda_2} / I_{DC}^{\lambda_2}} \right| \tag{4.20-1}$$

其中 A、B 可通过定标确定。

在透射型的血氧传感器中，光源波长一般选择 660～940 nm。选择 660 nm 可保证血氧饱和度公式中的常数项 B 尽可能小以提高检测的灵敏度；另一光波长 940 nm 尽管偏离了等吸收点 805 nm，但两物质在这一范围的吸光系数变化不大，且经实验证明，波长选择在 940 nm 可以更好地满足透射式血氧计算公式中的线性关系。

五、实验过程与步骤

本次实验利用脉搏血氧仪进行血氧饱和度检测。应熟练掌握脉搏血氧仪的正确使用与操作。

①打开脉搏血氧仪。机器会进行内部校准。

②选择合适的探头。注意选择正确尺寸，注意探头放置位置，如在脚趾手指上使用，请注意该区域确保清洁，去除所有指甲油。

③将探头连接脉搏血氧仪。

④正确放置探头，确保合适，不要太紧也不要太松。

⑤启动后等待数秒方可测读脉搏和血氧饱和度数据。

⑥进行多次测量并记录数据。数据记录于表 4. 20 - 1 中。

六、数据记录与分析

表 4. 20 - 1 血氧饱和度实验数据

姓名						
脉搏						
血氧饱和度						

实验报告要求：

(1)完成实验步骤中的各项内容，并对结果进行分析。

(2)回答思考题，附在实验报告中。

思 考 题

1. 如何选择入射光波长？
2. 查阅资料了解朗伯 - 比尔定律的其他应用。

实验 4.21　巨磁电阻效应及其应用

早在 1988 年，科学家们就发现，非常弱小的磁性变化就能导致磁性材料电阻非常显著的变化。这一现象被称为巨磁电阻(GMR)效应。1997 年，全球首个基于巨磁电阻效应的读出磁头问世。正是借助了巨磁电阻效应，人们才能够制造出异常灵敏的磁头，以至能够清晰读出较弱的磁信号，并将其转换成清晰的电流变化。巨磁电阻效应的发现改变了硬盘的读写方式，极大地提高了硬盘的存储密度，使硬盘的存储容量从 MB 字节计到 GB 再到 TB 字节计的飞速发展。通过本实验，可以了解巨磁电阻效应的基本原理及其在计算机中的应用。

一、实验目的

(1)了解 GMR 效应的现象和原理。

(2)测量 GMR 的磁阻特性曲线。

(3)用 GMR 传感器测量电流。

(4)了解磁记录与读出的原理和方法。

二、实验仪器

ZKY－JCZ 巨磁电阻效应及应用实验仪、ZKY－JCZ－S1 基本特性组件、ZKY－JCZ－S2 磁读写组件、ZKY－JCZ－S3 电流测量组件、ZKY－JCZ－S4 角位移测量组件。

三、实验简介

本实验利用巨磁电阻效应及应用实验仪(图 4.21－1a)和与其配套的各组件观测 GMR 效应，探索 GMR 的磁阻特性，测量电流和齿轮的角位移等物理量。实验通过图 4.21－1b 电路测量巨磁电阻特性曲线。实验仪器提供 4V 的恒压电源，改变测试配套励磁线圈电流即可改变磁感应强度 B，通过图 4.21－1a 的电流表测定回路的电流，即可由欧姆定律研究 GMR 电阻的大小随磁感应强度 B 变化的规律。巨磁电阻特性曲线表明，磁感应强度 B 和磁阻(图 4.2－1b 回路中的电流)在一定范围内呈线性关系。利用巨磁电阻的这种性质和待测电流与其激发磁感应强度大小成正比的特点，进行待测电流大小的测定实验；利用仪器配套的磁读写组件还可进行磁场的读写操作；利用仪器配套的角位移测量组件还可以测量齿轮转动的角位移。

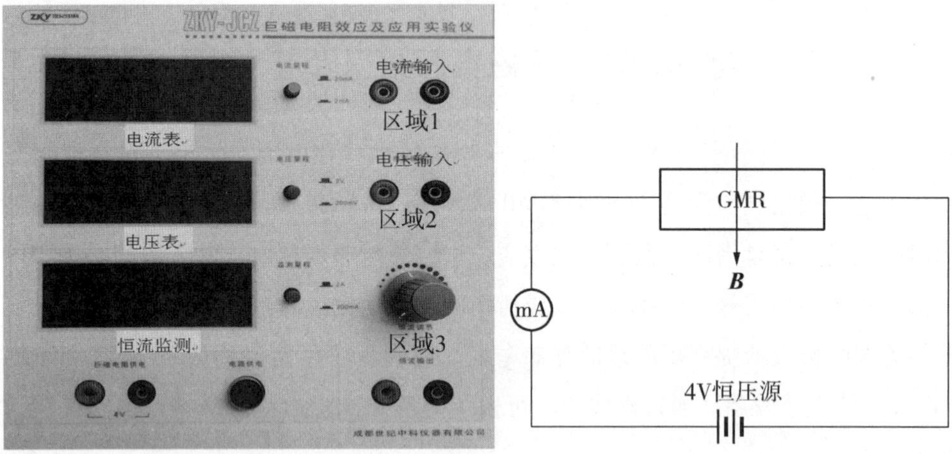

(a) (b)

图 4. 21 - 1　巨磁电阻实验仪及巨磁阻特性曲线测定原理电路

四、仪器介绍

1. 巨磁电阻实验仪

图 4. 21 - 1a 为巨磁电阻实验仪系统的前面板。该仪器前面板可分为三个区域，各个区域的功能如下：

区域 1，电流表部分：可当作一个独立的电流表使用，拥有 2mA 档和 200mA 档两个档位，两个档位之间可通过电流量程切换开关切换。

区域 2，电压表部分：可当作一个独立的电压表使用，有 2V 档和 200mV 档两个档位，两个档位之间可通过电压量程切换开关切换。

区域 3，恒流源部分：可作为一个可变恒流源。

实验仪还提供 GMR 传感器工作所需的 4V 电源和运算放大器工作所需的 ±4V 电源。

2. 基本特性组件

ZKY - JCZ 基本特性组件实物如图 4. 21 - 2 所示。

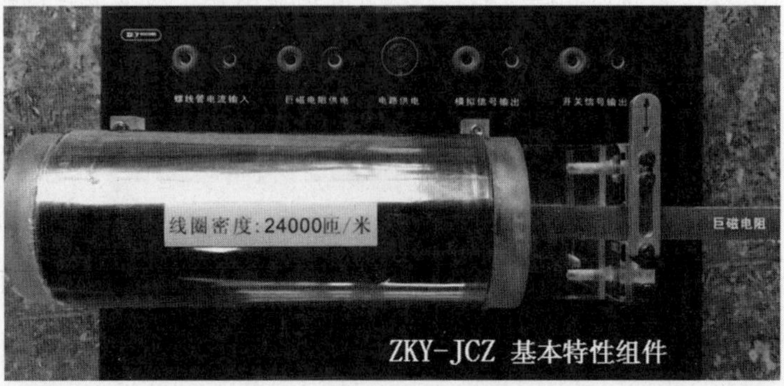

图 4. 21 - 2　ZKY - JCZ 基本特性组件

GMR 传感器处于螺线管的中央。螺线管中央的磁感应强度可近似表示为

$$B = \mu_0 nI \tag{4.21-1}$$

式中，n 为线圈密度，I 为流经线圈的电流强度，$\mu_0 = 4\pi \times 10^{-7}$ H/m 为真空中的磁导率。采用国际单位制时，由上式计算出的磁感应强度单位为特斯拉 T(1T = 10000Gs)。

当基本特性组件的功能切换按钮切换为“巨磁阻测量”时，测量电路原理如图 4.21－3 所示。此时被磁屏蔽的两个电桥电阻 R_3、R_4 被短路，而 R_1、R_2 并联。将电流表串连接入电路中，测出不同磁场时回路中电流的大小，就可计算出磁阻。

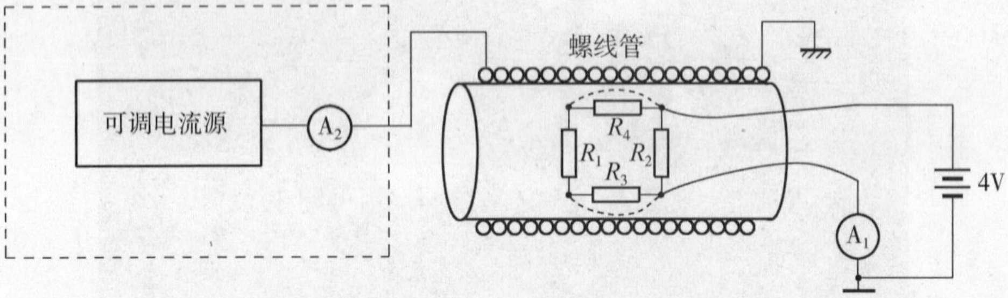

图 4.21－3 磁阻特性测量原理

3. 磁读写组件

磁读写组件(图 4.21－4)用于演示磁记录与读出的原理。磁卡是记录介质，磁卡通过写磁头时可写入数据，通过读磁头时可将写入的数据读出来。

图 4.21－4 磁读写组件

4. 电流测量组件

电流测量组件如图 4.21－5 所示，它是将导线置于 GMR 模拟传感器近旁，当导线中有电流通过时，导线周围会有磁场产生，GMR 传感器就通过这个磁场的大小来确定导线内电流的大小。与一般测量电流需将电流表接入电路相比，这种非接触测量不干扰原电路的工作。

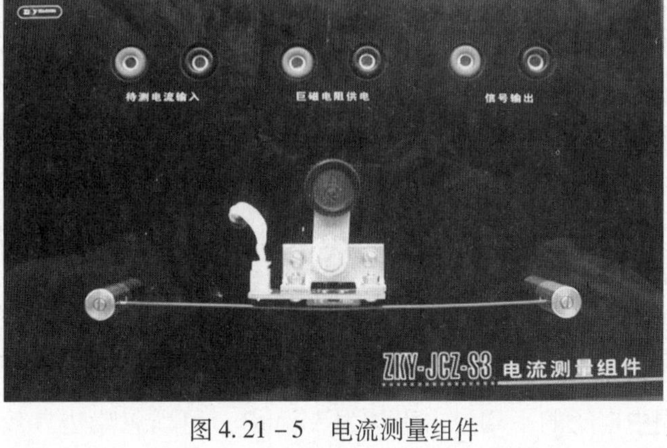

图 4.21－5 电流测量组件

5. **角位移测量组件**

角位移测量组件如图4.21－6所示，它是用巨磁阻梯度传感器作传感元件的。当铁磁性齿轮转动时，齿牙干扰了梯度传感器上偏置磁场的分布，使梯度传感器输出发生变化。齿轮每转过一齿，传感器就输出一个周期的类似正弦波的波形。利用该原理可以测量齿轮的角位移(转速、速度)。汽车上的转速与速度测量仪就是利用该原理制成的。

图4.21－6　角位移测量组件

五、实验原理

物质在磁场中电阻发生变化的现象，称为磁阻效应。磁性金属和合金材料一般都有这种现象。一般情况下，物质的电阻在磁场中仅发生微小的变化。在某种条件下，电阻值变动的幅度相当大，比通常情况下高十余倍，称为巨磁阻(Giant magneto resistance，简称GMR)效应。

1988年，德国尤利西研究中心的彼得·格林贝格尔和巴黎第十一大学的艾尔伯·费尔分别独立发现了巨磁阻效应，他们因此共同获得2007年诺贝尔物理学奖。巨磁阻效应是一种量子力学效应，它产生于层状的磁性薄膜结构。这种结构是由铁磁材料和非铁磁材料薄层交替叠合而成。当铁磁层的磁矩相互平行时，载流子与自旋有关的散射最小，材料有最小的电阻；当铁磁层的磁矩相互反平行时，与自旋有关的散射最强，材料的电阻最大。其原理可用两电流模型解释。

根据导电的微观机理，电子在导电时并不是沿电场直线前进，而是不断和晶格中的原子发生碰撞(又称散射)，每次散射后电子都会改变运动方向，总的运动是电场对电子的定向加速与这种无规则散射运动的叠加。电子在两次散射之间走过的平均路程称为电子的平均自由程。电子散射概率小，则平均自由程长，电阻率低。一般把电阻定律 $R=\rho l/S$ 中的电阻率 ρ 视为与材料的几何尺度无关的常数，这是因为通常材料的几何尺度远大于电子的平均自由程(例如铜中电子的平均自由程约为34 nm)，可以忽略边界效应。当材料的几何尺度小到纳米量级，只有几个原子的厚度时(例如，铜原子的直径约为0.3nm)，电子在边界上的散射概率大大增加，可以明显观察到厚度减小电阻率增加的现象。电子除携带电荷外，还具有自旋特性。自旋磁矩有平行和反平行于外磁场两种取向。早在1936年，英国物理学家诺贝尔奖获得者N. F. Mott指出，在过渡金属中，自旋磁矩与材料的磁场方向平行的电子，所受散射概率远小于自旋磁矩与材料的磁场方向反平行的电子。总电流是两类自旋电流之和，总电阻是两类自旋电流的并联电阻，这就是所谓的两电流模型。

在图4.21-7所示的多层膜结构中，无外磁场时，上下两层磁性材料是反平行(反铁磁)耦合的。施加足够强的外磁场后，两层铁磁膜的方向都与外磁场方向一致，外磁场使两层铁磁膜从反平行耦合变成了平行耦合。图4.21-8是图4.21-7结构的某种GMR材料的磁阻特性。由图可见，随着外磁场增大，电阻逐渐减小，其间有一段线性区域。当外磁场已使两铁磁膜完全平行耦合后，继续加大磁场，电阻不再减小，进入磁饱和区域。磁阻变化率$\Delta R/R$达百分之十几，加反向磁场时磁阻特性是对称的。图4.21-8中的曲线有两条，分别对应增大磁场和减小磁场时的磁阻特性。两条曲线不重合是因为铁磁材料都具有磁滞特性。

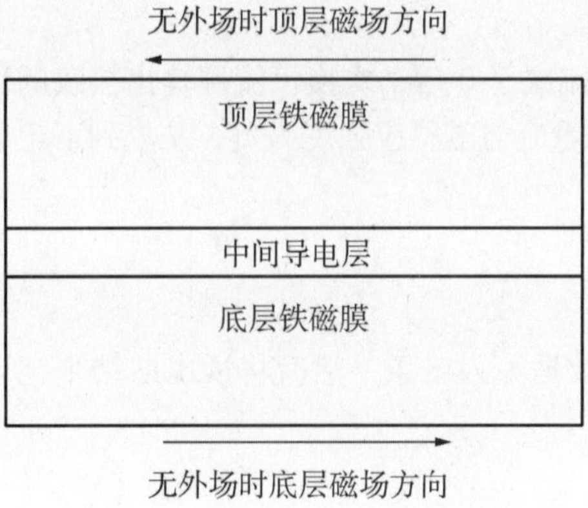

图4.21-7 多层膜GMR的结构

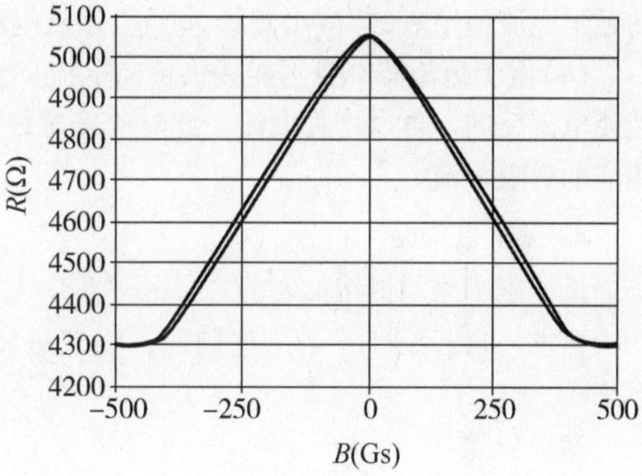

图4.21-8 某种多层膜GMR材料的磁阻特性

多层膜GMR结构简单，工作可靠，磁阻随外磁场线性变化的范围大，在制作模拟传感器方面得到广泛应用。在数字记录与读出领域，为进一步提高其灵敏度，人们发展了自旋阀结构的GMR，如图4.21-9所示。

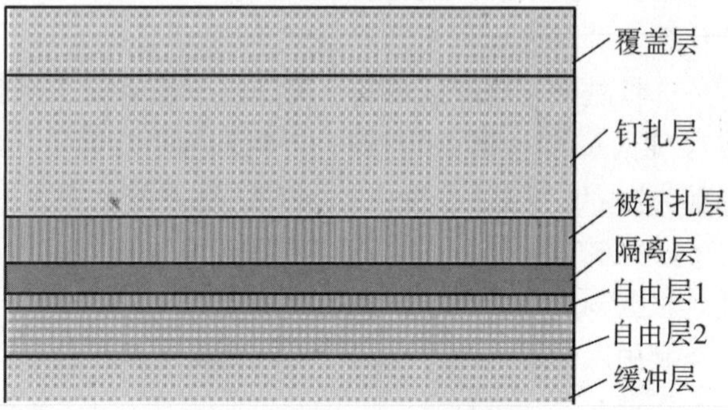

图4.21-9 自旋阀GMR结构

自旋阀结构的SV-GMR(Spin valve GMR)由钉扎层、被钉扎层、中间导电层和自由层构成。其中，钉扎层使用反铁磁材料，被钉扎层使用硬铁磁材料，硬铁磁和反铁磁材料在交替耦合作用下形成一个偏转场，此偏转场将被钉扎层的磁化方向固定，不随外磁场改变。自由层使用软铁磁材料，它的磁化方向易于随外磁场转变。这样，很弱的外磁场就可改变自由层与被钉扎层磁场的相对取向，对应于很高的灵敏度。制造时，使自由层的初始磁化方向与被钉扎层垂直，磁记录材料的磁化方向与被钉扎层的方向相同或相反(对应于0或1)，当感应到磁记录材料的磁场时，自由层的磁化方向就向与被钉扎层磁化方向相同(低电阻)或相反(高电阻)的方向偏转，检测出电阻的变化就可确定记录材料所记录的信息。硬盘所用的GMR磁头就采用了这种结构。

六、实验内容与步骤

1. GMR磁阻特性测量

(1)将GMR模拟传感器置于螺线管磁场中，功能切换按钮切换为“巨磁阻测量”。

(2)将实验仪的4V电压源串连电流表后接至基本特性组件的“巨磁电阻供电”上，恒流源接至“螺线管电流输入”端。

(3)按数据记录表4.21－1中的电流值调节励磁电流，逐渐减小磁场强度，记录相应的磁阻电流值于表的“减小磁场”列下“磁阻电流”中。

(4)由于恒流源本身不能提供负向电流，当电流减至0后，交换恒流源输出接线的极性使电流反向。再次增大电流，此时流经螺线管的电流与磁感应强度为负，从上到下记录相应的磁阻电流。

2. 探索性实验

设计磁记录与读出的实验。

要求：自行设计一个二进制码，将二进制码数据写入磁条，然后将读出的结果记录下来。

参考步骤：

①将实验仪的4V电压源接至磁读写组件的“巨磁电阻供电”端。

②将“电路供电”接口接至磁读写组件对应的“电路供电”输入孔，磁读写组件“读出数据”接至实验仪电压表。同时按下“0/1转换”和“写确认”按键约2s将读写组件初始化。初始化后才可以进行写和读。

③将磁卡有刻度区域的一面朝前，沿着箭头标识的方向插入划槽，按需要切换写“0”或写“1”(按“0/1转换”按键，当状态指示灯显示为红色表示当前为“写1”状态，绿色表示当前为“写0”状态)。按住“写确认”键不放，根据磁卡上的刻度区域线，缓慢移动磁卡。

④完成写数据后，松开“写确认”键，此时组件就处于读状态了。将磁卡移动到读磁头处，根据刻度区域在电压表上读出电压。

利用巨磁阻电流测量组件设计测量电流的实验。

要求：

(1)电流测量范围0～1A。

(2)电路安全可靠。步骤参照上面实验自行设计。

(3)研究 GMR 梯度传感器的齿轮转动的角位移与其输出电压之间的关系，并试着说明怎样将其用于车辆流量监控。

注意事项：

(1)由于巨磁阻传感器具有磁滞现象，因此在实验中，恒流源只能单方向调节，不可回调，否则测得的实验数据不准确。

(2)在实验过程中，实验环境不得处于强磁场中。

七、数据记录与处理

(1)数据记录于表格 4. 21 -1 中。

表 4. 21 -1　GMR 磁阻特性的测量

磁感应强度 B		减小磁场磁阻(Ω)		增大磁场磁阻(Ω)	
励磁电流(mA)	磁感应强度 B(Gs)	磁阻电流(mA)	磁阻(Ω)	磁阻电流(mA)	磁阻(Ω)
100					
90					
80					
70					
60					
50					
40					
30					
20					
10					
5					
0					
-5					
-10					
-20					
-30					
-40					
-50					
-60					
-70					
-80					
-90					
-100					

(2)数据处理：

①根据螺线管上标明的线圈密度，用公式 $B=\mu_0 nI$ 计算出螺线管内的磁感应强度 B。

②用欧姆定律 $R=U/I$ 计算磁阻。

③以磁感应强度 B 为横坐标，磁阻为纵坐标绘制磁阻特性曲线。注意，由于模拟传感器的两个磁阻位于磁通聚集器中，实验结果作出的磁阻曲线斜率比图 4.21－8 大了约 10 倍，磁通聚集器结构使磁阻灵敏度大大提高。

思考题

为什么在同一外磁场作用下，外磁场增加与减小时，磁阻曲线不重合？(提示：不同外磁场强度时磁阻的变化反映了 GMR 的磁阻特性，同一外磁场强度下磁阻的差值反映了材料的磁滞特性。)

附录　有关巨磁电阻的实验背景

2007 年诺贝尔物理学奖授予了巨磁电阻效应的发现者，法国物理学家阿尔贝·费尔和德国物理学家彼得·格伦贝格尔。诺贝尔奖委员会说明：“这是一次好奇心导致的发现，但其随后的应用却是革命性的，因为它使计算机硬盘的容量从几百兆、几千兆，一跃而提高几百倍，达到几百吉乃至上千吉。”

凝聚态物理研究原子、分子在构成物质时的微观结构、它们之间的相互作用力及其与宏观物理性质之间的联系。

人们早就知道过渡金属铁、钴、镍能够出现铁磁性有序状态。量子力学出现后，德国科学家海森伯(1932 年诺贝尔奖得主)明确提出铁磁性有序状态源于铁磁性原子磁矩之间的量子力学交换作用。这个交换作用是短程的，称为直接交换作用。

后来发现很多过渡金属和稀土金属的化合物具有反铁磁有序状态，即在有序排列的磁材料中，相邻原子因受负的交换作用，自旋为反平行排列，则磁矩虽处于有序状态，但总的净磁矩在不受外场作用时仍为零。这种磁有序状态称为反铁磁性。法国科学家奈尔因为系统地研究反铁磁性而获得 1970 年诺贝尔奖。在解释反铁磁性时他认为，化合物中的氧离子(或其他非金属离子)作为中介，将最近的磁性原子的磁矩耦合起来。这是间接交换作用。另外，在稀土金属中也出现了磁有序，其中原子的固有磁矩来自 4f 电子壳层。相邻稀土原子的距离远大于 4f 电子壳层直径，所以稀土金属中的传导电子担当了中介，将相邻的稀土原子磁矩耦合起来。这就是 RKKY 型间接交换作用。

直接交换作用的特征长度为 0.1～0.3nm，间接交换作用的特征长度可以达到 1nm 以上。1nm 已经是实验室中人工微结构材料可以实现的尺度。1970 年美国 IBM 实验室的江崎和朱兆祥提出了超晶格概念。所谓超晶格，是指由两种(或两种以上)组分(或导电类型)不同、厚度 d 极小的薄层材料交替生长在一起而得到的一种多周期结构材料。由于这种复合材料的周期长度比各薄膜单晶的晶格常数大几倍或更长，因此称为“超晶格”。20

世纪 80 年代，由于摆脱了以往难以制作高质量纳米尺度样品的限制，金属超晶格成为研究前沿，凝聚态物理工作者对这类人工材料的磁有序、层间耦合、电子输运等进行了广泛的基础方面的研究。

德国尤利希科研中心的物理学家彼得·格伦贝格尔一直致力于研究铁磁性金属薄膜表面和界面上的磁有序状态，研究对象是一个“三明治”结构的薄膜，两层厚度约 10nm 的铁层之间夹有厚度为 1nm 的铬层。选择这个材料系统并不是偶然的：首先，金属铁和铬是元素周期表上相近的元素，具有类似的电子壳层，容易实现两者的电子状态匹配；其次，金属铁和铬的晶格对称性和晶格常数相同，它们之间晶格结构也是匹配的，这两类匹配非常有利于基本物理过程的探索。但是，很长一段时间，他制成的“三明治”薄膜都是多晶体，格伦贝格尔和很多研究者一样，并没有特别的发现。直到 1986 年，他采用了分子束外延(MBE)法制备薄膜，样品成分还是铁－铬－铁三层膜，不过已经是结构完整的单晶。在此金属三层膜上，他试图利用光散射以获得铁磁矩的信息。实验中薄膜上的外磁场逐步减小，直到取消外磁场，他发现，在铬层厚度为 0.8nm 的铁－铬－铁“三明治”中，两边的两个铁磁层磁矩从彼此平行(较强磁场下)转变为反平行(弱磁场下)。换言之，对于非铁磁层铬的某个特定厚度，没有外磁场时，两边铁磁层磁矩是反平行的。这个新现象成为巨磁电阻效应出现的前提。磁场可以将“三明治”两个铁磁层磁矩在彼此平行与反平行之间转换，那相应的物理性质会有什么变化？格伦贝格尔接下来发现，两个磁矩反平行时对应高电阻状态，平行时对应低电阻状态，两个电阻的差高达 10%。格伦贝格尔将结果写成论文，与此同时，他申请了将这种效应和材料应用于硬盘磁头的专利。当时的申请需要一定的胆识，因为铁－铬－铁“三明治”上出现巨磁电阻效应所需磁场高达千高斯，远高于硬盘上磁比特单元能够提供的磁场。但日后不断改进的结构和材料使这个设想成为现实。

另一方面，1988 年巴黎十一大学固体物理实验室物理学家阿尔贝·费尔的研究小组将铁、铬薄膜交替制成几十个周期的铁－铬超晶格，也称为周期性多层膜。他们发现，当改变磁场强度时，超晶格薄膜的电阻下降近一半，即磁电阻比率达到 50%。他们称这个前所未有的电阻巨大变化现象为巨磁电阻，并用两电流模型解释这种物理现象。显然，周期性多层膜可以看成是若干个格伦贝格尔“三明治”的重叠，所以德国和法国的这两个独立发现实际上是同一个物理现象。

人们自然要问，在其他过渡金属中，这个奇特的现象是否也存在？IBM 公司的斯图尔特·帕金给出了肯定的回答。1990 年他首次报道，除了铁－铬超晶格，还有钴－钌和钴－铬超晶格也具有巨磁电阻效应，并且随着非磁层厚度增加，上述超晶格的磁电阻值振荡下降。在随后的几年，帕金和世界范围的科学家在过渡金属超晶格和金属多层膜中找到了 20 种左右具有巨磁电阻振荡现象的不同体系。帕金的发现在技术层面上特别重要。首先，他的结果为寻找更多的 GMR 材料开辟了广阔空间。最后人们的确找到了适合硬盘的 GMR 材料，1997 年制成了 GMR 磁头。其次，帕金采用较普通的磁控溅射技术代替精密的 MBE 方法制备薄膜，目前这已经成为工业生产多层膜的标准。磁控溅射技术克服了物理发现与产业化之间的障碍，使巨磁电阻成为基础研究快速转换为商业应用的国际典范。同时，巨磁电阻效应也被认为是纳米技术的首次真正应用。

诺贝尔奖委员会还指出：“巨磁电阻效应的发现打开了一扇通向新技术世界的大门——自旋电子学。这里，将同时利用电子的电荷以及自旋这两个特性。”

GMR 作为自旋电子学的开端具有深远的科学意义。传统的电子学是以电子的电荷移动为基础的，电子自旋往往被忽略了。巨磁电阻效应表明，电子自旋对于电流的影响非常强烈，电子的电荷与自旋两者都可能载运信息。自旋电子学的研究和发展引发了电子技术与信息技术的一场新的革命。目前电脑、音乐播放器等各类数码电子产品中所装备的硬盘磁头，基本上都应用了巨磁电阻效应。利用巨磁电阻效应制成的多种传感器已广泛应用于各种测量和控制领域。除利用铁磁膜 - 金属膜 - 铁磁膜的 GMR 效应外，由两层铁磁膜夹一极薄的绝缘膜或半导体膜构成的隧穿磁阻(TMR)效应，已显示出比 GMR 效应更高的灵敏度。除在多层膜结构中发现 GMR 效应并已实现产业化外，在单晶、多晶等多种形态的钙钛矿结构的稀土锰酸盐中以及一些磁性半导体中，也发现了巨磁电阻效应。

实验4.22　新能源的综合利用及探索

以氢和氧为燃料，通过电化学反应直接产生电力，这种装置称为燃料电池。其能量转换效率高于燃烧燃料的热机。氢氧燃料电池的反应生成物为水，对环境无污染。单位体积氢的储能密度远高于现有的其他电池。因此氢氧燃料电池的应用已从最早的宇航等特殊领域发展到电动汽车、手机电池等日常生活的各个方面。按燃料电池使用的电解质或燃料类型可将现在和近期可行的燃料电池分为碱性燃料电池、质子交换膜燃料电池、直接甲醇燃料电池、磷酸燃料电池、熔融碳酸盐燃料电池以及固体氧化物燃料电池等6种类型。在未来的能源系统中，燃料电池将成为取代汽油、柴油和化学电池的清洁能源，而太阳能将作为一种主要的能源替代目前的煤、石油和天然气。

一、实验目的

(1)了解燃料电池的工作原理。

(2)观察实验中的能量转换过程。

(3)测量质子交换膜电解池的特性，验证法拉第电解定律。

(4)测量燃料电池的输出特性。

(5)测量太阳能电池的输出特性。

二、实验仪器

碘钨灯、燃料电池综合实验仪、太阳能电板、电阻箱。

三、实验简介

本实验利用新能源综合利用实验仪(图4.22－1)探索太阳能电池发电(光能—电能转换)、电解池电解水制取氢气(电能—氢能转换)、燃料电池发电(氢能—电能转换)等几个环节的特性、能量转换效率，以及形成的完整的能量转换、储存、使用的链条。实验要求学生在了解实验原理的基础上，测量质子交换膜电解池的特性并验证法拉第电解定律；测量燃料电池的输出特性并绘出对应的伏安特性曲线和输出功率随输出电压的变化曲线，计算燃料电池的最大输出功率及能量转换效率；测量太阳能电池的输出特性并绘出对应的伏安特性曲线和输出功率随输出电压的变化曲线，获取太阳能电池的填充因子等特性参数。通过本实验，学生可以了解新能源的综合利用及探索提高能源利用效率的优化方案。

图 4. 22 – 1　新能源综合利用实验仪

四、燃料电池的原理

1. 燃料电池的结构

质子交换膜(Proton Exchange Membrane，PEM)燃料电池在常温下工作，基本结构如图 4. 22 – 2 所示，各部分的特点和作用如下：

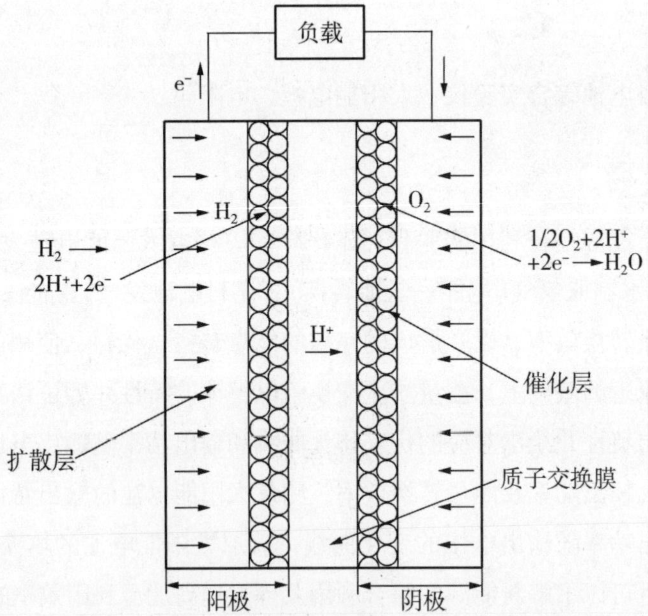

图 4. 22 – 2　质子交换膜燃料电池结构示意图

质子交换膜：目前广泛采用的全氟璜酸质子交换膜为固体聚合物薄膜，厚度0.05～0.1mm，它提供氢离子(质子)从阳极到阴极的通道，而电子或气体不能通过。

催化层：附着在质子交换膜表面，厚度约0.03mm，对阳极氢的氧化和阴极氧的还原起催化作用。

阳极和阴极：由石墨化的碳纸或碳布做成，厚度0.2～0.5mm，导电性能良好，其上的微孔提供气体进入催化层的通道，又称为扩散层。

流场板：商品燃料电池为了提供足够的输出电压和功率，需将若干单体电池串联或并联在一起。流场板一般由导电良好的石墨或金属做成，与单体电池的阳极和阴极形成良好的电接触，称为双极板，其上加工有供气体流通的通道。为直观起见，教学用燃料电池采用有机玻璃做流场板。

阳极反应：进入阳极的氢气通过电极上的扩散层到达质子交换膜。氢分子在阳极催化剂的作用下解离为2个氢离子，即质子，并释放出2个电子。阳极反应为

$$H_2 = 2H^+ + 2e \tag{4.22-1}$$

氢离子以水合质子$H^+(nH_2O)$的形式，在质子交换膜中从一个璜酸基转移到另一个璜酸基，最后到达阴极，实现质子导电。质子的这种转移导致阳极带负电。

阴极反应：在电池的另一端，氧气或空气通过阴极扩散层到达阴极催化层，在阴极催化层的作用下，氧与氢离子和电子反应生成水。阴极反应为

$$O_2 + 4H^+ + 4e = 2H_2O \tag{4.22-2}$$

阴极反应使阴极缺少电子而带正电。结果在阴阳极间产生电压，在阴阳极间接通外电路就可以向负载输出电能。总的化学反应如下：

$$2H_2 + O_2 = 2H_2O \tag{4.22-3}$$

阴极与阳极：在电化学中，失去电子的反应叫氧化反应，得到电子的反应叫还原反应。产生氧化反应的电极是阳极，产生还原反应的电极是阴极。对电池而言，阴极是电池的正极，阳极是电池的负极。

2. 水的电解

水的电解是将水电解产生氢气和氧气的过程。其与燃料电池中氢气和氧气反应生成水互为逆过程。电解池(即用来电解水的装置)因电解质的不同而各异。碱性溶液和质子交换膜是最好的电解质。本实验的电解质是质子交换膜。

3. 质子交换膜电解池的特性

理论分析表明，若不考虑电解池的能量损失，在电解池上加1.48V电压就可使水分解为氢气和氧气。实际由于各种损失，输入电压高于1.6V时电解池才开始工作。电解池的效率为

$$\eta = \frac{1.48}{U_{输入}} \times 100\% \tag{4.22-4}$$

输入电压较低时虽然能量利用率较高，但电流小，电解的速率低。通常使电解池输入电压在2V左右。根据法拉第电解定律，电解生成物的量与输入电量成正比。在标准状态

下(温度为0℃，电解池产生的氢气保持在1个大气压)，设电解电流为 I，经过时间 t 生产的氢气体积(氧气体积为氢气体积的一半)的理论值为：

$$V_{氢气} = \frac{It}{2F} \times 22.4\ (\mathrm{L}) \tag{4.22-5}$$

式中，$F = eN = 9.65 \times 10^4\ \mathrm{C/mol}$，为法拉第常数；$e = 1.602 \times 10^{-19}\mathrm{C}$，为电子电量；$N = 6.022 \times 10^{23}$ 为阿伏伽德罗常数。

若实验时摄氏温度为 T，所在地区气压为 p。根据理想气体状态方程，可对式(4.22-5)作修正：

$$V_{氢气} = \frac{273.16 + T}{273.16} \cdot \frac{p_0}{p} \cdot \frac{It}{2F} \times 22.4\ (\mathrm{L}) \tag{4.22-6}$$

式中，p_0 为标准大气压。自然环境中，大气压受各种因素的影响，如温度和海拔高度等，其中海拔高度对大气压的影响最为明显。由国家标准 GB4797.2—2005 可查到，海拔每升高 1000m，大气压下降约10%。

由于水的相对分子质量为18，且每克水的体积为 $1\mathrm{cm}^3$，故电解池消耗的水的体积

$$V_{水} = \frac{It}{2F} \times 18 = 9.33It \times 10^{-5}(\mathrm{cm}^3) \tag{4.22-7}$$

4. **燃料电池的输出特性**

在一定的温度与气体压力下，改变负载电阻的大小，测量出燃料电池的输出电压与输出电流之间的关系，如图4.22-3所示。电化学家将其称为极化特性曲线，习惯用电压作纵坐标，电流作横坐标。理论分析表明，如果燃料的所有能量都被转换成电能，则理想电动势为1.48V。实际燃料的能量不可能全部转换成电能，例如总有一部分能量转换成热能，少量的燃料分子或电子穿过质子交换膜形成内部短路电流等，故燃料电池的开路电压低于理想电动势。

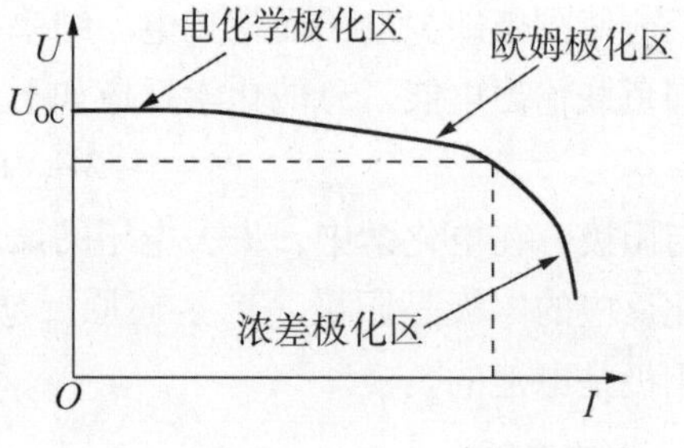

图4.22-3 燃料电池的输出特性曲线

图4.22-3中 U_{OC} 为开路电压。随着电流 I 从零增大，输出电压有一段下降较快，主要是因为电极表面的反应速度有限，有电流输出时，电极表面的带电状态改变，驱动电子输出(阳极)或输入(阴极)时，产生的部分电压会被损耗掉。这一段被称为电化学极化区。

输出电压的线性下降区的电压降，主要是电子通过电极材料及各种连接部件、离子通过电解质的阻力引起的，这种电压降与电流成比例，所以被称为欧姆极化区。输出电流过大时，燃料供应不足，电极表面的反应物浓度下降，使输出电压迅速降低，而输出电流基本不再增加，这一段被称为浓差极化区。

综合考虑燃料的利用率(恒流供应燃料时可表示为燃料电池电流与电解电流之比)及输

出电压与理想电动势的差异，燃料电池的效率为：

$$\eta = \frac{I_{电池}}{I_{电解}} \cdot \frac{U_{输出}}{1.48} \times 100\% = \frac{P_{输出}}{1.48 \times I_{电解}} \times 100\% \quad (4.22-8)$$

对于某一输出电流，燃料电池的输出功率相当于图 4.22－2 中虚线围出的矩形区域。在使用燃料电池时，应根据伏安特性曲线，匹配适当的负载使效率与输出功率达到最大。

五、太阳能电池

1. 太阳能电池的结构

太阳能电池利用半导体 PN 结受光照射时的光伏效应发电。太阳能电池的基本结构就是一个大面积平面 PN 结，如图 4.22－4 所示。

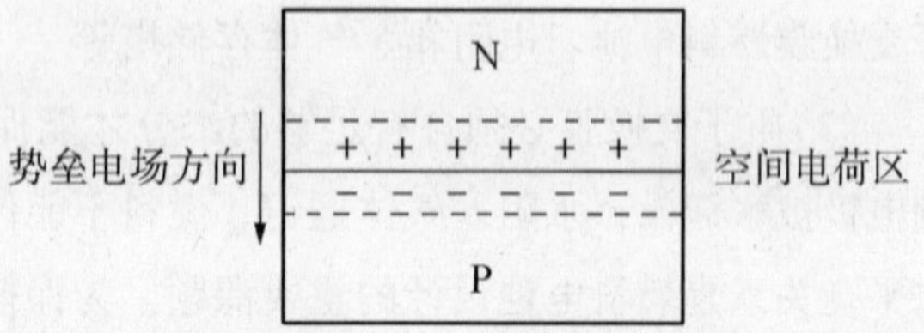

图 4.22－4　太阳能电板 PN 结

P 型半导体中有相当数量的空穴，几乎没有自由电子；N 型半导体中有相当数量的自由电子，几乎没有空穴。当这两种半导体结合在一起形成 PN 结时，N 区的电子(带负电)向 P 区扩散，P 区的空穴(带正电)向 N 区扩散，在 PN 结附近形成空间电荷区与势垒电场。势垒电场会使载流子向扩散的反方向做漂移运动，最终扩散与漂移达到平衡使流过 PN 结的净电流为零。在空间电荷区内，P 区的空穴被来自 N 区的电子复合，N 区的电子被来自 P 区的空穴复合，使该区内几乎没有能导电的载流子，又称为结区或耗尽区。

当电池受光照射时，部分电子被激发而产生电子－空穴对，在 PN 结区激发的电子和空穴分别被势垒电场推向 N 区和 P 区，使 N 区有过量的电子而带负电，P 区有过量的空穴而带正电，PN 结两端形成电压，这就是光伏效应，若将 PN 结两端接入外电路，就可向负载输出电能。

2. 太阳能电池的特性

在一定的光照条件下，改变太阳能电池负载电阻的大小，测量出输出电压与输出电流之间的关系，如图 4.22－5 所示。U_{OC}代表开路电压，I_{SC}代表短路电流，虚线围出的面积为太阳能电池的输出功率，与最大功率对应的电压称为最大工作电压 U_m，对应的电流称为最大工作电流 I_m。表征太阳能电池特性的基本参数一般有光谱响应特性、光电转换效率、填充因子等。填充因子 FF 定义为：

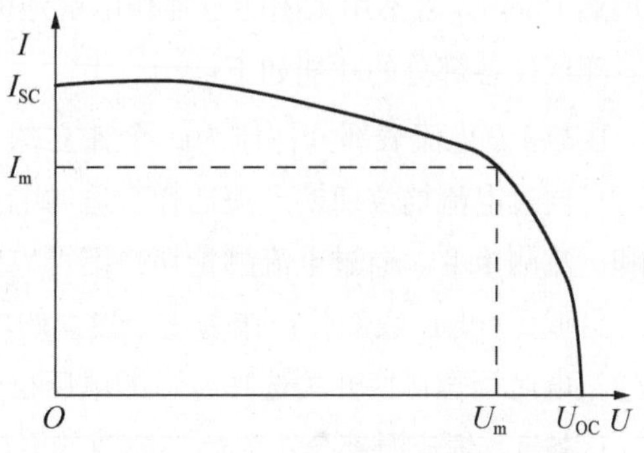

图 4.22－5　太阳能电池的伏安特性曲线

$$FF = \frac{U_m I_m}{U_{OC} I_{SC}} \tag{4.22-9}$$

它是评价太阳能电池输出特性好坏的一个重要参数，它的值越高，表明太阳能电池输出特性越趋近于矩形，电池的光电转换效率越高。

六、实验内容与步骤

1. 熟悉整套装置的结构和使用方法

(1)新能源综合利用实验仪的构成如图 4.22－1 所示，包括太阳能电板、碘钨灯、质子交换膜燃料电池、电阻箱、气体存储塔等。

(2)质子交换膜必须含有足够的水分才能保证质子的传导。但水含量又不能过高，否则电极被水淹没，水阻塞气体通道，燃料不能传到质子交换膜参与反应。如何保持良好的水平衡关系是燃料电池设计的重要课题。为保持水平衡，我们在电池正常工作时将排水口打开，在电解电流不变时，燃料供应量是恒定的。若负载选择不当，电池输出电流太小，未参加反应的气体从排水口泄漏，燃料利用率及效率都低。若选择了适当负载，则燃料利用率约为 90%。

(3) 气水塔为电解池提供纯水(2 次蒸馏水)，可分别储存电解池产生的氢气和氧气，为燃料电池提供燃料气体。每个气水塔都是上下两层结构，上下层之间通过插入下层的连通管连接，下层顶部有一输气管连接到燃料电池。初始时，下层近似充满水，电解池工作时，产生的气体会汇聚在下层顶部，通过输气管输出。若关闭输气管开关，气体产生的压力会使水从下层进入上层而将气体储存在下层的顶部，通过管壁上的刻度可知储存气体的体积。两个气水塔之间还有一个水连通管，加水时将其打开可使两塔水位平衡。实验时切记关闭该连通管。风扇作为定性观察时的负载，可变负载作为定量测量时的负载。

(4)电池输出特性测试仪面板如图 4.22－6 所示。测试仪可测量电流、电压，实验前需预热 15min。若不用太阳能电池作电解池的电源，可从测试仪供电输出端口向电解池供电。测试仪各部分的功能如下：

区域 1，电流表部分：作为一个独立的电流表使用。其有两个档位：2A 档和 200mA 档。可通过电流档位切换开关选择合适的电流档位测量电流。有两个测量通道：电流测量Ⅰ和电流测量Ⅱ。通过电流测量切换键可以同时测量两条通道的电流。

区域 2，电压表部分：作为一个独立的电压表使用。共有两个档位：20V 档和 2V 档。可通过电压档位切换开关选择合适的电压档位测量电压。

区域 3，恒流源部分：为燃料电池的电解池提供一个从 0～350mA 的可变恒流源。

2. 质子交换膜电解池的特性测量

①确认气水塔水位在水位上限与下限之间。

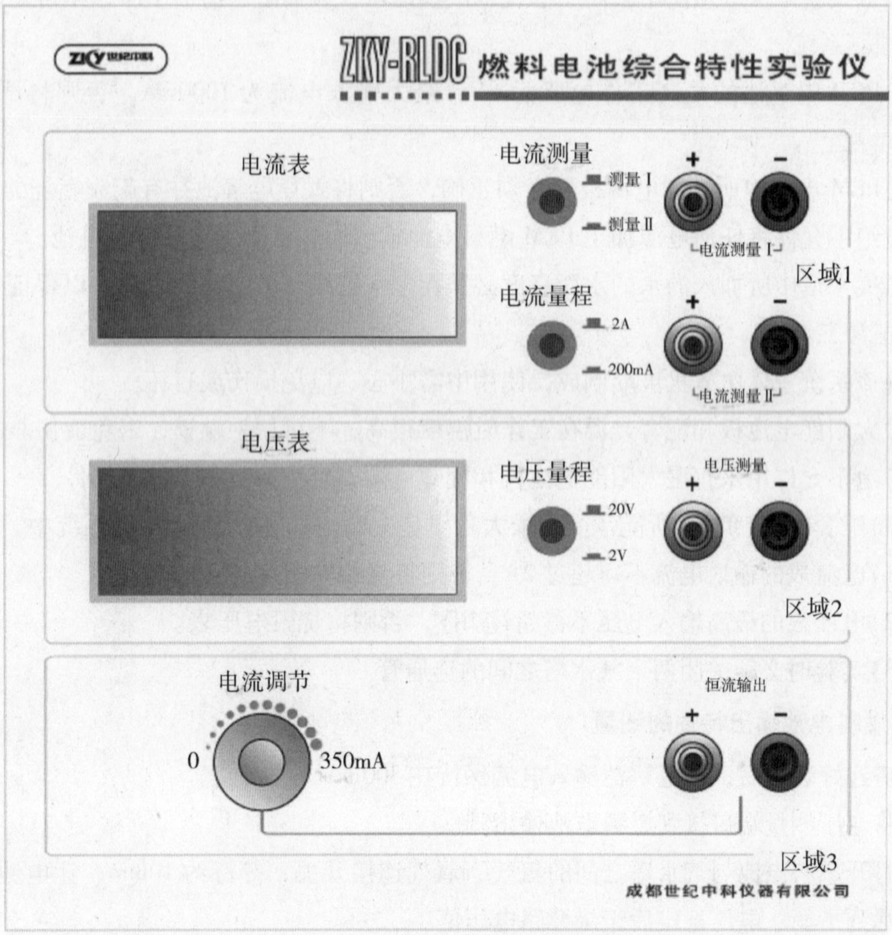

图 4.22－6　电池输出特性测试仪面板

②将测试仪的恒流源输出端串联电流表后接到电解池两端。

③将电压表并联到电解池两端。

④将气水塔输气管止水夹关闭。

⑤调节恒流源输出到最大(旋钮顺时针旋到底)，让电解池迅速产生气体。当气水塔下层的气体低于最低刻度线的时候，打开气水塔输气管止水夹排出气水塔下层的空气。如此反复 2～3 次后，气水塔下层的空气基本排尽，剩下的就是纯净的氢气和氧气了。

⑥根据表 4.22－1 中的电解池输入电流大小调节恒流源的输出电流，待电解池输出气体稳定后(约 1min)关闭气水塔输气管。测量输入电流、电压及产生一定体积的气体所需的时间，记录于表 4.22－1 中。

注意事项：

(1)使用前应详细阅读说明书。

(2)该实验系统必须使用去离子水或二次蒸馏水，容器必须清洁干净，不得超额运行，否则将损坏系统。

(3)PEM 电解池的最高工作电压为 6V，最大输入电流为 1000mA，否则将严重伤害 PEM 电解池。

(4)PEM 电解池所加的电源极性必须正确，否则将毁坏电解池并有起火燃烧的可能。

(5)绝不允许将任何电源加于 PEM 燃料电池输出端，否则将损坏燃料电池。

(6)气水塔中所加入的水的水面高度必须在上水位线与下水位线之间，以保证 PEM 燃料电池正常工作。

(7)该系统主体由有机玻璃制成，使用中需小心，以免损伤或打坏。

(8)太阳能电池板和配套光源在工作时温度很高，不可用手触摸，以免烫伤。

(9)绝不允许用水打湿太阳能电池板和配套光源，以免触电和损坏该部件。

(10)配套“可变负载”所能承受的最大功率是 1W，只能使用于本实验系统中。

(11)电流表的输入电流不得超过 2A，否则将烧毁电流表。

(12)电压表的最高输入电压不得超过 25V，否则将烧毁电压表。

(13)实验时必须关闭两个气水塔之间的连通管。

3. 燃料电池输出特性的测量

①搭建好装置后，使电解池输入电流保持在 300mA，关闭风扇。

②将电压测量端口接到燃料电池输出端。

③打开燃料电池与气水塔之间的氢气、氧气连接开关，等待约 10min，让电池中的燃料浓度达到平衡、电压稳定后记录开路电压值。

④将电流量程按钮切换到 200mA，可变负载调至最大，电流测量端口与可变负载串联后接入燃料电池输出端，改变负载电阻的大小，根据表 4. 22 - 2 进行实验(输出电压值可能无法精确到表中所示数值，只需相近即可)。

注意：负载电阻猛然调得很低时，燃料电池的输出电流会猛然升到很高，甚至超过电解电流值，这种情况是不稳定的，重新恢复稳定需较长时间。为避免出现这种情况，燃料电池的输出电流高于 210mA 后，每次调节减小电阻 0. 5Ω，输出电流高于 240mA 后，每次调节减小电阻 0. 2Ω，每测量一点的平衡时间稍长一些(约需 5min)。

4. 太阳能电池的特性测量

①按实验要求连接好装置，将电流测量端口与可变负载串联后接入太阳能电池的输出端。

②将电压表并联到太阳能电池两端。

③保持光照条件不变，改变太阳能电池负载电阻的大小，测量输出电压和电流值，并计算输出功率，记录于表 4. 22 - 3 中。

七、数据记录与处理

1. 数据记录表格

表 4.22－1　电解池的特性测量

输入电流 I (A)	输入电压 (V)	时间 t (s)	电量 It (C)	氢气产生量测量值 (L)	氢气产生量理论值 (L)
0.10					
0.20					
0.30					

表 4.22－2　燃料电池输出特性的测量

电解电流＝＿＿＿＿mA

输出电压近似值 U (V)		0.90	0.85	0.80	0.75	0.70	0.65	0.60	0.55	0.50
输出电压精确值 U (V)										
输出电流 I (mA)	0									
功率 $P=UI$(mW)	0									

表 4.22－3　太阳能电池输出特性的测量

输出电压 U (V)											
输出电流 I (mA)											
功率 $P=UI$(mW)											
填充因子											

2. 数据处理要求

①用式(4.22－6)计算出氢气产生量的理论值，并与氢气产生量的测量值比较。若不管输入电压与电流多大，氢气产生量只与电量成正比，且测量值与理论值接近，即验证了法拉第定律。

②根据表 4.22－2 的实验数据绘出所测燃料电池的极化曲线、该电池输出功率随输出电压的变化曲线，计算出燃料电池的最大输出功率及对应的效率。

③根据表 4.22－3 的实验数据作出所测太阳能电池的伏安特性曲线。作出该电池输出功率随输出电压的变化曲线。求出太阳能电池的开路电压 U_{OC}、短路电流 I_{SC}、最大输出功

率 P_m、最大工作电压 U_m、最大工作电流 I_m、填充因子 FF。

思考题

式(4.22-6)和式(4.22-7)是分别用来计算电解池在一定的电解电流 I 下经过时间 t 产生的氢气的体积和所消耗的水的体积。这两式能否用来计算燃料电池在时间 t 内所消耗的氢气的体积和所生成的水的体积？如果能，那此时 I 又代表什么物理量？

实验4.23　磁致旋光效应及其应用探索

1845年法拉第在探索电磁现象和光学现象之间的联系时发现，当一束平面偏振光穿过介质时，如果在介质中沿光的传播方向加上一个磁场，就会观察到光经过样品后偏振面转过一个角度，亦即磁场使介质具有了旋光性。这种现象称为法拉第效应或磁致旋光效应。自法拉第发现磁致旋光现象后，费尔德等科学家发现很多物质(其状态有固、液、气)有磁致旋光现象。

近年来，磁致旋光效应在各个领域都有重要的应用，尤其在激光技术发展后，其应用价值越来越受到重视。如光纤通信中的磁光隔离器，是应用了磁致旋光效应中偏振面的旋转只取决于磁场的方向；磁光隔离器也被广泛应用于激光多级放大和高分辨率的激光光谱、激光选模等技术中。在磁场测量方面，利用磁光效应中弛豫时间短的特点制成的磁光效应磁强计可以测量脉冲强磁场、交变强磁场等。

一、实验目的

(1)了解磁致旋光效应的原理，区分磁致旋光与自然旋光的不同。

(2)掌握光线偏振面旋转角度的测量方法。

(3)探索磁致旋光效应的应用。

二、实验仪器

光源、单色仪、电磁铁及磁场电源、旋光角度测试读取装置等。

三、实验简介

本实验利用磁致旋光效应综合实验仪(图4.23－1)研究磁致旋光的物理规律，根据 $Q=VBd$ 测定给定物质磁致旋光效应的费尔德系数。在实验中，首先利用如图4.23－1的FD－MOC－A磁致旋光效应综合实验仪中的特斯拉计研究仪器中电磁铁的磁感应强度 B 与励磁电流 I 的关系。然后在磁感应强度 B 已知的条件下，用游标卡尺测出介质的长度 d。利用磁致旋光效应综合仪，用正交消光法或磁光调制倍频法测出偏振光通过样品介质后的偏转角 θ，即可得到费尔德系数 V。

图4.23－1　FD－MOC－A磁致旋光效应综合实验仪

四、仪器介绍

FD－MOC－A 磁致旋光效应综合实验仪(图 4. 23－1)主要由导轨滑块光学部件、两个控制主机、直流可调稳压电源以及手提零件箱组成(需要一台双踪示波器)。光学导轨上有 8 个滑块，分别有激光器、起偏器、检偏器、测角器(含偏振片)、调制线圈、会聚透镜、探测器、电磁铁。直流可调稳压电源通过四根连接线与电磁铁相连，电磁铁既可以串联，也可以并联，具体连接方式及磁场方向可以通过特斯拉计测量确定。

两个控制主机主要由 5 部分组成：特斯拉计、调制信号发生器、激光器电源、光功率计和选频放大器。

1. 特斯拉计及信号发生器面板结构

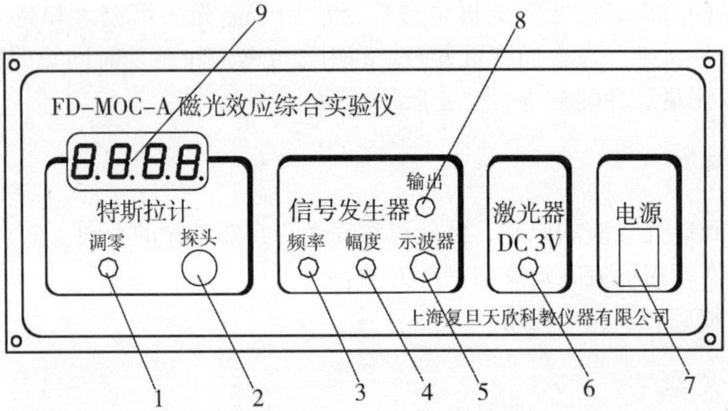

图 4. 23－2　主控机 I

1—调零旋钮；2—接特斯拉计探头；3—调节调制信号的频率；4—调节调制信号的幅度；5—接示波器，观察调制信号；6—半导体激光器电源；7—电源开关；8—调制信号输出，接调制线圈；9—特斯拉计测量数值

2. 光功率计和选频放大器面板结构

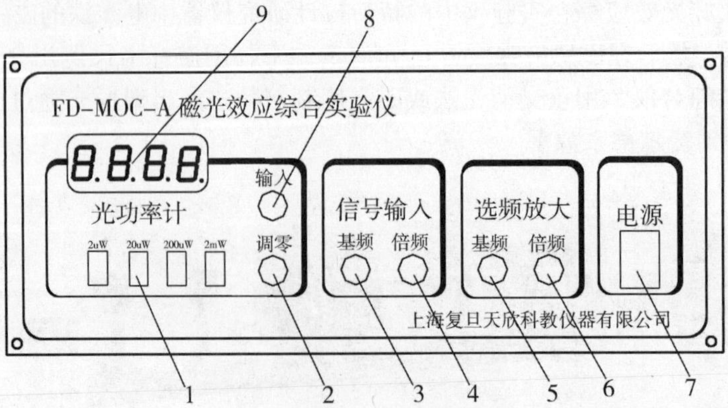

图 4. 23－3　主控机 Ⅱ

1—琴键换档开关；2—调零旋钮；3—基频信号输入端，接光电接收器；4—倍频信号输入端，接光电接收器；5—接示波器，观察基频信号；6—接示波器，观察倍频信号；7—电源开关；8—光功率计输入端，接光电接收器；9—光功率计测量数值

五、实验原理

1. 磁致旋光实验规律

当磁场不是非常强时，磁致旋光中偏振面转过的角度 θ 与光波沿介质长度方向所加磁场的磁感应强度 B 及介质长度 d 成正比，即

$$\theta = VBd \tag{4.23-1}$$

式中，V 叫作费尔德常数。它由物质和工作波长决定，表征着物质的磁光特性。

几乎所有的物质(气体、液体、固体)都存在磁致旋光效应，不过一般都不显著。对于不同的物质，偏振面旋转的方向可能不同。磁场 B 是由绕在样品上的螺线圈产生的。一般规定：振动面的旋转方向和螺线圈中电流方向一致，称为正旋($V>0$)；反之，叫作负旋($V<0$)。

2. 磁光效应的旋光性与旋光物质的旋光性的区别

对于每一种给定的物质，磁致旋光方向仅由磁场方向决定，而与光的传播方向无关(不管传播方向与 B 同向或反向)。这是法拉第磁光效应与某些物质的自然旋光效应的重要区别。自然旋光效应的旋光方向与光的传播方向有关。对自然旋光效应而言，顺着光线和逆着光线方向观察，线偏振光的振动和它的旋向是相反的，因此当光波往返两次穿过固有旋光物质时，则会一次沿某一方向旋转，另一次沿相反方向旋转，其结果是振动面复位，即振动面没有旋转。而磁致旋光则不同，在磁场方向不变的情况下，光线往返穿过磁致旋光物质时，法拉第转角将加倍，即转角为 2α。利用磁致旋光方向与光传播方向无关这一特性，可令光线在介质中往返数次，从而使效应加强。

与自然旋光效应类似，磁致旋光含有旋光色散，即费尔德常数 V 随波长 λ 而变。一束白色线偏振光穿过磁致旋光物质，紫光的振动面转过的角度要比红光振动面转过的角度大。这就是旋光色散。实验表明，磁致旋光物质的费尔德常数 V 随波长 λ 的增加而减小。旋光色散曲线又称法拉第旋转谱。

3. 磁致旋光角的唯象解释

一束平面偏振光可以分解为两个同频率、等振幅的左旋和右旋圆偏振光。设线偏振光的电矢量为 E，角频率为 ω。可以把 E 看作左旋圆偏振光 E_L 和右旋圆偏振光 E_R 之和。在进入磁性旋光物质前，E_L、E_R 没有相位差，其 E 沿轴 Ⅰ 方向振动，如图 4.23－4a 所示。通过磁场中的磁性旋光物质(以下简称介质)后，由于磁场的作用，E_L，E_R 在介质中的传播速度不同，E_L 的传播速度为 v_L，E_R 的传播速度为 v_R，E_L 和 E_R 之间产生相位差，电矢量

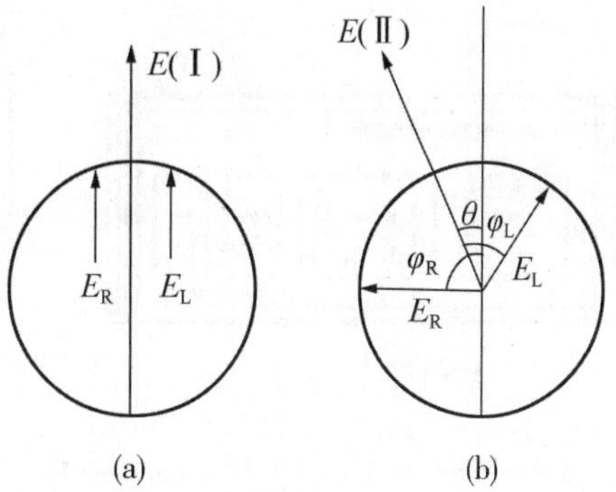

图 4.23－4　磁致旋光的唯象解释

E_L，E_R 不再与Ⅰ轴对称，而与Ⅱ轴(电矢量沿Ⅱ轴方向)对称，合成的电矢量 E 沿Ⅱ轴方向振动，它相对于入射前电矢量 E 旋转了一个角度 θ，如图4.23－4b 所示。其旋转角度可以按以下方法计算：

设 E_L，E_R 在长度为 d 的介质中的传播速度为 v_L，v_R，则由图4.23－4的几何关系有：

$$\varphi_R - \theta = \varphi_L + \theta \tag{4.23-2}$$

或

$$\theta = \frac{1}{2}(\varphi_R - \varphi_L) = \frac{1}{2}\omega(t_R - t_L)$$

$$= \frac{1}{2}\omega\left(\frac{d}{v_R} - \frac{d}{v_L}\right) = \frac{1}{2}\frac{\omega d}{c}(n_R - n_L) \tag{4.23-3}$$

式中，t_R，n_R 分别为 E_R 光通过介质的时间和折射率；t_L，n_L 分别为 E_L 光通过介质的时间和折射率；c 为光在真空中的速度。

所以，出射介质后的线偏振光相对于入射介质前的线偏振光转过一个角度

$$\theta = \frac{1}{2}\frac{\omega d}{c}(n_R - n_L) = \frac{\pi}{\lambda}(n_R - n_L)d \tag{4.23-4}$$

θ 即为磁致旋光的旋转角。

六、实验过程与步骤

1. 熟悉仪器结构及其使用方法

图4.23－1为FD－MOC－A磁致旋光效应综合实验仪实物图。

2. 电磁铁磁头中心磁场的测量

①连接仪器装置，将直流稳压电源的两输出端(“红”“黑”两端)用四根带红黑手枪插头的连接线与电磁铁相连，如图4.23－5所示。注意：一般情况下，电磁铁两线圈并联。

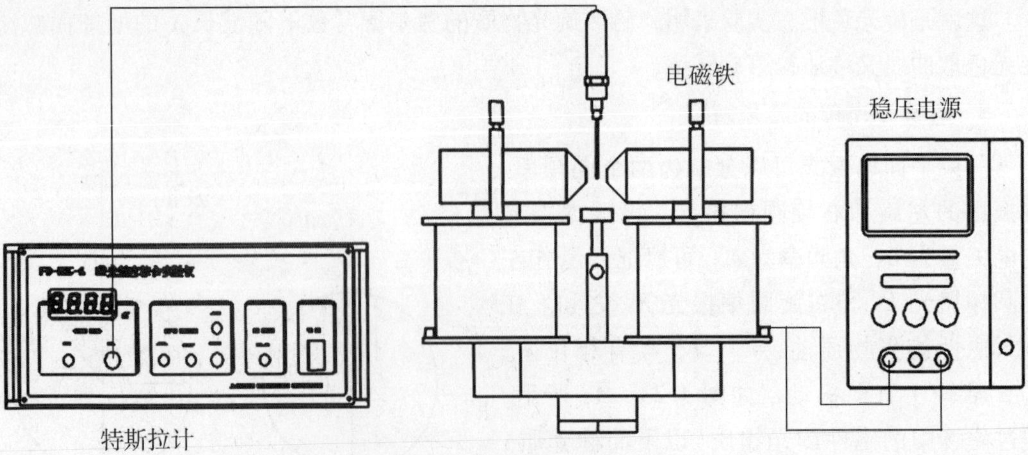

图4.23－5 磁场测量实验装置的连接

②调节两个磁头上端的固定螺钉使两个磁头中心对准(验证标准为中心孔完全通光)，并使磁头间隙为一定数值(20mm 或者 10mm)。

③将特斯拉计探头与装有特斯拉计的磁致旋光效应综合实验仪主机对应的五芯航空插座相连，另外一端通过探头臂固定在电磁铁上，并使探头处于两个磁头正中心，旋转探头方向使磁力线垂直穿过探头前端的霍尔传感器。这样测量出的磁感应强度最大，特斯拉计此时测量最准确。

④调节直流稳压电源的电流调节电位器使电流逐渐增大，并记录不同电流情况下的磁感应强度，数据记录于表 4. 23 - 1。然后列表画图分析电流 - 中心磁感应强度的线性变化区域，并分析磁感应强度饱和的原因。

3. 正交消光法测量磁致旋光实验

①将半导体激光器、起偏器、透镜、电磁铁、检偏器、光电接收器依次放置在光学导轨上，如图 4. 23 - 6 所示。

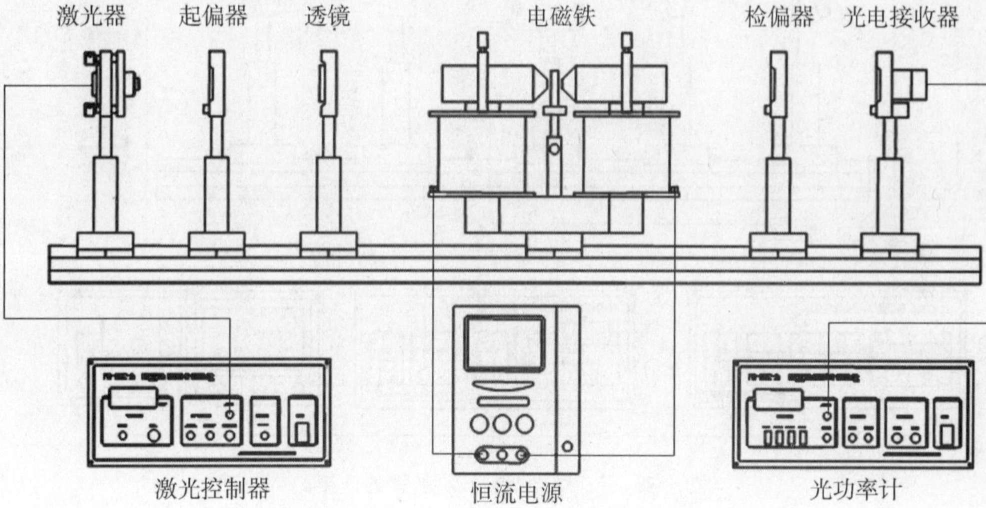

图 4. 23 - 6　正交消光法测磁致旋光效应

②将半导体激光器与主机上"3V 输出"相连，将光电接收器与光功率计的"输入"端相连。

③将恒流电源与电磁铁相连(注意：电磁铁两个线圈一般选择并联)。

④在磁头中间放入实验样品。调节激光器使激光依次穿过起偏器、透镜、磁铁中心、样品、检偏器，并能够被光电接收器接收。

⑤调节检偏器使其与起偏器偏振方向正交，这时检测到的光信号最小，读取此时检偏器的角度 θ_1。打开恒流电源给样品加上恒定磁场，可看到光功率计读数增大。转动检偏器使光功率计读数最小，读取此时检偏器的角度 θ_2，得到样品在该磁场下的偏转角 $\theta = \theta_2 - \theta_1$。将相关数据记录于表 4. 23 - 2。

⑥关掉半导体激光器，取下样品。

4. 磁光调制实验(选做)

①将激光器、起偏器、调制线圈、检偏器、光电接收器依次放置在光学导轨上，如图4.23－7所示。

②将主机上调制信号发生器部分的“示波器”端与示波器的“CH1”端相连，连接线路如图4.23－7所示。观察调制信号，调节“幅度”旋钮调节调制信号的大小，注意不要使调制信号变形；调节“频率”旋钮微调调制信号的频率。将激光器与主机上“3V输出”相连，调节激光器使激光从调制线圈中心样品中穿过，并能够被光电接收器接收。将调制线圈与主机上调制信号发生器部分的“输出”端用音频线相连，将光电接收器与主机上信号输入部分的“基频”端相连，用Q9线(标准的同轴电缆连接器)连接选频放大部分的“基频”端与示波器的“CH2”端。

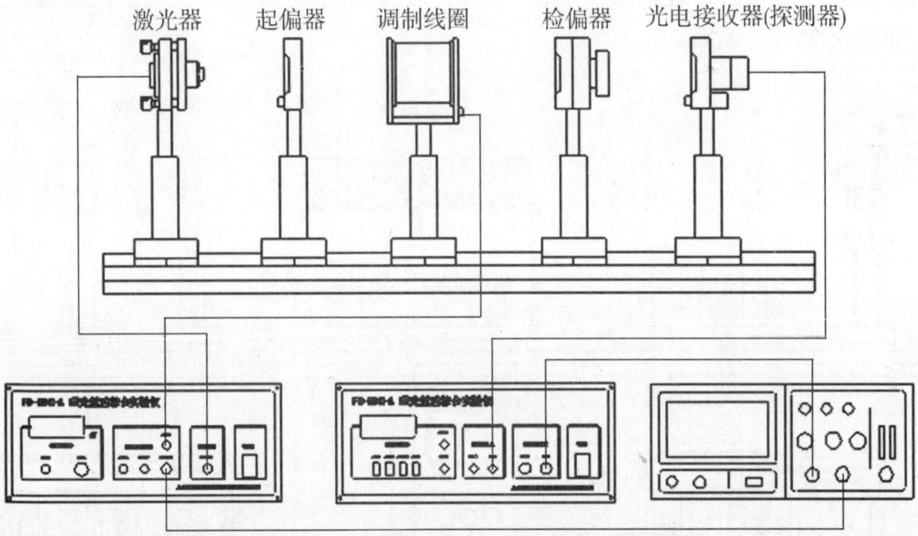

图4.23－7　磁光调制实验装置的连接

③用示波器观察基频信号，调节调制信号发生器部分的“频率”旋钮使基频信号最强，调节检偏器与起偏器的夹角，观察基频信号的变化。

④调节检偏器到消光位置附近，将光电接收器与主机上信号输入部分的“倍频”端相连，同时将示波器的“CH2”端与选频放大部分的“倍频”端相连，调节调制信号发生器部分的“频率”旋钮使倍频信号最强。微调检偏器，观察信号变化，当检偏器与起偏器正交时，即消光位置，可以观察到稳定的倍频信号。

5. 磁光调制倍频法测量磁致旋光实验

①将半导体激光器、起偏器、透镜、电磁铁、调制线圈、带测微机构的检偏器(测角器)、光电接收器(探测器)依次放在光学导轨上。

②在电磁铁磁头中间放入实验样品，将恒流电源与电磁铁相连，将主机上调制信号发生器部分的“示波器”端与示波器的“CH1”端相连。将激光器与主机上“3V输出”相连，调

节激光器使激光依次穿过各元件，并能够被光电接收器接收。将调制线圈与主机上调制信号发生器部分的“输出”端用音频线相连，将光电接收器与主机上信号输入部分的“基频”端相连，用Q9线连接选频放大部分的“基频”端与示波器的“CH2”端。仪器连接如图4.23－8所示。

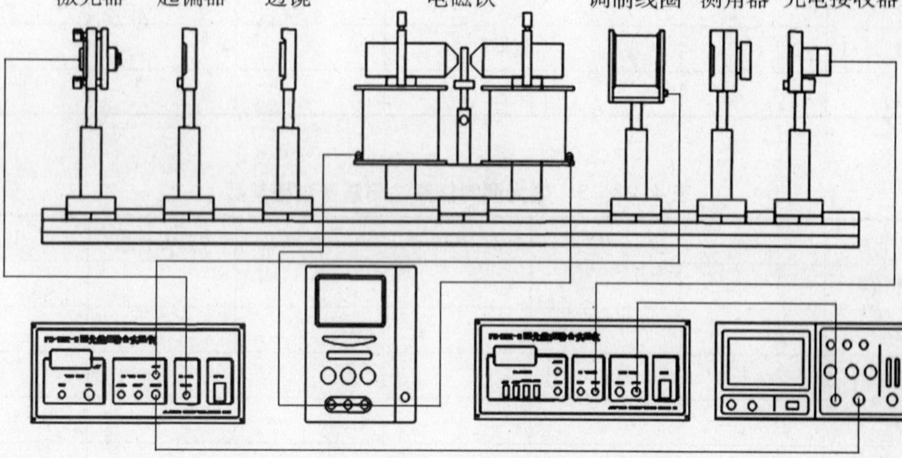

图4.23－8　磁光调制倍频法实验装置的连线

③用示波器观察基频信号，旋转检偏器到消光位置附近。将光电接收器与主机上信号输入部分的“倍频”端相连，同时将示波器的“CH2”端与选频放大部分的“倍频”端相连，微调检偏器的测微器直至可以观察到稳定的倍频信号，读取此时检偏器的角度 θ_1。打开恒流电源，给样品加上恒定磁场，可看到倍频信号发生变化，调节检偏器的测微器至再次看到稳定的倍频信号，读取此时检偏器的角度 θ_2，得到样品在该磁场下的偏转角 $\theta=\theta_2-\theta_1$。

④关掉半导体激光器，取下样品。数据记录于表4.23－3。

七、实验数据记录与处理

表4.23－1　励磁电流 I 和磁场中心磁感应强度 B 数据记录

间隙＝＿＿＿＿mm

励磁电流 I(A)	磁感应强度 B(mT)	励磁电流 I(A)	磁感应强度 B(mT)	励磁电流 I(A)	磁感应强度 B(mT)

表 4.23－2 费尔德常数测量

测量序号	d	B	θ_1	θ_2	$\theta=\theta_2-\theta_1$	V
1						
2						
3						
4						
5						

表 4.23－3 磁光调制倍频法测量费尔德常数

测量序号	d	B	θ_1	θ_2	$\theta=\theta_2-\theta_1$	V
1						
2						
3						
4						
5						

思考题

1. 磁致旋光与自然旋光有何区别?
2. 利用磁致旋光效应设计一个单向通光阀。
3. 误差主要来源是什么？如何改进?

附录 常见材料的费尔德常数

表 4.23－4 常见材料的费尔德常数 V

物质	l(nm)	V(弧分/T·cm)
水	589.3	1.31×10^2
CS_2	589.3	4.17×10^2
轻火石玻璃	589.3	3.17×10^2
重火石玻璃	589.3	$(8\sim10)\times10^2$
铈磷酸玻璃	500.0	3.26×10^3
YIG	830.0	2.04×10^6
$(YT_b)IG$	1270	3.78×10^3

实验4.24　弦线的横波传播与线密度测量

弦线上波的传播规律是力学中的重要研究内容。本实验研究横波在弦线上的传播、驻波形成的条件，以及改变弦长、张力、线密度和驱动信号频率等条件对驻波的影响，并利用共振驻波测量波的传播速度和弦线的线密度。通常，验证弦线上驻波的振动规律的实验方法有两种：一是采用振动频率固定的电动音叉，通过改变弦线长度或张力形成稳定驻波；二是采用频率连续可调的振动体，通过改变频率形成稳定驻波。通过本实验的研究掌握驻波法测量横波波长的原理。这种方法不仅在力学中有重要应用，在声学、无线电学和光学等学科的实验中都有许多应用。

一、实验目的

(1)了解横波在弦线上的传播及驻波形成条件。

(2)研究弦长、张力、驱动频率对共振驻波的影响。

(3)利用共振驻波测定波的传播速度和弦线的线密度。

二、实验仪器

吉他型弦音实验仪。

三、实验简介

频率相同、振幅相同、传播方向相反的两列波相向传播，在一定条件下会形成稳定的驻波。本实验的主要内容是利用吉他型弦音实验仪(图4.24－1)产生的驻波探索驻波形成的条件，以及改变弦长、张力、线密度和驱动信号频率等条件对驻波的影响。由驻波理论，波速u、弦长L、弦线密度μ、波段数n、弦线张力T、驱动频率f等满足关系式

$$u = \frac{2Lf}{n}$$

$$\mu = \frac{T \cdot n^2}{(2Lf)^2}$$

其中频率f直接由信号发生器显示表头2读出，弦线张力T由加载于仪器砝码盘10的砝码读出，波段数n可由稳定驻波数出，弦线长度L由仪器自带标尺测出，选择不同的弦线即可改变弦线密度μ。因此，实验中固定频率f、波段数n，测量弦线长度L及读出砝码质量m即可测量波速u及弦线密度μ；保持弦线张力T和波段数n不变，改变频率f，测出弦线长度L即可研究波速及弦线密度μ随频率的变化关系；保持弦线密度μ和弦线长度L不变，改变频率f，测出驻波波段数n即可研究弦线张力T与频率f的关系。

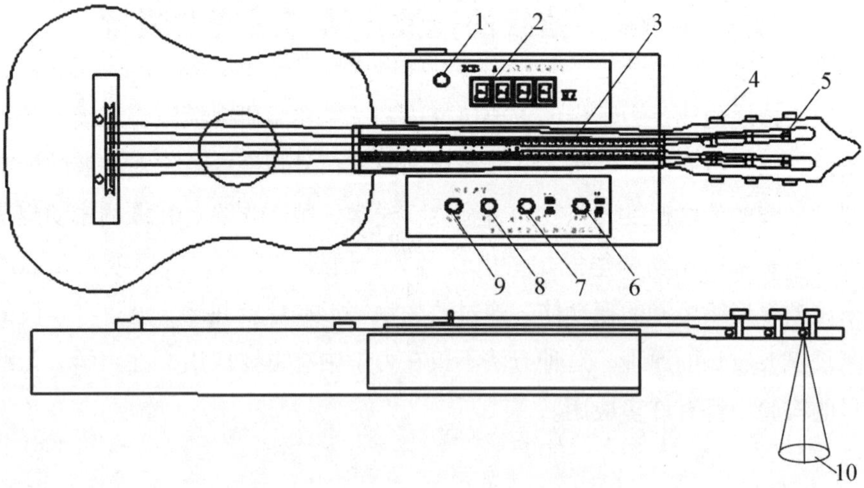

图 4. 24 －1　吉他型弦音实验仪

1—接线柱插孔；2—频率显示；3—钢质弦线；4—张力调节旋钮；5—弦线导轮；

6—电源开关；7—波型选择开关；8—频段选择开关；9—频率微调旋钮；10—砝码盘

四、实验原理

将通有电流的金属弦线置于磁场中，导线会受到磁场力(称为安培力)的作用。安培力的方向与磁场方向和电流方向垂直，如图 4. 24 －2 所示。若弦线上接通按正弦波规律变化的交变电流时，则弦线所受的安培力也按正弦波规律变化。因此，弦线上处于磁场中的一段小线元将在按正弦波规律变化的安培力作用下做简谐振动。振动在柔软弦线形成波动向两个劈尖方向传播，再由两个劈尖反射相向传播。两列沿相反方向传播的简谐波在两劈尖间的区间叠加，当两劈尖的距离合适时，弦线上便会形成稳定的驻波。

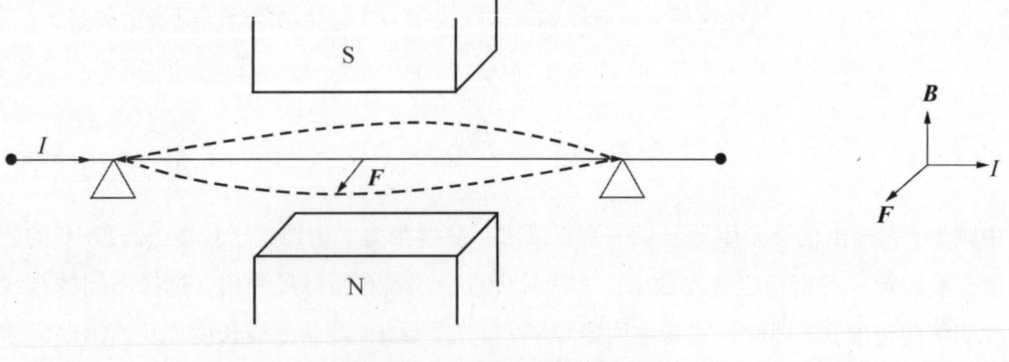

图 4. 24 －2　弦线在磁场中的受力

实验装置如图 4. 24 －1 所示，磁钢所在处对应一小段弦线的振动为振源，在安培力作用下产生的简谐振动向两边传播形成沿相反方向传播的两列波在劈尖与吉他骑码之间叠加。移动劈尖可以改变弦长，当弦长是半波长的整数倍时，弦线上便会形成驻波。移动磁钢的位置可以将弦线振动调整到最佳状态，使弦线形成明显的驻波。

为了方便研究问题，当弦线上最终形成稳定的驻波时，可以认为波动是从吉他骑码端发出的，沿弦线朝劈尖端方向传播，称为入射波。波动再由劈尖端反射沿弦线朝吉他骑码端传播，称为反射波。入射波和反射波在同一条弦线上沿相反方向传播时将相互叠加，移动劈尖到合适位置，弦线上就会形成驻波。弦线上振幅始终为零的点称为波节，振幅始终为极大值的点称为波腹，弦线上的波被波节和波腹分成几段。两个相邻的波节点(或两个相邻的波腹点)之间的距离为半个波长，如图 4.24－3 所示。图中，细实线表示向 x 轴正方向传播的波，细虚线表示向 x 轴负方向传播的波，粗实线为它们叠加所形成的驻波。

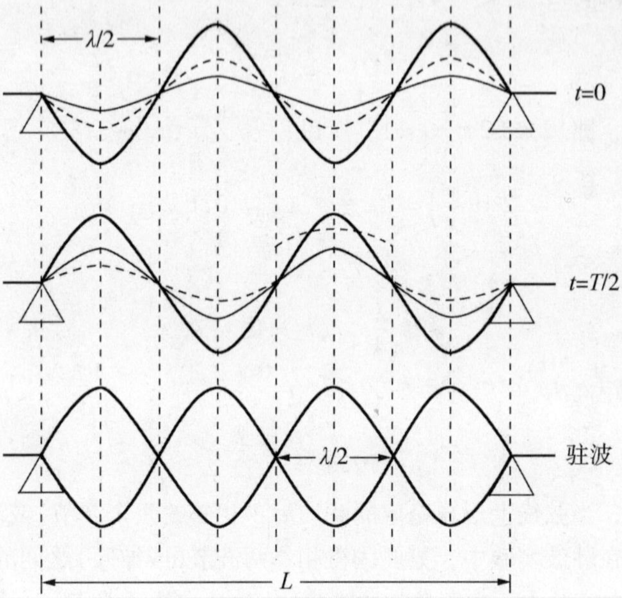

图 4.24－3　驻波

下面用简谐波表达式对驻波进行定量讨论。两列沿 x 轴相向方向传播、振幅相等、频率相同、振动方向相同的简谐波，其中入射波为 y_1，反射波为 y_2，取它们振动相位始终相同的点作为坐标原点 O，且在 $x=0$ 处振动质点向上达到最大位移时开始计时，则它们的波动表达式为：

$$\begin{cases} y_1 = A\cos 2\pi\left(ft - \dfrac{x}{\lambda}\right) \\ y_2 = A\cos 2\pi\left(ft + \dfrac{x}{\lambda}\right) \end{cases} \tag{4.24－1}$$

式中，A 为振幅，λ 为波长，f 为波的频率，y 为位于 x 处的质元的振动位移。

两列波叠加后形成驻波，其表达式为

$$y = y_1 + y_2 = \left[2A\cos 2\pi\left(\frac{x}{\lambda}\right)\right]\cos 2\pi ft \tag{4.24－2}$$

由此可见，入射波与反射波叠加后，弦线上各点都以同一频率做简谐振动，它们的振幅为$\left|2A\cos 2\pi\left(\frac{x}{\lambda}\right)\right|$，只与质点的位置 x 有关，与时间无关。

波节振幅为0，即$2A\cos 2\pi\left(\frac{x}{\lambda}\right)=0$，所以

$$2\pi\left(\frac{x}{\lambda}\right)=(2k+1)\left(\frac{\pi}{2}\right)\quad(k=0,1,2,\cdots)$$

可得波节点位置为

$$x=(2k+1)\left(\frac{\lambda}{4}\right)\quad(k=0,1,2,\cdots)$$

相邻两波节之间的距离为

$$x_{k+1}-x_k=\frac{\lambda}{2}\tag{4.24-3}$$

波腹振幅最大，即$\left|2A\cos 2\pi\frac{x}{\lambda}\right|=1$，所以

$$2\pi\left(\frac{x}{\lambda}\right)=2k\frac{\pi}{2}\quad(k=0,1,2,\cdots)$$

可得波腹的位置为

$$x=2k\frac{\lambda}{4}\quad(k=0,1,2,\cdots)$$

相邻两波腹之间的距离为

$$x_{k+1}-x_k=\frac{\lambda}{2}\tag{4.24-4}$$

根据上述可知，当弦线上形成稳定的驻波后，相邻的两个波节(或波腹)之间的距离为半个波长。因此，在驻波实验中，只要测得相邻两波节(或波腹)之间的距离，就可以确定该波的波长 λ。在本实验中，由于弦的两端是固定的(波的反射点)，故两端点为波节。所以，只有当均匀弦线的两个固定端之间的距离(弦长)等于半波长的整数倍才能形成驻波。即弦线上形成稳定驻波的条件为

$$L=n\frac{\lambda}{2}\quad(n=1,2,3,\cdots)$$

式中，n 为弦线上的驻波的段数，即半波数；L 为弦长。由此可得沿弦线传播的横波的波长为

$$\lambda=\frac{2L}{n}\tag{4.24-5}$$

根据波动理论，弦线上横波的传播速度为：

$$u=\sqrt{\frac{T}{\mu}}\tag{4.24-6}$$

式中，T 为弦线所受的张力，μ 为弦线的线密度(弦线单位长度的质量)。

根据波速、频率、波长三者之间的关系 $u=f\lambda$，将式(4.24-5)代入，得

$$u = \frac{2Lf}{n} \tag{4.24-7}$$

将式(4.24-6)代入式(4.24-7)，整理得

$$\mu = \frac{T}{u^2} = T\left(\frac{n}{2Lf}\right)^2 \quad (n = 1,2,3,\cdots) \tag{4.24-8}$$

$$T = \mu \cdot u^2 = \mu\left(\frac{2Lf}{n}\right)^2 \quad (n = 1,2,3,\cdots) \tag{4.24-9}$$

因此，根据式(4.24-7)、式(4.24-8)、式(4.24-9)，可以利用弦线上形成稳定的驻波分别测量波速 u、弦线的线密度 μ 和弦线所受的张力 T。

五、实验过程与步骤

(1)在频率 f、驻波段数 n 一定的条件下测量波速 u 和弦线的线密度 μ 随张力变化的关系：

①波形选择开关置于选择连续波位置，将信号发生器输出插孔与弦线 a' 接通。

②选取信号源频率 $f=300\text{Hz}$，张力 T 由挂在弦线一端的砝码和砝码钩产生，以 150g 砝码为测量起点，每次加 50g 砝码，直至加到 450g 为止。在各种张力 T 的作用下，调节劈尖改变弦长 L 使弦线上出现 $n=2$ 个稳定且明显的驻波段。记录相应的 L 值于表 4.24-1 中。

(2)在张力 T、驻波段数 n 一定的条件下测量波速 u 和弦线的线密度 μ 随频率变化的关系：

①波形选择开关置于选择连续波位置，将信号发生器输出插孔与弦线 b' 接通。

②在砝码钩上加上 200g 砝码使弦线产生一个恒定张力 T。

③改变频率 f 分别为 200 Hz，250 Hz，300 Hz，350 Hz，400 Hz，450 Hz，500 Hz，每次改变频率都要移动劈尖改变弦长 L 使弦线上出现 $n=2$ 个稳定且明显的驻波段。记录相应弦长 L 值于表 4.24-2。

(3)在弦长 L、弦线的线密度 μ 一定的条件下测量弦线所受的张力 T 随频率变化的关系：

①波形选择开关置于选择连续波位置，将信号发生器输出插孔与弦线 b' 接通。

②在砝码钩上加上 200g 砝码使弦线产生一个恒定张力 T。

③调节劈尖位置使弦长 $L=50\text{cm}$。改变信号源的输出信号频率使弦线上分别出现 $n=1$，2，3，4个稳定且明显的驻波段。记录相应的频率 f 值于表 4.24-3。

六、数据记录与处理

砝码钩的质量 $m=3.5\times10^{-3}\text{kg}$，重力加速度 $g=9.78\ \text{m/s}^2$。

(1)固定 f、n，测 u 和 μ：

$f=300\text{Hz}$，$n=2$。

表 4.24-1

$T(9.8\text{N})$	$0.150+m$	$0.200+m$	$0.250+m$	$0.300+m$	$0.350+m$	$0.400+m$	$0.450+m$
$L(10^{-2}\text{m})$							
$u(\text{m/s})$							
$\mu(\text{kg/m})$							
$\Delta\mu(\text{kg/m})$							
$\Delta\mu^2[(\text{kg/m})^2]$							
$u^2[(\text{m/s})^2]$							

根据公式 $u=\frac{2Lf}{n}$ 和 $\mu=T\left(\frac{n}{2Lf}\right)^2$ 计算波速 u 和弦线的线密度 μ。

$\bar{\mu}=$ ________ kg/m；$\sigma_{\bar{\mu}}=\sqrt{\frac{\sum_1^k \Delta\mu^2}{k(k-1)}}=$ ________。

测量结果 $\bar{\mu}\pm\sigma_{\bar{\mu}}=$ ________ kg/m。

在直角坐标纸上作 $T-u^2$ 图线，并利用坐标式求直线斜率，再与上述测得的线密度 $\bar{\mu}$ 做比较。

(2) 固定 T，n，测 u，μ：

$T=(0.300+m)\times 9.78$ N，$n=2$。

表 4.24-2

$f(\text{Hz})$	200	250	300	350	400	450	500
$L(10^{-2}\text{m})$							
$u(\text{m/s})$							
$\Delta u(\text{m/s})$							
$\Delta u^2[(\text{m/s})^2]$							

根据 $u=\frac{2Lf}{n}$ 计算在不同频率下测得的波速 u，用测得的波速平均值 $\bar{u}$ 根据公式 $\mu=\frac{T}{u^2}$ 计算弦线的线密度 μ。

$\bar{u}=$ ________ m/s，$\sigma_{\bar{u}}=\sqrt{\frac{\sum_1^k \Delta u^2}{k(k-1)}}=$ ________。

测量结果 $\bar{u}\pm\sigma_{\bar{u}}=$ ________ m/s。

弦线的线密度 $\mu = \frac{T}{(\bar{u})^2}$ ________ kg/m。

(3)固定弦长 L、线密度 μ，测量张力 T：

$L = 50.0 \times 10^{-2}$ m，$\mu =$ ________ kg/m(取实验内容(2)测量结果)。砝码取300g。

表 4.24 -3

n	1	2	3	4
f(Hz)				
T(N)				

根据公式 $T = \mu\left(\frac{2Lf}{n}\right)^2$ 计算弦线所受的张力，并与所加的砝码相比较，分析产生差异的原因。(μ 取实验内容(2)的测量值)

$\bar{T} =$ ________ N。

将测量结果与所加的砝码比较，分析产生差异的原因。

思考题

1. 通过实验，说明弦线的共振频率和波速与哪些条件有关。
2. 换用不同弦线后，共振频率有何变化？存在什么关系？
3. 如果弦线弯曲或者不均匀，对共振频率和驻波有何影响？
4. 相同的驻波频率时，不同的弦线产生的声音是否相同？
5. 试用本实验的内容阐述吉他的工作原理。

附　录

1. 中华人民共和国法定计量单位

表1　国际单位制的基本单位

量的名称	单位名称	单位符号
长度	米	m
质量	千克	kg
时间	秒	s
热力学温标	开[尔文]	K
电流	安[培]	A
物质的量	摩[尔]	mol
发光强度	坎[德拉]	cd

表2　国际单位制的辅助单位

量的名称	单位名称	单位符号
平面角	弧度	rad
立体角	球面度	sr

表3　国际单位制中具有专门名称的导出单位

量的名称	单位名称	单位符号		换算因数和备注
频率	赫[兹]	Hz	s^{-1}	
力、重力、压力	牛[顿]	N	$kg \cdot m/s^2$	1 达因 = 10^{-5}N
压强、应力	帕[斯卡]	Pa	N/m^2	
能量、功、热	焦[耳]	J	$N \cdot m$	1 尔格 = 10^{-7}J
功率、辐射通量	瓦[特]	W	J/s	1 尔格/秒 = 10^{-7}W
电荷量	库[仑]	C	$A \cdot s$	1 静电库仑 = 10^{-9}/2.988C
电位、电压、电动势	伏[特]	V	W/A	1 静电伏特 = 2.993×10^{-2}V
电容	法[拉]	F	C/V	
电阻	欧[姆]	Ω	V/A	
电导	西［门子］	S	A/V	
磁通量	韦[伯]	Wb	$V \cdot s$	
磁通量密度、磁感应强度	特[斯拉]	T	Wb/m^2	1 高斯 = 10^{-4}T
电感	亨[利]	H	W/A	
摄氏温度	摄氏度	℃		
光通量	流[明]	lm	$cd \cdot sr$	
光照度	勒[克斯]	lx	$1m/m^2$	

续表 3

量的名称	单位名称	单位符号		换算因数和备注
放射性活度	贝可[勒尔]	Bq	s^{-1}	
吸收剂量	戈[瑞]	Gy	J/kg	
剂量当量	希[沃特]	Sv	J/kg	

表 4　基本物理常量

量的名称	符号	数值	单位
真空中光速	c	2.99792458×10^{8}	$m\cdot s^{-1}$
磁常量	μ_0	$4\pi\times10^{-7}=12.566370614\cdots\times10^{-7}$	$N\cdot A^{-2}$
电常量	ε_0	$8.854817871\cdots\times10^{-12}$	$F\cdot m^{-1}$
牛顿引力常量	G	$6.673(10)\times10^{-11}$	$m^3\cdot kg^{-1}s^{-2}$
普朗克常量	h	$6.62606876(52)\times10^{-34}$	Js
$h/2\pi$	h	$1.054571596(82)\times10^{-34}$	Js
基本电荷	e	$1.602176462(63)\times^{-19}$	C
磁通量子 $h/2e$	φ_0	$2.067833636(81)\times10^{-15}$	Wb
电导量子 $2e^2/h$	G_0	$7.748091696(28)\times10^{-5}$	S
电子质量	m_e	$9.10938188(72)\times10^{-31}$	kg
质子质量	m_p	$1.67262158(13)\times10^{-27}$	kg
质子－电子质量比	m_p/m_e	1836.1526675(39)	
精细结构常量	α	$7.297352533(27)\times10^{-3}$	
精细结构常量倒数	α^{-1}	137.03599976(50)	
里德伯常量	R_∞	10973731.568549(83)	m^{-1}
阿伏伽德罗常量	N_A	$6.02214199(47)\times10^{23}$	mol^{-1}
磁致常量 N_{Ae}	F	96485.3415(39)	$C\cdot mol^{-1}$
摩尔气体常量	R	8.314472(15)	$J\cdot mol^{-1}K^{-1}$
玻尔兹曼常量 R/N_A	k	$1.3806503(24)\times10^{-23}$	$J\cdot K^{-1}$
斯特藩－玻尔兹曼常量	σ	$5.670400(40)\times10^{-8}$	$W\cdot m^{-2}K^{-4}$
电子伏：(e/C)J (统一的)原子质量单位	eV	$1.602176462(63)\times10^{-19}$	J
$lu=m_u=\frac{1}{12}m(^{12}C)$ $=10^{-3}kg\cdot mol^{-1}/N_A$	u	$1.66053873(13)\times10^{-27}$	kg

2. 在标准大气压下不同温度的水的密度

表5 在标准大气压下不同温度的水的密度

温度 t (℃)	密度 ρ (g/mL)	温度 t (℃)	密度 ρ (g/mL)	温度 t (℃)	密度 ρ (g/mL)
0	0.99984	17	0.99877	34	0.99437
1	0.99990	18	0.99860	35	0.99403
2	0.99994	19	0.99841	36	0.99369
3	0.99996	20	0.998203	37	0.99333
4	0.99997	21	0.99799	38	0.99297
5	0.999965	22	0.99777	39	0.99259
6	0.99994	23	0.997638	40	0.99222
7	0.999902	24	0.99730	41	0.99183
8	0.99985	25	0.997044	42	0.99144
9	0.99978	26	0.99678	50	0.98804
10	0.999700	27	0.996512	60	0.98320
11	0.996605	28	0.99623	70	0.97777
12	0.99950	29	0.99594	80	0.97179
13	0.999277	30	0.995646	90	0.96531
14	0.99924	31	0.99534	100	0.95835
15	0.999099	32	0.99503		
16	0.99894	33	0.99470		

3. 在20℃时常用固体和液体的密度

表6 在20℃时常用固体和液体的密度

物质	密度 ρ (kg/m^3)	物质	密度 ρ (kg/m^3)
铝	2 698.9	石英	2 500～2 800
铜	8 960	水晶玻璃	2 900～3 000
铁	7 874	冰(0℃)	880～920
银	10 500	乙醇	789.4
金	19 320	乙醚	714
钨	19 300	汽车用汽油	710～720
铂	21 450	弗利昂-12	1 329
铅	11 350	(氟氯烷-12)	
锡	7 298	变压器油	840～890
水银	13 546.2	甘油	1 260
钢	7 600～7 900		

4. 液体的比热容

表7　液体的比热容

液体	比热容 $kJ\cdot kg^{-1}\cdot K^{-1}$	物质	比热容 $kJ\cdot kg^{-1}\cdot K^{-1}$
丙酮	2. 20	甲醇	2. 50
苯	2. 05	橄榄油	1. 65
二硫化碳	1. 00	硫酸	1. 38
四氯化碳	0. 85	甲苯	1. 70
蓖麻油	1. 80	变压器油	1. 92
乙醇	2. 43	水	4. 19
甘油	2. 40	乙醚	2. 35
润滑油	1. 87	溴	0. 53
汞	0. 14		

表8　固体的比热容

固体	比热容($J\cdot kg^{-1}\cdot K^{-1}$)	固体	比热容($J\cdot kg^{-1}\cdot K^{-1}$)
铝	908	铁	460
黄铜	389	钢	450
铜	385	玻璃	670
康铜	420	冰	2 090

5. 一些材料的弹性模量

表9　一些材料的弹性模量

金属	杨氏模量 Y	
	(GPa)	(kgf/mm^2)
铝	69～70	7 000～7 100
钨	407	41 500
铁	186～206	19 000～21 000
铜	103～127	10 500～13 000
金	77	7 900
银	69～80	7 000～8 200
锌	78	8 000
镍	203	20 500
铬	235～245	24 000～25 000
合金钢	206～216	21 000～22 000
碳钢	196～206	20 000～21 000
康铜	160	16 300

6. 部分电介质的相对介电常数

表 10 部分电介质的相对介电常数

电介质	相对介电常数	电介质	相对介电常数
水蒸气	1.00785	固体氨	4.01
气态溴	1.0128	固体醋酸	4.1
氦	1.000074	石腊	2.0～2.1
氢	1.00026	聚苯乙烯	2.4～2.6
氧	1.00051	无线电瓷	6～6.5
氮	1.00058	超高频瓷	7～8.5
氩	1.00056	二氧化钡	106
气态汞	1.00074	橡胶	2～3
空气	1.000585	硬橡胶	4.3
硫化氢	1.004	纸	2.5
真空	1	干砂	2.5
乙醚	4.335	15%水湿砂	约9
液态二氧化碳	1.585	木头	2～8
甲醇	33.7	琥珀	2.8
乙醇	25.7	冰	2.8
水	81.5	虫胶	3～4
液态氨	16.2	赛璐璐	3.3
液态氦	1.058	玻璃	4～11
液态氢	1.22	黄磷	4.1
液态氧	1.465	硫	4.2
液态氮	2.28	碳(金刚石)	5.5～16.5
液态氯	1.9	云母	6～8
煤油	2～4	花岗石	7～9
松节油	2.2	大理石	8.3
苯	2.283	食盐	6.2
油漆	3.5	氧化铍	7.5
甘油	45.8		

7. 一些固体物质的导热系数

表 11 一些固体物质的导热系数

物质	温度(K)	$\lambda[10^2 W/(m\cdot K)]$	物质	温度(K)	$\lambda[10^2 W/(m\cdot K)]$
银	273	4.18	康铜	273	0.22
铝	273	2.38	不锈钢	273	0.14
金	273	3.11	镍铬合金	273	0.11
铜	273	4.0	软木	273	0.3×10^{-3}
铁	273	0.82	橡胶	298	1.6×10^{-3}
黄铜	273	1.2	玻璃纤维	323	0.4×10^{-3}

8. 常温下某些物质相对于空气的光折射率

表 12　常温下某些物质相对于空气的光折射率

物质	H_α 线(656.3 nm)	D 线(589.3 nm)	H_β 线(486.1 nm)
水(18℃)	1.3314	1.3332	1.3373
乙醇(18℃)	1.3609	1.3625	1.3665
二硫化碳(18℃)	1.6199	1.6291	1.6541
冕玻璃(轻)	1.5127	1.5153	1.5214
冕玻璃(重)	1.6126	1.6152	1.6213
燧石玻璃(轻)	1.6038	1.6085	1.6200
燧石玻璃(重)	1.7434	1.7515	1.7723
方解石(寻常光)	1.6545	1.6585	1.6679
方解石(非常光)	1.4846	1.4864	1.4908
水晶(寻常光)	1.5418	1.5442	1.5496
水晶(非常光)	1.5509	1.5533	1.5589

9. 常用光源的谱线波长 λ

表 13　常用光源的谱线波长 λ

单位：nm

H(氢)	红	绿蓝	蓝	蓝紫	蓝紫				
	656.28	486.13	434.05	410.17	397.01				
He(氦)	红	红	黄	绿	绿蓝	蓝	蓝	蓝紫	蓝紫
	706.52	667.82	587.56(D_3)	501.57	492.19	471.31	447.15	402.62	388.87
Ne(氖)	红	橙	橙	橙	橙	橙	黄	黄	
	650.65	640.23	638.30	626.25	621.73	614.31	588.19	585.25	
Na(钠)	黄	黄							
	589.592 (D_1)	588.995 (D_2)							
Hg(汞)	橙	黄	黄	绿	绿蓝	紫	蓝紫	蓝紫	
	623.44	579.07	576.96	546.07	491.60	435.83	407.78	404.66	
He-Ne 激光	红								
	632.8								

参考文献

[1] 倪新蕾．大学物理实验[M]．广州：华南理工大学出版社，2005.

[2] 周政，张荣锋，陈明东．大学物理实验[M]．广州：华南理工大学出版社，2009.

[3] 周晓明，於黄忠，贝承训，等．大学物理实验[M]．广州：华南理工大学出版社，2012.

[4] 黄志高．新编大学物理实验[M]．北京：科学出版社，2012.

[5] 周殿清．基础物理实验[M]．北京：科学出版社，2009.

[6] 吴建宝，张朝民，刘烈，等．大学物理实验教程[M]．北京：清华大学出版社，2013.

[7] 赵敏福．大学物理实验[M]．合肥：中国科学技术大学出版社，2015.

[8] 冯小琴，宋文爱，马锦红．光弹性技术测试应力[J]．电子测试，2009(2)：6－8.

[9] 廖兴中．大学物理实验教程[M]．北京：科学出版社．

[10] 谭毅．夫琅禾费单缝衍射实验的仿真研究[J]．物理通报，2011(6)：53－56.

[11] 范虹．大学物理实验[M]．北京：人民邮电出版社，2004.

[12] 李平．大学物理实验教程[M]．2版．北京：机械工业出版社，2005.

[13] 程守洙，江之永．普通物理学[M]．北京：高等教育出版社，1998.

[14] 陈怀琳，邵义全．普通物理实验指导(光学)[M]．北京：北京大学出版社，1990.

[15] 玻恩，沃尔夫．光学原理(下)[M]．北京：电子工业出版社，2009.

[16] R. M. A. Azzam and N. M. Bashara. Ellipsometry and Polarized Light[M] North-Holland Publishing Co., Amsterdam，1997.

[17] 陈篮，周岩．膜厚度测量的椭偏仪法原理分析[J]．大学物理实验，1999，12(3)：10－13.

[18] 王青狮．大学物理实验[M]．北京：科学出版社，2010.

[19] 王希成，罗中杰，李铁平，等．大学物理实验[M]．北京：清华大学出版社，2014.

[20] 杨俊才．大学物理实验教程[M]．长沙：国防科技大学出版社，1994.

[21] 钱锋，潘人培．大学物理实验(修订版)[M]．北京：高等教育出版社，2005.

[22] 瞿华富，唐涛．霍尔效应在直流电压隔离传送中的应用[J]．物理实验，2007，27(2)：16－18.

[23] 李豪，刘杰．人体皮肤电阻与呼吸、情绪关系的测量及分析[J]．科学技术与工程，2012，12(3)：662－665.

[24] 刘鹏．基于自旋阀结构的磁传感器的研究[J]．中国集成电路，2008，17(12)：66－69.

[25] 艾延宝，金永君．法拉第磁致旋光效应及应用[J]．物理与工程，2002，12(5)：50.

[26] 王魁香，韩炜，杜晓波．新编近代物理实验[M]．北京：科学出版社，2007.